物联网工程专业系列教材

INTERNET OF THINGS ACCESS TECHNOLOGY AND APPLICATION

物联网接入技术与应用

吴功宜 吴英●编著

机械工业出版社
CHINA MACHINE PRESS

图书在版编目（CIP）数据

物联网接入技术与应用 / 吴功宜，吴英编著. —北京：机械工业出版社，2023.4
物联网工程专业系列教材
ISBN 978-7-111-72800-9

Ⅰ. ①物… Ⅱ. ①吴… ②吴… Ⅲ. ①物联网—教材 Ⅳ. ① TP393.4 ② TP18

中国国家版本馆 CIP 数据核字（2023）第 047822 号

机械工业出版社（北京市百万庄大街22号 邮政编码100037）
策划编辑：朱 劼　　　　责任编辑：朱 劼
责任校对：丁梦卓 卢志坚　　责任印制：单爱军
北京联兴盛业印刷股份有限公司印刷
2023年6月第 1 版第1次印刷
185mm × 260mm · 17印张 · 1插页 · 376千字
标准书号：ISBN 978-7-111-72800-9
定价：69.00元

电话服务	网络服务
客服电话：010-88361066	机 工 官 网：www.cmpbook.com
010-88379833	机 工 官 博：weibo.com/cmp1952
010-68326294	金 书 网：www.golden-book.com
封底无防伪标均为盗版	机工教育服务网：www.cmpedu.com

前　言

我们正处在物联网创新发展与新工业革命的历史交汇期，5G、云计算、大数据、人工智能、边缘计算、区块链与各行各业在物联网平台上的深度“融合”，推动了智能物联网（AIoT）的快速发展。新技术、新应用与新业态层出不穷，围绕着核心技术、标准与平台的竞争日趋激烈。

研究机构 IoT Analytics 的报告显示，在过去的十年中全球接入网络的设备数量复合增长率达到 10%，其中物联网的贡献最大。2010 年，全球物联网接入的设备数量为 8 亿，非物联网接入的设备数量为 80 亿；2020 年，物联网接入的设备数量达到 117 亿，非物联网接入的设备数量保持在 100 亿，物联网接入设备数量首次超过非物联网接入设备数量。预测 2025 年，全球物联网接入的设备数量能达到 309 亿，而非物联网接入的设备数量仍保持在 103 亿。2015 年，国内运营商的物联网接入设备数量占全球的 27%；2020 年，这个数字已经增长到 75%。我国物联网产业发展势头强劲，技术发展日新月异。

物联网接入发展出现了三大趋势：物联网接入设备数量超过了非物联网接入设备数量，出现了“物超人”的局面；产业物联网接入设备数量将超过消费物联网；我国物联网接入设备数量仍将大幅度上升。

接入层是 AIoT 层次结构中的重要层次。接入层将感知层的传感器、执行器与用户终端接入物联网应用系统中。在实际的物联网应用系统设计中，工程技术人员需要根据具体应用需求以及接入设备的类型、数量与技术要求，选择合适的接入网类型，设计接入网的拓扑结构，确定网络带宽、传输时延等性能指标。

2021 年 3 月发布的《中华人民共和国国民经济和社会发展第十四个五年规划和 2035 年远景目标纲要》第十一章第一节“加快建设新型基础设施”中指出：推动物联网全面发展，打造支持固移融合、宽窄结合的物联接入能力。

本书的知识体系设计体现了“贴近技术发展、紧扣物联网需求”的思路，写作上力求形成“图文并茂、易读易懂”的风格。同时，南开大学有一个重要的教育理念：“知中国、服务中国”。作者在写作过程中注意贯彻这一理念，选择并引用了大量我国 IT 企业有关物联网的技术、标准与应用案例。

全书共分 9 章。

第 1 章介绍了从物联网到智能物联网的形成与发展过程，系统地讨论了物联网的基本特征与物联网层次结构模型。

第 2 章介绍了数据通信的基本概念，系统地讨论了信息、数据与信号的概念，感知数据的信号编码方法，以及无线通信的基本知识。

第 3 章介绍了有线接入网的基本概念，系统地讨论了以太网接入、电话交换网与 ADSL 接入、有线电视网与 HFC 接入、电力线接入，以及光纤接入等技术。

第 4 章在介绍近距离无线接入概念的基础上，系统地讨论了 ZigBee、蓝牙、6LoWPAN 与 IEEE 802.15.4、WBAN 与 IEEE 802.15.6，以及 NFC 与 UWB 技术。

第 5 章在介绍 Wi-Fi 发展背景与 IEEE 802.11 标准的基础上，系统地讨论了 Wi-Fi 组网方法、漫游管理、IEEE 802.11 接入设备，以及空中 Wi-Fi 与无人机网的通信。

第 6 章在介绍 NB-IoT 研究背景与技术特点的基础上，系统地讨论了 NB-IoT 网络结构、业务模型、网络部署与平台架构，以及 NB-IoT 应用领域与开发方法。

第 7 章在介绍 5G 技术特征、三大应用场景的基础上，系统地讨论了 C-RAN、H-CRAN 与 F-RAN 技术。

第 8 章在无线自组网与无线传感网技术的基础上，系统地讨论了无线传感器与执行器网、无线多媒体传感网、水下无线传感网、地下无线传感网和无线纳米传感网等相关技术。

第 9 章在介绍工业物联网发展背景与基本概念的基础上，系统地讨论了现场总线、工业以太网、工业无线网的概念、产品与标准，以及工业以太网的应用分析。

在每章教学内容的选取上，我们考虑了两个因素。

一是本书的重点在物联网传感器、执行器接入技术与组网方法的讨论上。考虑到物联网工程专业需要开设物联网导论与计算机网络相关课程，而各个学校课程安排的前后顺序可能不同，从适应学生前期知识基础的差异，以及教程自身体系完整性的角度出发，在介绍数据通信基础知识时，采取了“基本、够用”的原则。如果学生已经学习过物联网导论与计算机网络相关课程，第 1、2 章相关内容就可以简述或不讲。

二是接入技术涉及面很宽，内容庞杂，不同技术的发展与应用的成熟度不同，从突出重点、保证教学效果的角度出发，在具体技术内容的取舍上避开过于专业的内容，各种技术在细节的讨论上尽可能保持基本一致。

本书的第 1、2、3、5 章由吴功宜执笔完成，第 4、6、7、8、9 章由吴英执笔完成，全书由吴功宜统稿。

在本书的思路形成与写作过程中，作者非常感谢教育部高等学校计算机类专业教学指导委员会计算机系统能力培养教学研究专家组的王志英教授、马殿富教授、周兴社教授、金海教授、庄越挺教授、臧斌宇教授、安虹教授、袁春风教授、张昱教授、陈向群教授、陈文光教授、何炎祥教授、石宣化教授、张钢教授，与诸位教授的多次讨论给了作者很多启发。

感谢“物联网工程专业教学研究专家组”的傅育熙教授、王东教授、秦磊华教授、李志刚教授、桂小林教授、方粮教授、胡成全教授、黄传河教授、朱敏教授，在与诸位教授的交流中，作者学到很多知识，受到很多启发。

感谢华为公司的陈亚新、李晶晶，在参与“华为 AIoT 技术丛书”的策划过程中，从华为公司技术专家那里学到很多新知识，受到很多启发，对于作者编写本书有很大帮助。

感谢徐敬东教授、张建忠教授、王劲松教授、张健教授、郝刚教授、牛晓光教授、许昱玮副教授，在与他们的讨论与交流中，作者获得很多灵感。

本书在写作与出版过程中得到机械工业出版社多位编辑的大力支持，在此表示衷心的感谢。

由于物联网接入技术涉及的行业面广，知识点分散，技术更新快，从这些概念、技术中归纳出知识点，再将这些知识点组织成完整的体系难度很大。受作者知识面所限，书中对某些技术内容的理解与表述存在错误在所难免，恳请读者不吝赐教。

吴功宜　吴英

南开大学计算机学院

2023 年 1 月

目　录

第1章　物联网基本概念

接入层是物联网重要的组成单元。接入层解决的是大量传感器、执行器与用户终端设备如何接入物联网的问题；接入层的性能决定了物联网应用系统的接入设备数量、类型、功能与覆盖范围。

本章在系统地介绍物联网的基本概念、技术架构、层次结构模型的基础上，深入讨论接入层在物联网应用系统中的作用、接入层结构特点、接入技术分类，以及设备接入方式。

1.1　物联网基础知识

1.1.1　物联网的形成与发展

比尔·盖茨在1995年出版的《未来之路》中描述了他对“物联网”的朦胧设想与初步尝试，1998年麻省理工学院（MIT）的科学家向我们描述了一个基于无线射频识别（Radio Frequency Identification，RFID）和产品电子代码（Electronic Product Code，EPC）的物联网概念与原型系统。

2005年，国际电信联盟（ITU）在世界互联网发展年度会议上发表了题为“Internet of Things”的报告。报告向我们描绘了世界上的万事万物，小到钥匙、手表、手机，大到汽车、楼房，只要往其中嵌入一个微型的传感器芯片或RFID芯片，就能通过互联网实现物与物之间的信息交互，从而形成一个无所不在的“物联网”构想。

2009年在国际金融危机的背景下，IBM公司向美国政府提出“智慧地球”科研与产业发展咨询报告。IBM学者认为：智慧地球＝互联网＋物联网。智慧地球将传感器和装备嵌入电网、铁路、桥梁、隧道、公路、建筑、供水系统、大坝、油气管道等各种物体中，并与超级计算机、云数据中心组成物联网，实现人与物的融合。智慧地球的概念是希望通过在基础设施和制造业中大量嵌入传

感器，捕捉运行过程中的各种信息，并通过无线网络接入互联网，通过计算机分析、处理和发出指令，反馈给控制器远程执行指令。控制的对象小到一个开关、一台发电机，大到一个行业。通过智慧地球技术的实施，人类以更精细和动态的方式管理生产与生活，提高资源利用率和生产能力，改善人与自然的关系。

在物联网的概念出现之前，小到修建人居住的房屋，大到修建高速公路、铁路或机场，钢筋混凝土等基础设施建筑与高科技的传感器、芯片、通信、软件技术之间都没有任何必然的联系。在物联网中，往冷冰的基础建筑设施中嵌入传感器、执行器、芯片、通信、软件技术，将“人－机－物”融为一体，使没有生命的钢筋混凝土等有了“智慧”。物联网将被应用到各行各业与社会的各个方面，进而开启一个新的时代。“智慧地球”报告使物联网的概念进入人类视野，各国政府认识到发展物联网产业的重要性，2010 年前后纷纷从国家科技发展战略高度制定了各自的物联网研究与产业发展规划。

尽管我们可以在文章与著作中看到多种有关物联网的定义，但是确切地说，至今仍然没有形成一个公认的定义。出现这种现象一点也不奇怪，从 20 世纪 90 年代互联网得到大规模应用开始，从事互联网应用研究的学者就一直在争论“什么是互联网”。

ITU 对物联网的定义：物联网是信息社会的全球性基础设施，基于当前及不断演进、可操作的信息与通信技术，通过物理和虚拟设备的互联互通来提供更高级的服务。IEEE 对物联网的定义：物联网能够将唯一标识的“实物”（things）连接到互联网。这些“实物”具有感知 / 执行能力，同时可能具有一定的可编程能力。利用“实物”的唯一标识和感知能力，任何对象可以在任何时刻从任何位置采集相应信息，并且可以改变“实物”的状态。

在比较各种物联网定义的基础上，根据目前对物联网技术特点的认知水平，我们提出一种对物联网的定义：物联网是在互联网、移动通信网等网络的基础上，针对不同应用领域的需求，利用具有感知、通信与计算能力的智能设备自动获取物理世界的各种信息，将所有能够独立寻址的物理对象互联起来，实现全面感知、可靠传输、智能处理，构建人与物、物与物互联的智能信息服务系统。图 1-1 给出了物联网形成与发展过程的示意图。

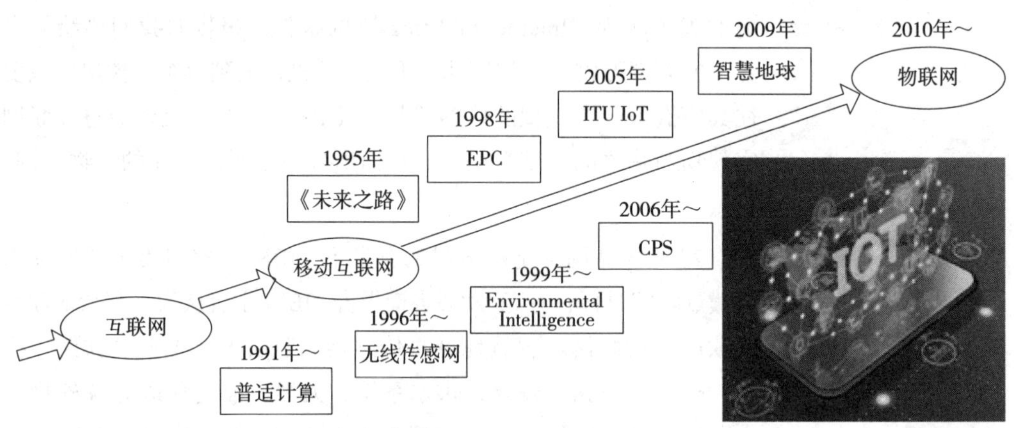

图 1-1　物联网形成与发展过程的示意图

1.1.2　物联网的技术特点

物联网的技术特点可以归纳为以下几点。

- 技术的交叉融合性。支撑信息技术的三个主要支柱是感知、通信与计算，它们分别对应于电子科学、通信工程与计算机科学这三门工程学科。这三门学科的高度发展与交叉融合，为物联网技术的产生与发展奠定了重要的基础，形成了物联网“多学科交叉”的特点。物联网能够实现“信息世界与物理世界”“人－机－物”的深度融合，使人类对客观世界具有更透彻的感知能力、更全面的认知能力和更为智慧的处理能力。物联网作为集成创新平台，联系着各行各业与社会生活的各个方面，为新技术的交叉、技术与产业的融合创造了前所未有的机遇。
- 产业的带动性。物联网将成为继计算机、互联网与移动通信之后的下一个产值可以达到万亿元级的新经济增长点，接入物联网的设备数量可能要超过百亿量级，这些已经成为世界各国的共识。这也预示着信息技术将会在人类社会发展中发挥更为重要的作用，为信息产业创造出更加广阔的发展空间。物联网将对各个行业产生巨大的辐射和渗透作用，带动产品、模式与业态的创新，进而促进整个国民经济的发展。
- 应用的渗透性。物联网具有跨学科、跨领域、跨行业、跨平台的综合优势，以及覆盖范围广、集成度高、渗透性强、创新活跃的特点，将形成支撑工业化与信息化深度融合的综合技术与产业体系。站在系统性与层次性的角度，物联网应用可以分为三个层次：单元级、系统级、系统之系统级。物联网可以小到一个智能部件、智能产品，也可以大到整个智能工厂、智能物流、智能电网。物联网应用也从单一部件、单一设备、单一环节、单一场景的局部小系统，不断向复杂大系统及“虚实结合、以虚控实”的方向发展。

1.1.3　智能物联网的形成与发展

物联网与智能技术的交叉融合将会对人类的社会生活、经济社会，以及科技、教育、文化的发展产生深刻的影响，这点可以从 2018 年出现的智能物联网（Artificial Intelligence IoT，AIoT）的概念、技术与应用前景中看出来。AIoT 并不是一种新的物联网，它是物联网与智能技术成熟应用、交叉融合的必然产物，标志着物联网技术、应用与产业进入了一个新的发展阶段。图 1-2 给出了 AIoT 形成与发展过程的示意图。

在我国政府的大力推动下，我国的物联网技术发展已经进入世界先进行列，物联网产业逐步走上了良性发展的轨道。

2016 年 5 月，在《国家创新驱动发展战略纲要》中将“推动宽带移动互联网、云计算、物联网、大数据、高性能计算、移动智能终端等技术研发和综合应用，加大集成电路、工业控制等自主软硬件产品和网络安全技术攻关和推广力度，为我国经济转型升级和维护国家网络安全提供保障”作为“战略任务”之一。

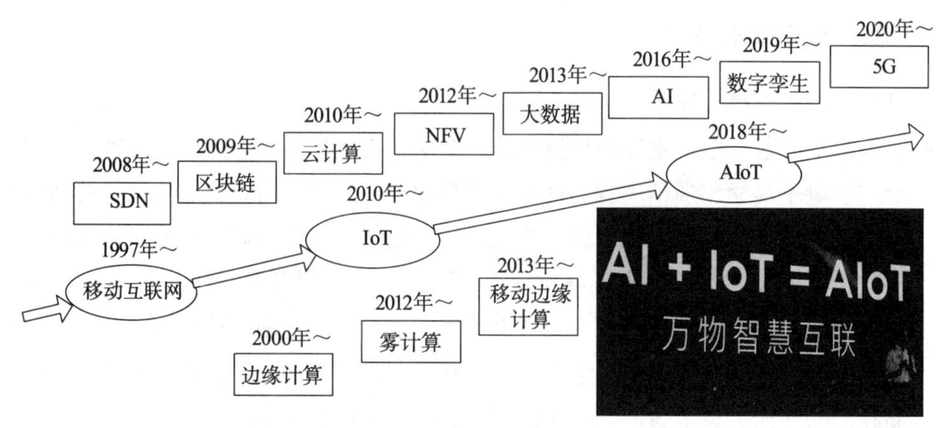

图 1-2　AIoT 形成与发展过程的示意图

2016 年 8 月,《十三五国家科技创新规划》中“新一代信息技术”的“物联网”专题提出:“开展物联网系统架构、信息物理系统感知和控制等基础理论研究，攻克智能硬件(硬件嵌入式智能)、物联网低功耗可信泛在接入等关键技术，构建物联网共性技术创新的基础支撑平台，实现智能感知芯片、软件以及终端的产品化”的任务。“重点研究”提出了“基于物联网的智能工厂”“健康物联网”等研究内容，并将“提升智能终端与物联网系统芯片产品市场占有率”作为发展目标之一。

2016 年 12 月,《十三五国家战略性新兴产业发展规划》提出实施网络强国战略，加快“数字中国”建设，推动物联网、云计算和人工智能等技术向各行业全面融合渗透，构建万物互联、融合创新、智能协同、安全可控的新一代信息技术产业体系。

2017 年 4 月,《物联网的十三五规划》指出：物联网正进入跨界融合、集成创新和规模化发展的新阶段。物联网将进入万物互联发展阶段，智能可穿戴设备、智能家电、智能网联汽车、智能机器人等数以万亿计的新设备将接入网络。物联网智能信息技术将在制造业智能化、网络化、服务化等转型升级方面发挥重要作用。车联网、健康、家居、智能硬件、可穿戴设备等消费市场需求更活跃，驱动物联网和其他前沿技术不断融合，人工智能、虚拟现实、自动驾驶、智能机器人等技术不断取得新突破。

在“十二五”期间，我国的物联网发展与发达国家保持同步，成为全球物联网发展最为活跃的地区之一。在“十三五”期间，在“创新是引领发展的第一动力”方针的指导下，物联网进入了跨界融合、集成创新和规模化发展的新阶段。2018 年出现的 AIoT 概念就是云计算、边缘计算、大数据、人工智能、数字孪生、区块链等新技术，在物联网应用中交叉融合、集成创新的产物。

2020 年 7 月，国家标准化管理委员会、工业和信息化部等五个部门联合发布的《国家新一代人工智能标准体系建设指南》指出，新一代人工智能标准体系建设的支撑技术与产品标准主要包括大数据、物联网、云计算、边缘计算、智能传感器、数据存储及传输设备；关键领域技术标准主要包括自然语言处理、智能语音、计算机视觉、生物特征识别、虚拟

现实 / 增强现实、人机交互；物联网标准建设主要包括规范人工智能研发和应用中涉及的感知和执行关键技术要素，为人工智能各类感知信息的采集、交互和互联互通提供支撑。新一代人工智能标准体系的建设将进一步加速 AI 与 IoT 的融合，以及 AIoT 技术的发展。

2021 年 3 月，《中华人民共和国国民经济和社会发展第十四个五年规划和 2035 年远景目标纲要》的第十一章第一节“加快建设新型基础设施”中指出：推动物联网全面发展，打造支持固移融合、宽窄结合的物联接入能力。加快构建全国一体化大数据中心体系，强化算力统筹智能调度，建设若干国家枢纽节点和大数据中心集群，建设大型超级计算中心。积极稳妥发展工业互联网和车联网。加快交通、能源、市政等传统基础设施数字化改造，加强泛在感知、终端联网、智能调度体系建设。同时，提出构建基于 5G 的应用场景和产业生态，在智能交通、智慧物流、智慧能源、智慧医疗等重点领域开展试点示范。纲要明晰了 AIoT 在“十四五”期间的建设任务，规划了到 2035 年的远景发展目标。

1.2　物联网技术架构

2018 年，AIoT 的概念问世。AIoT 推进了“物联网＋云计算＋5G＋边缘计算＋大数据＋智能＋控制”技术的深度融合与创新发展，将物联网技术、应用与产业发展推向一个新的阶段。

图 1-3 给出了 AIoT 技术架构示意图。AIoT 技术架构是由感知层、接入层、边缘层、核心交换层、应用服务层与应用层这 6 层组成。

感知层是物联网的基础，能够实现感知、控制用户与系统交互的功能。感知层包括传感器与执行器、RFID 标签与读写设备、智能手机、GPS、智能家电与智能测控设备、可穿戴计算设备与智能机器人等移动终端设备，涉及嵌入式计算、可穿戴计算、智能硬件、物联网芯片、物联网操作系统、智能人机交互、深度学习和可视化技术。在有些文献中，感知层又称为设备层。

接入层担负着将海量、多种类型、分布广泛的物联网设备接入物联网应用系统的责任。接入层采用的接入技术可以分为有线接入与无线接入两类。有线接入技术包括：以太网、电话交换网、有线电视网、现场总线与工业以太网、光纤与光纤传感网、电力线接入等。无线接入技术包括：近场通信 NFC、UWB，近距离无线通信网 ZigBee、BLE 蓝牙、6LoWPAN、NB-IoT，无线 Wi-Fi 接入，5G 云无线接入网 C-RAN、异构云无线接入网 H-CRAN，以及无线自组网 Ad hoc、无线传感网接入等。

边缘层又称为边缘计算层，它将计算与存储资源（如边缘云、微云或雾计算节点）部署在更贴近于移动终端设备或传感器的网络边缘，构成边缘云平台，将对于实时性、带宽与可靠性有很高需求的计算任务迁移至边缘云中处理，以减小服务响应延时、满足实时性应用需求，优化与改善终端用户体验。边缘云与核心云协作，形成“端 – 边 – 云”的三级数据处理模式。

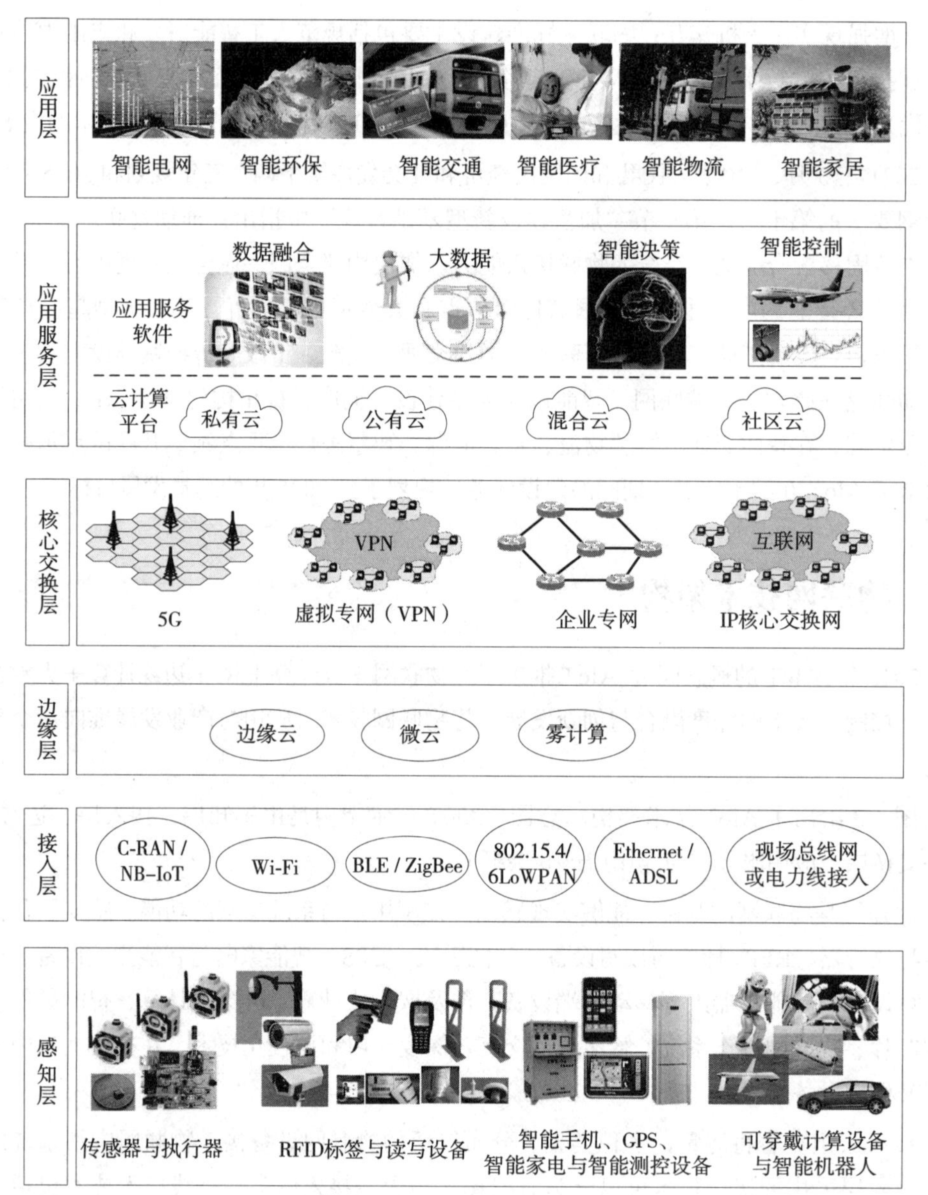

图 1-3　AIoT 技术架构示意图

作为提供行业性、专业性服务的物联网核心交换层的广域主干网，承担着让接入网与分布在不同地理位置的业务网络实现互连互通的功能。对网络安全要求高的核心交换网分为内网与外网两大部分，内网与外网通过安全网关连接。核心交换网的内网可以采用 IP 专网、虚拟专网（VPN）或 5G 核心网技术构建。

应用服务层软件运行在云计算平台之上。应用服务层为物联网应用层需要实现的功能提供服务。提供的共性服务主要包括对物联网多传感器数据的融合技术；从数据中挖掘知识的大数据技术；根据智能决策要求，向用户提供可视化的辅助决策技术；通过对系统的闭环智能控制功能，数字孪生将大大提升物联网系统闭环控制智能化水平。区块链将为构建物联网信任体系提供重要的技术支持。

应用层包括智能工业、智能农业、智能物流、智能交通、智能电网、智能环保、智能安防、智能医疗与智能家居等行业物联网应用，以及消费物联网应用。无论是哪类应用，从系统功能实现的角度，都是要将代表系统预期目标的核心功能分解为多个简单和易于实现的功能。每个功能的实现都需要经历复杂的信息交互过程，每个信息交互过程都需要制定一系列的通信协议。因此，应用层是实现某类物联网应用的功能、运行模式与协议的集合。软件研发人员将依据通信协议，根据任务需要来调用应用服务层的提供不同服务的软件模块，通过协同工作来实现物联网应用系统的总体功能。

综合对 AIoT 技术架构与跨层共性服务的讨论，我们可以给出由“六个层次”与“四个跨层共性服务”构成的 AIoT 层次结构参考模型（如图 1-4 所示）。

用	应用层	跨层共性服务 网络安全 网络管理 名字解析 QoS/QoE
云	应用服务层	
网	核心交换层	
边	边缘层	
端	接入层	
	感知层	

图 1-4　AIoT 层次结构参考模型

理解物联网接入层的基本功能，需要注意以下几个问题：

- 接入层的主要功能是将感知层的传感器、执行器与用户终端设备接入物联网应用系统中；
- 接入层需要根据具体的接入设备类型、功能需求与数据类型，有针对性地选择不同的接入网；
- 接入网在物联网系统的设计与实现中，需要考虑网络安全、网络管理、对象名字解析与 QoS/QoE 的问题。

物联网产业界人士，如系统架构师与系统设计工程师、软件开发人员习惯用更为简洁的“端－边－网－云－用”或“端－边－云”来表述物联网应用系统层次结构，其中的“端”包括感知层与接入层。

1.3　物联网接入层基本概念

1.3.1　接入设备的分类

在与互联网应用系统比较之后，ITU Y.2060 在“物联网概述”中指出：大量的物理对象是没有通信、计算能力的，如果不通过中间设备则无法接入物联网。这些中间设备可以分成数据捕获设备、传感 / 执行设备与通用设备三类，它们使物理对象与物联网应用系统实现紧耦合（如图 1-5 所示）。

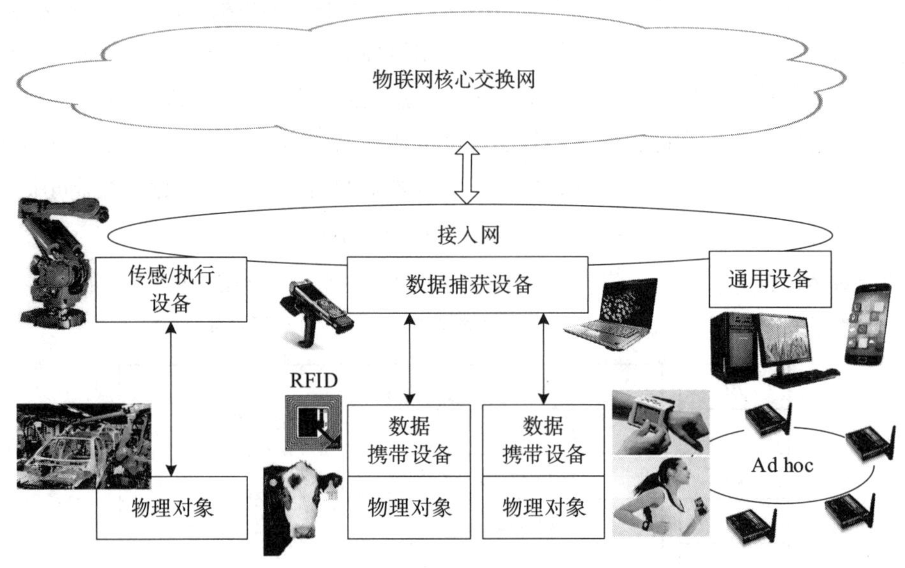

图 1-5 接入物联网的设备类型

1. 数据捕获设备

数据捕获设备的作用方式可以分为两类。第一类是数据捕获设备与数据携带设备进行数据交互，典型的数据携带设备如 RFID 芯片，数据捕获设备如 RFID 读写器。RFID 读写器可通过无线信道读取 RFID 芯片内置的 EPC 编码，再通过接入网将 EPC 编码传送给物联网应用系统，系统根据 EPC 编码进一步查询携带 RFID 芯片的对象的更详细信息。

第二类又可以进一步分为两种情况。一种情况是数据捕获设备直接通过近场网络与数据携带设备进行数据交互。数据携带设备一般是基于嵌入式技术设计的智能终端设备（如可穿戴计算的智能手表、智能头盔等），它将传感器或执行器嵌入智能终端设备中。例如，用户戴上智能手表之后，用户的生理参数、位置信息、运动状态等数据通过无线信道传送到数据捕获设备。数据捕获设备通过接入网将数据转发给物联网应用系统。

另一种情况是多个数据携带设备作为无线自组网（Ad hoc）的节点，以对等、多跳的形式互连，然后无线自组网再通过汇聚节点，通过接入网接入物联网应用系统（如无线传感网、无线传感器与执行器网、机器人网、无人机网、车联网等）。

2. 传感 / 执行设备

传感 / 执行设备与物理环境中的物体对象实现信息交互，并能够执行高层反馈的控制指令。典型的传感 / 执行设备如无线传感网中的传感 / 执行节点（如智能交通中的视频探头，智能环保中的环境监测传感器，工业生产过程控制中的传感器、执行器、检测仪器等），以及一个节点中同时具备传感与执行功能的节点（如工业机器人、智能医疗设备、无人车、无人机、嵌入式智能终端设备等）。例如，一个仿人机器人 NAO 身上的传感器就有摄像头 2 个、惯性导航仪 1 个、麦克风 4 个、声呐测距仪 1 套，以及多个触觉传感器与压力传感器；执行器包括 25 个控制各个关节的电机。

3. 通用设备

通用设备是指能通过有线或无线网络连接到接入网的智能手机、笔记本计算机、PAD、服务器、用户移动终端设备等。

1.3.2 接入设备数量与类型的发展趋势

随着全球物联网产业的高速发展，物联网接入设备的数量与类型出现了三大发展趋势。

第一，物联网接入设备的数量出现了“物超人”的局面。根据市场研究机构 IoT Analytics 的报告显示，在过去的十年全球接入网络的设备数量复合增长率达到 10%，其中物联网的贡献最大。2010 年全球接入物联网的设备数量为 8 亿，接入非物联网的设备数量为 80 亿；到 2020 年，接入物联网的设备数量达到 117 亿，接入非物联网的设备数量保持在 100 亿左右，物联网的设备接入数量首次超过非物联网的设备接入数量，形成了“物超人”的局面。

第二，产业物联网的设备接入数量将超过消费物联网。随着物联网产业的发展，物联网接入设备的数量结构也将发生改变。由于消费物联网具有群体基数大、用户需求简单、支撑技术成熟、产品种类多样等特点，因此取得了先发优势。智能锁、智能音箱、智能手环等可穿戴设备占据接入设备数量的大部分。

随着物联网加速向各行业渗透，产业物联网的设备接入数量将大幅度增加。根据 GSMA Intelligence 的预测，2024 年产业物联网的设备接入数量将超过消费物联网；2025 年产业物联网的设备接入数量将占接入设备总量的 61.2%。其中，智慧工业、智慧交通、智慧医疗、智慧能源等领域最可能成为产业物联网的设备接入数量增长最快的领域。

第三，我国物联网设备接入数量将大幅度增加。根据 GSMA 发布的《2020 年移动经济》报告显示，预计到 2025 年全球物联网设备接入总数将达 246 亿，年复合增长率高达 13%。我国物联网设备接入数量在全球占比高达 30%。预计到 2025 年，我国物联网设备接入总数将达到 80.1 亿，年复合增长率为 14.1%。

1.3.3 设备接入方式

由于物联网应用场景十分复杂，因此物联网采用的接入网通常是异构的。例如，有些设备通过有线以太网接入，有些设备通过无线以太网（Wi-Fi）接入，有些设备通过移动通信网 5G 或 NB-IoT 接入，有些设备通过 ZigBee 或蓝牙网络接入，有些设备通过近场通信 NFC 技术接入。采用不同通信协议的异构接入网必须通过网关（gateway）来互连。网关起到协议变换的作用，用于屏蔽低层通信协议间的差异。

在 ITU Y.2067 的“物联网应用中网关的通用要求和能力”中，对物联网网关提出了三点需求：

- 网关支持大量的设备接入，能够支持设备间的相互通信，以及通过互联网或企业网与物联网通信；
- 网关支持局域网与广域网的联网，包括局域网中的以太网或 Wi-Fi，以及互联网、广域企业网接入中的蜂窝移动通信网、数字用户线 ADSL 和光纤接入；
- 网关支持物联网应用、网络管理与网络安全功能。

显然前两个需求要求网关实现不同协议之间的转换，而第三个需求要求网关实现物联网代理（Proxy）的功能。图 1-6 给出了物联网中设备之间通信方式的类型。

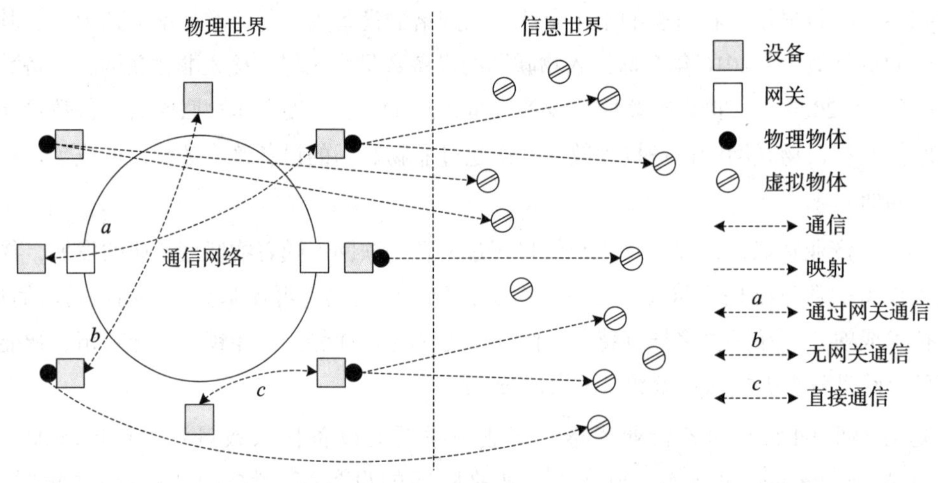

图 1-6　物联网中设备之间通信方式的类型

第一种设备之间通信需要通过网关。例如，传感器通过 NFC 接入网关，网关通过 Wi-Fi 网络接入管理服务器，那么在管理服务器向传感器发出指令时，就需要通过网关进行协议转换。

第二种设备之间通信无须通过网关。例如，两个设备都通过 Wi-Fi 接入，那么它们之间就可以直接通信。

第三种是设备属于同一物理网络，它们之间可以直接通信。

图 1-6 中物理世界的一个物理物体可以映射到信息世界的一个或多个虚拟物体，实际上，这是将数据存储到数据库或其他数据结构的过程，之后物联网将对数据库或其他数据结构中的元素进行处理。

1.3.4　接入技术分类

接入层采用的接入技术可以分为两类：有线接入与无线接入（如图 1-7 所示）。

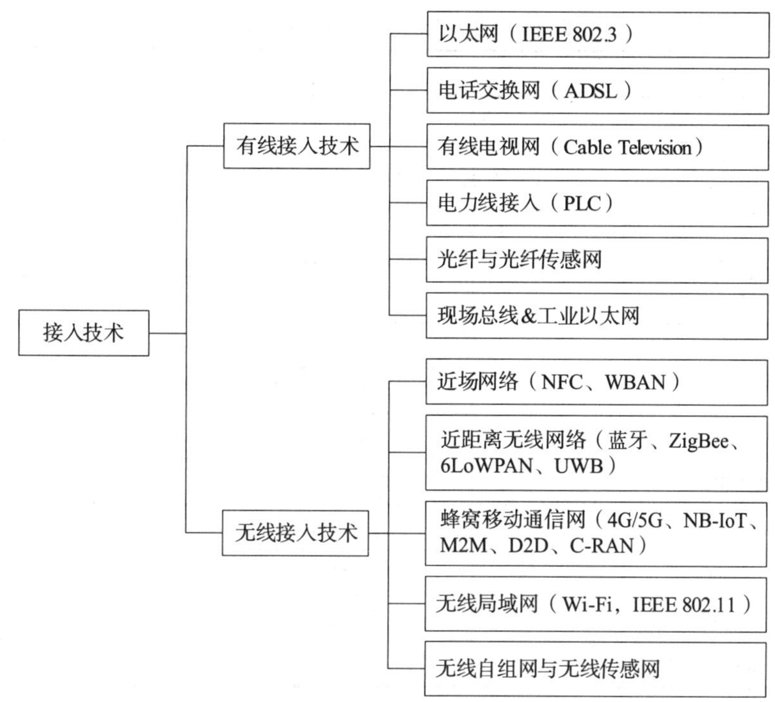

图 1-7　接入技术分类示意图

1.3.5　接入层结构特点

2016 年 10 月，IEC 发布了《IoT 2020：智能安全的物联网平台》白皮书，其中描述了物联网平台架构模式。这种平台采用三层架构模式，体现了网关连接边缘层的近场网与接入网模式、“端 – 边 – 云”架构模式、分层数据存储模式的结构特点（如图 1-8 所示）。其中，边缘层将传感 / 执行节点的接入层分为两层结构：近场网与接入网。

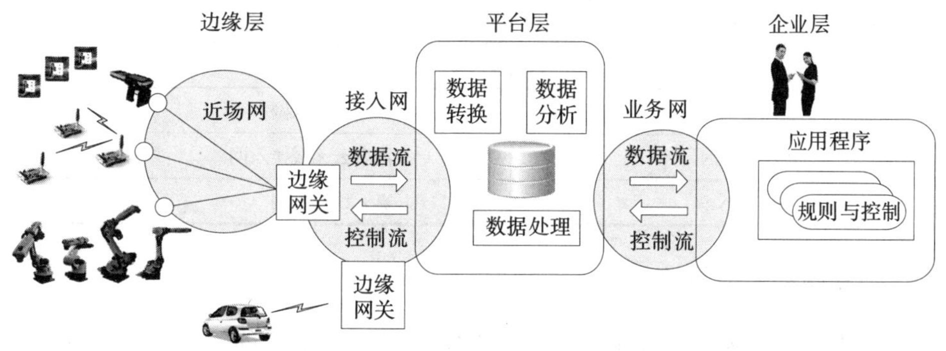

图 1-8　接入层结构特点示意图

近场网与接入网一般采用有线通信网、无线通信网与无线传感网相结合的方法组建。近场网与接入网采用的通信技术分别如表 1-1 和表 1-2 所示。近场网与接入网通过网关连接。接入网向上与边缘层连接。

表 1-1　近场网主要采用的通信技术

ZigBee	ZigBee
BLE	低功耗蓝牙
6LoWPAN	基于 IPv6 低功耗无线个人区域网
NFC	近场通信
UWB	超宽带通信
WSN	无线传感网
WSAN	无线传感器与执行器网络
WMSN	无线多媒体传感网
UWSN	水下无线传感网
WUSN	地下无线传感网
NWSN	无线纳米传感网
Fieldbus	现场总线
Industrial Ethernet	工业以太网
Industrial Wireless Networks	工业无线网

表 1-2　接入网主要采用的通信技术

Ethernet	以太网
ADSL	非对称数字用户线
HFC	光纤同轴电缆混合网
Optical Fiber	光纤接入
ODN	光分布式网络
Wi-Fi	无线局域网
NB-IoT	窄带物联网
5G	5G 接入
C-RAN	云无线接入网
H-CRAN	混合云无线接入网
F-RAN	雾无线接入网

1.3.6　物联网感知数据的特点

在研究物联网接入网技术时一定要注意物联网感知数据的特点。物联网感知数据的特点可以归纳为：异构性与多样性，实时性、突发性与颗粒性，非结构化与隐私性。

- 异构性与多样性。物联网感知数据来自不同的行业应用、不同的感知设备和技术，涉及人与人、人与物、物与物、机器与人、机器与物、机器与机器等各种类型的数据。感知数据可以进一步分为：状态感知数据、位置感知数据、行为感知数据与过程感知数据。物联网感知数据具有明显的异构性与多样性。
- 实时性、突发性与颗粒性。物联网感知数据是确定系统控制策略与制定控制命令的基础。物联网感知数据的处理时间不同，如一毫秒、一秒、一分钟、一小时、一天或几天，可能导致数据的价值天差地别。不同物联网应用系统的数据带有时间、位置、环境与行为特征。当一个事件发生时，围绕着这个事件、来自不同角度的“一团”感知数据“突然”出现。感知数据呈现明显的实时性、突发性与颗粒性的特点。因为事件发生往往很突然，经常超出我们的预判，事先无法考虑周全，所以物联网感知设备从外部真实世界获得的数据容易不全面和有噪声干扰。对物联网大数据的研究需要注意数据实时性、突发性与颗粒性的特点，有些物联网应用系统为了适应对事件处理的实时性要求，对接入网数据的传输时延、带宽与可靠性要求极高。
- 非结构化与隐私性。物联网使用的传感器类型越来越多，因此会产生大量的图像、视频、语音、超媒体等非结构化数据，增加了数据处理的难度。同时，物联网应用系统的数据中隐含大量企业重要的商业秘密与个人隐私信息，数据处理中的信息安全与隐私保护难度大。

物联网中大量的传感器、执行器、各种应用系统是造成数据“大爆炸”的重要原因之一。物联网感知数据除了数据量越来越大之外，还具有异构性、多样性、实时性、突发性、颗粒性，以及非结构化、隐私性等特征，对接入网的传输时延、带宽与可靠性提出的技术要求将会越来越高。

习题

一、选择题（单选）

1. 接入层相邻的低层是

A）边缘层　　B）核心交换层

C）感知层　　D）应用服务层

2. 接入层相邻的高层是

A）表示层　　B）边缘层

C）物理层　　D）核心交换层

3. 以下不属于物联网跨层共性服务的是

A）网络安全　　B）网络管理

C）路由选择　　D）QoS/QoE

4. AIoT 的概念出现于

A）2005 年　　B）2018 年

C）2009 年　　D）2020 年

5. 以下不是由接入层的性能决定的要素是

A）服务器位置　　B）设备类型

C）覆盖范围　　D）设备造价

6. 以下不属于物联网跨层共性服务的是

A）网络安全　　B）网络管理

C）路由选择　　D）QoS/QoE

7. 以下不属于无线接入网的是

A）NB-IoT　　B）C-RAN

C）Wi-Fi　　D）PLC

8. 以下不属于 ITU Y.2060 对物联网接入设备分类的是

A）虚拟网络　　B）传感 / 执行设备

C）通用设备　　D）数据捕获设备

9. 以下关于 AIoT 特征的描述中，错误的是

A）物联网与智能技术交叉融合的产物

B）一种新的物联网类型

C）为人工智能的感知信息的采集、交互和互联互通提供支撑

D）标志着物联网的发展进入了一个新阶段

10. 以下关于数据捕获设备的描述中，错误的是

A）数据捕获设备直接与数据携带设备进行数据交互

B）多个数据携带设备作为路由交换节点接入物联网

C）数据捕获设备通过近场网络与数据携带设备进行数据交互

D）多个数据携带设备作为无线自组网节点通过汇聚节点接入物联网

二、问答题

1. 如何理解物联网概念从 IoT 到 AIoT 的发展过程？

2. 如何理解物联网“端－边－网－云－用”的体系结构特点？

3. 如何理解 ITU Y.2067 对物联网网关提出的三点需求？

4. 如何理解物联网感知数据的异构性与多样性？

5. 如何理解接入层包括近场网与接入网？

6. 如何理解网络管理属于跨层的共性服务？

第 2 章　数据通信基础

数据通信是物联网接入技术发展的基础。本章在介绍数据通信基本概念的基础上，系统地讨论接入网中信息、数据与信号的概念，感知信息编码方法，以及无线通信技术的特点。

2.1　数据通信的基本概念

研究物联网接入技术必然要涉及数据通信与网络的基础知识。本节将系统地介绍与物联网接入技术相关的数据通信知识。

2.1.1　数据传输类型

在传输介质上传输的信号有两种：模拟信号与数字信号。图 2-1 给出了模拟信号与数字信号的波形。

模拟信号（analog signal）是电平连续变化的电信号，波形如图 2-1a 所示。人的语音信号属于模拟信号。传统的电话线路是用来传输模拟信号的。

数字信号（digital signal）是用两种不同的电平表示 0、1 比特序列电压跳变的脉冲信号，波形如图 2-1b 所示。

数据在计算机中是以离散的二进制数字表示，在数据通信过程中它是以数字信号方式还是以模拟信号方式表示，取决于通信线路所允许传输的信号类型。如果通信信道不允许直接传输计算机产生的数字信号，那么需要在发送端将数字信号变换成模拟信号，在接收端再将模拟信号还原成数字信号，这个过程称为调制 / 解调。如果通信线路允许直接传输计算机所产生的数字信号，那么为了很好地解决收发双方的同步与具体实现中的技术问题，也需要将数字信号进行波形变换。

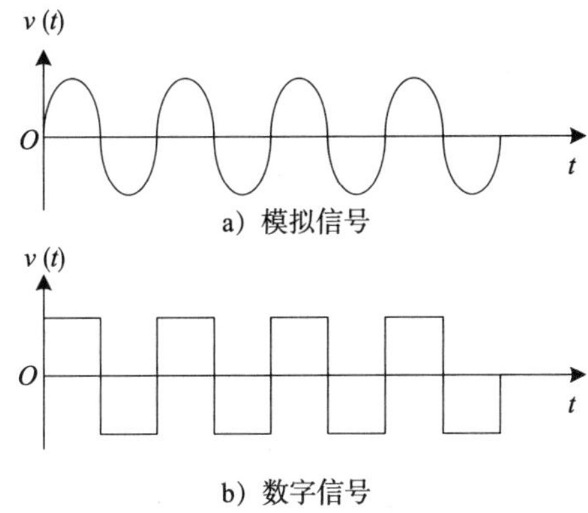

图 2-1　模拟信号与数字信号波形

因此，在研究数据通信技术时，首先要讨论数据在传输过程中的表示方式与数据传输类型问题。

2.1.2　数据通信方式

在讨论数据通信时经常会用到“信道”这个术语。信道（channel）与线路（circuit）是不同的。例如，用一条光纤传输介质去连接两台路由器，那么将这条光纤称为一条通信线路。由于光纤的带宽很宽，会采用多路复用（multiplexing）的方法，在一条通信线路上划分出多条通信信道，用于发送与接收数据。因此，一条通信线路往往包含一条或多条发送与接收信道。在无线通信中，假设一个频段的频率范围为 0～100kHz，即频段带宽为 100kHz，一个发射装置与一个接收装置通信只需要占用 10kHz，那么可以把这个频段分成 10 个通信频道，供 10 对无线通信节点使用。一个通信频道也叫作一个无线信道。

在设计一个数据通信系统时，还需要厘清三组主要的概念：串行通信与并行通信，单工、半双工与全双工通信，同步技术。

1. 串行通信与并行通信

按照使用的信道数，数据通信可以分为两种类型：串行通信与并行通信。图 2-2 给出了串行通信与并行通信的工作原理示意图。

在计算机中，用 8 位二进制数来表示一个字节。在数据通信中，将表示一个字节的二进制数按由低位到高位的顺序依次发送的方式称为串行通信，如图 2-2a 所示；将表示一个字节的二进制数同时通过 8 条并行的信道发送，每次发送一个二进制数的方式称为并行通信，如图 2-2b 所示。

显然，采用串行通信方式只需要在收发双方之间建立一条通信信道；采用并行通信方式需要在收发双方之间建立并行的多条通信信道。对于远程通信来说，在传输速率同样的情况下，并行通信在单位时间内所传输的码元数是串行通信的 n 倍（在这个例子中 $n=8$）。

并行通信方式需要建立多个通信信道，其造价较高，因此在远程通信中一般采用串行通信方式。显然，物联网接入中一般会常用串行通信。

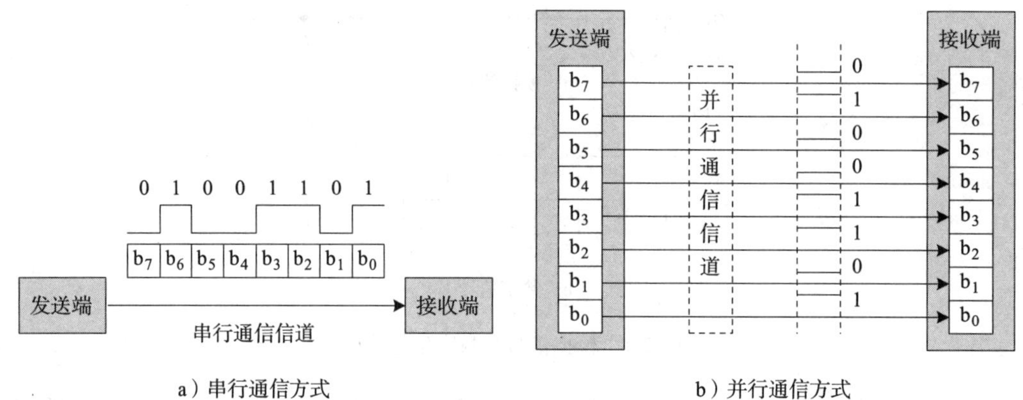

a）串行通信方式　　b）并行通信方式

图 2-2　串行通信与并行通信

2. 单工、半双工与全双工通信

按照信号传输方向与时间的关系，数据通信可以分为三种类型：单工通信、半双工通信与全双工通信。图 2-3 给出了单工、半双工与全双工通信的示意图。在图 2-3a 所示的单工通信方式中，信号只能向一个方向传输，任何时候都不能改变信号的传输方向。在图 2-3b 所示的半双工通信方式中，信号可以双向传送，但是必须交替进行，一个时间只能向一个方向传输。在图 2-3c 所示的全双工通信方式中，信号可以同时双向传输。

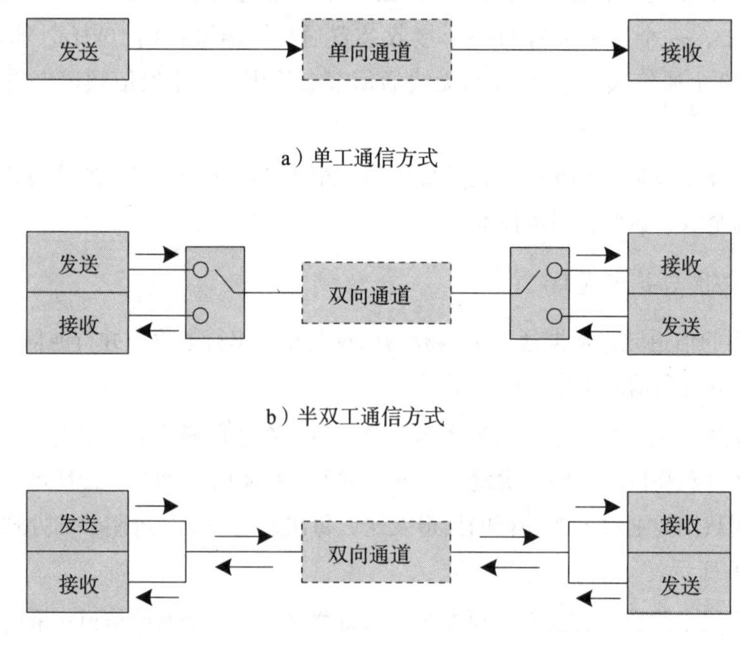

a）单工通信方式

b）半双工通信方式

c）全双工通信方式

图 2-3　单工、半双工与全双工通信

3. 同步技术

同步是数字通信中必须解决的一个重要问题。同步是使通信双方以时间为基准保持一致的过程。计算机通信过程与人们使用电话通话的过程有很多相似之处。在正常的通话过程中，人们在拨通电话并确定对方是要找的人时，双方就可以进入通话状态。在通话过程中，说话人要讲清楚每个字，讲完每句话需要停顿。听话人也要适应说话人的说话速度，听清对方讲的每个字，并根据说话人的语气和停顿判断一句话的开始与结束，这样才可能听懂对方所说的每句话，这就是人们在电话通信中解决的“同步”问题。在数据通信中，如果收发双方同步不良，则轻者会造成通信质量下降，严重时甚至会造成系统不能工作。数据通信的收发双方同样要解决同步问题，而且问题更复杂一些。

数据通信中的同步包括以下两种基本类型：位同步、字符同步。

（1）位同步

假设进行数据通信的双方是两台计算机，尽管两台计算机的时钟频率的标称值相同（假如都是 330MHz），但计算机时钟频率必然存在误差，并且不同计算机的时钟频率误差大小是不相同的。这种时钟频率的差异将导致不同计算机发送和接收的时钟周期存在误差。尽管这种差异可能是微小的，但在大量数据的传输过程中，其积累误差足以造成接收比特取样周期和传输数据的错误。因此，数据通信首先要解决收发双方的时钟频率一致性问题。

解决这个问题的基本方法：接收端根据发送端的时钟频率及发送数据的起始时刻，校正自己的时钟频率与接收数据的起始时刻，这个过程称为位同步。实现位同步的方法主要有两种：外同步法与内同步法。

外同步法是在发送端发送一路数据信号的同时，另外发送一路同步时钟信号。接收端将根据接收到的同步时钟信号来校正时间基准与时钟频率，实现收发双方的位同步。

内同步法则是从自含时钟编码的发送信号中提取同步时钟的方法。曼彻斯特编码与差分曼彻斯特编码都使用的是内同步法。

（2）字符同步

在解决位同步问题之后，进一步要解决的是字符同步（character synchronous）问题。1 个标准的 ASCII 字符由 8 位二进制数 0、1 组成。发送端以 8 位为一个单元来发送字符，接收端也以 8 位为一个单元来接收字符。保证收发双方正确传输字符的过程就叫作字符同步。实现字符同步的方法主要有以下两种：同步传输、异步传输。

同步传输（synchronous transmission）是将字符组织成组，以组为单位连续传输字符。每组字符之前加上一个或多个用于同步控制的 SYN 字符。SYN 字符是固定的 01111110，其后每个字符内不加附加位。接收端在接收时，根据 SYN 字符来确定真正要传输字符的起始位与终止位，以实现同步传输的功能。图 2-4 给出了同步传输的工作原理。

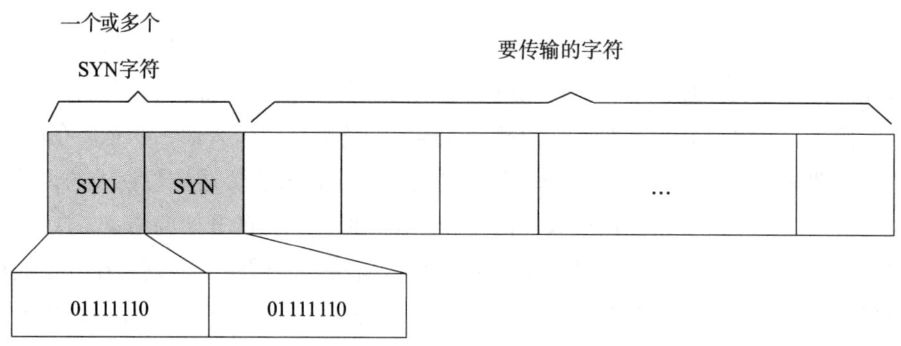

图 2-4 同步传输的工作原理

异步传输（asynchronous transmission）的特点是：分别把每个字符作为一个独立的整体来发送，字符之间的时间间隔可以是任意的。为了实现字符同步，在每个字符的第一位前加 1 位起始位（逻辑“1”），在最后一位后加 1 或 2 位终止位（逻辑“0”）。图 2-5 出了异步传输的工作原理。

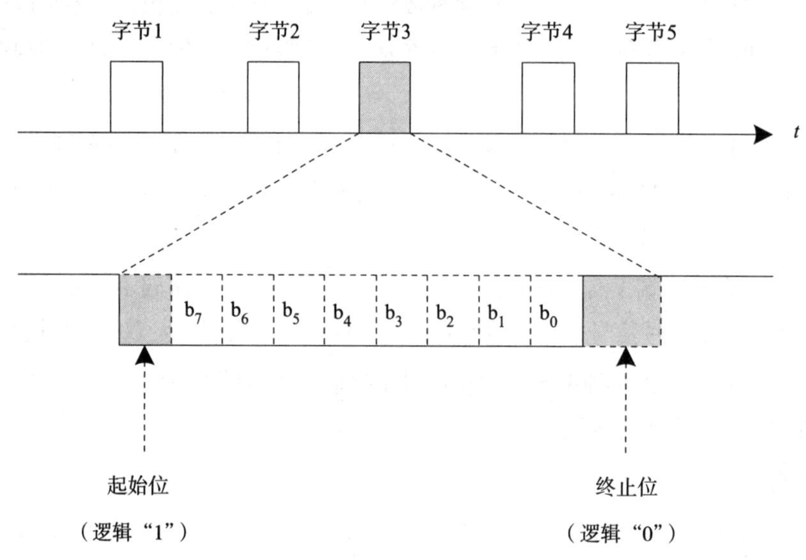

图 2-5 异步传输的工作原理

人们通常将同步传输称为同步通信，将异步传输称为异步通信。同步通信比异步通信的传输效率要高，因此同步通信更适用于高速数据传输。

2.1.3 传输介质类型及特征

传输介质是网络中连接收发双方的物理通路，也是通信中实际传输数据的载体。网络中常用的传输介质有：双绞线、同轴电缆、光纤、无线与卫星通信信道。

1. 双绞线的主要特性

双绞线是局域网中最常用的传输介质。图 2-6 给出了双绞线的基本结构。双绞线可以由 1 对、2 对或 4 对相互绝缘的铜导线组成。1 对导线可以作为 1 条通信线路。每对导线相互绞合的目的是将通信线路之间的电磁干扰降到最小。

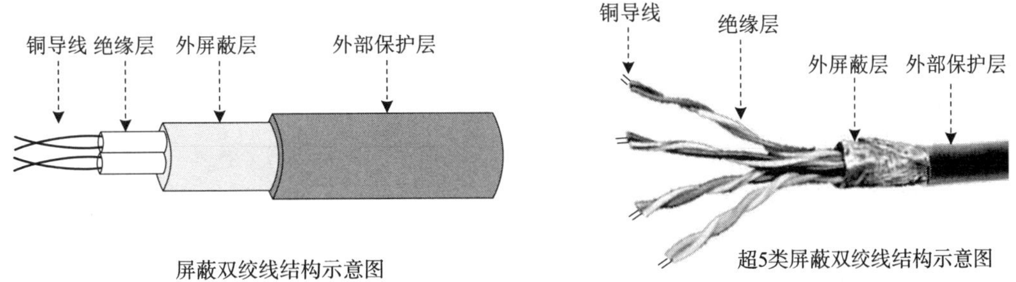

a）屏蔽双绞线结构

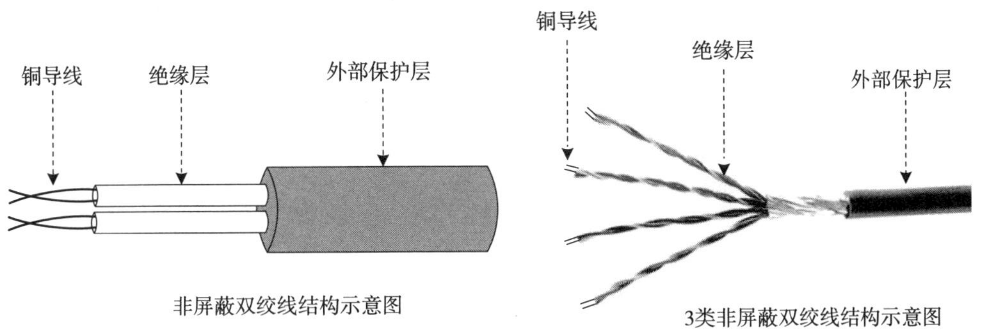

b）非屏蔽双绞线结构

图 2-6　双绞线的基本结构示意图

局域网中使用的双绞线分为两类：屏蔽双绞线（Shielded Twisted Pair，STP）与非屏蔽双绞线（Unshielded Twisted Pair，UTP）。屏蔽双绞线由外部保护层、外屏蔽层、绝缘层与多对双绞线组成；非屏蔽双绞线由外部保护层、绝缘层与多对双绞线组成。在典型的以太网中，常用的非屏蔽双绞线有 3 类线与 5 类线。随着千兆以太网（GE）等高速局域网的出现，各种高带宽的双绞线不断推出，如超 5 类线、6 类线与 7 类线。

2. 同轴电缆的主要特性

尽管目前实际的局域网组网中，双绞线与光纤逐步替代了同轴电缆，但是早期以太网是在同轴电缆基础上发展起来的，了解同轴电缆的结构对于理解局域网的工作原理是有益的。

同轴电缆由内导体、绝缘层、外屏蔽层及外部保护层组成。同轴介质的特性参数由内导体、绝缘层及外屏蔽层的电参数与机械尺寸决定。同轴电缆的特点是抗干扰能力较强。图 2-7 给出了同轴电缆的基本结构。

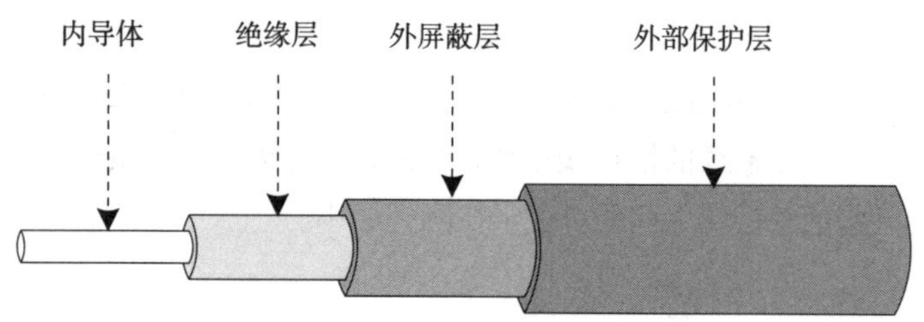

图 2-7 同轴电缆的基本结构示意图

3. 光纤的主要特性

（1）光纤结构与传输原理

光纤是传输介质中性能最好、应用前途最广泛的一种。光纤的纤芯是一种直径为 8～100μm 的柔软、能传导光波的玻璃或塑料，其中用超高纯度石英玻璃纤维制作的纤芯传输损耗最低。在折射率较高的纤芯外面，用折射率较低的包层包裹，外部再包裹涂覆层，这样就构成一条光纤。多条光纤组成一束构成一条光缆，其结构如图 2-8a 所示。

由于纤芯的折射系数高于外部包层的折射系数，因此可以形成光波在纤芯与包层的界面上的全反射。光纤通过内部的全反射来传输一束经过编码的光信号。图 2-8b 给出了光波通过光纤内部全反射实现光信号传输的示意图。

a）光纤的结构

b）光纤传输的基本工作原理示意图

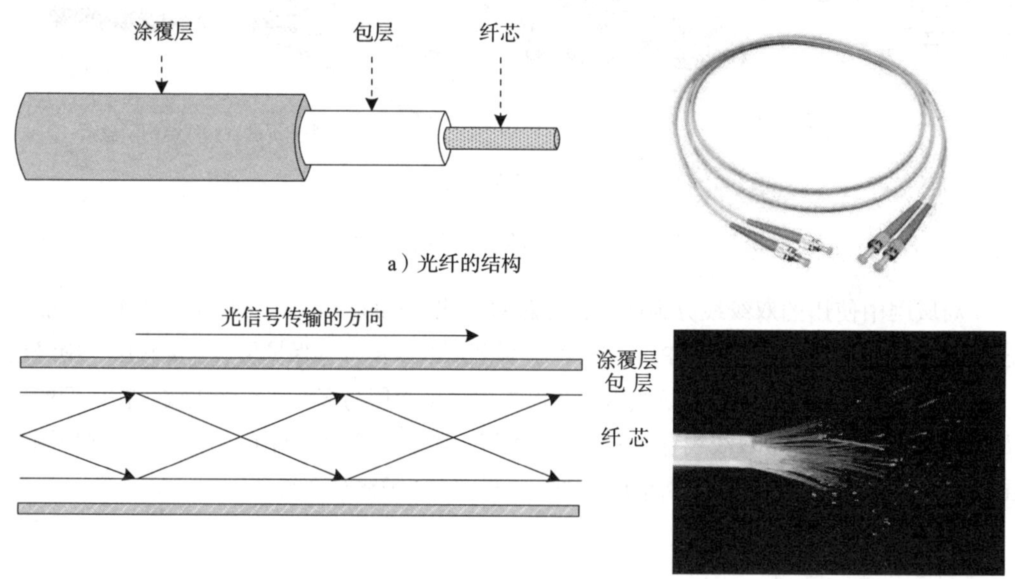

图 2-8 光纤结构与传输原理示意图

（2）光纤传输系统结构

图 2-9 给出了典型的光纤传输系统结构。在发送端，使用发光二极管（LED）或注入

型激光二极管（ILD）作为光源。在接收端，使用光电二极管（PIN）检波器将光信号转换成电信号。光载波调制方法采用振幅键控（ASK）调制方法，即亮度调制。光纤传输速率可以达到 Gbps 的量级。

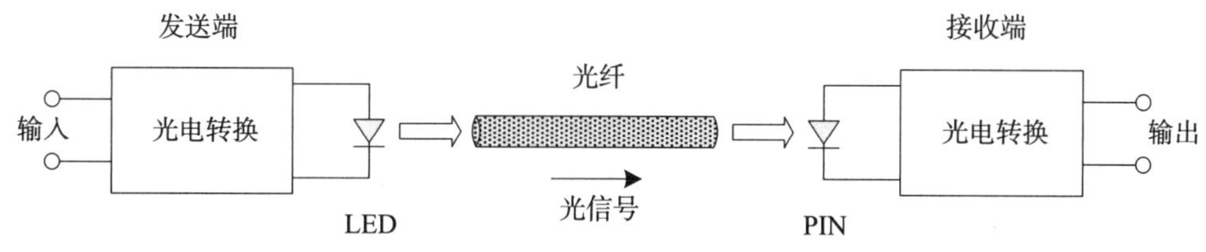

图 2-9　典型的光纤传输系统结构

（3）单模光纤与多模光纤

根据光信号的传输模式，光纤可以分为 2 种类型：单模光纤与多模光纤。在单模光纤中，光信号仅与光纤轴成单个可分辨角度的单路光载波传输。在多模光纤中，光信号与光纤轴成多个可分辨角度的多路光载波传输。单模光纤的性能优于多模光纤。图 2-10 给出了多模光纤与单模光纤传输模式的比较。

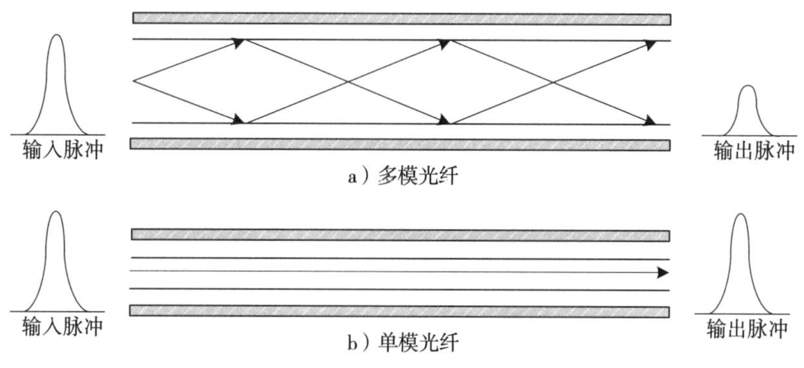

图 2-10　多模光纤与单模光纤传输模式的比较

光纤的基本连接方法是点对点方式，在某些实验系统中可以采用多点连接方式。光纤信号的衰减极小，最大传输距离可以达到几十公里。光纤不受外界电磁干扰与噪声的影响，在长距离、高速率的传输中保持低误码率。

（4）对光纤物理层标准的理解

由于光纤的传输速率高、误码率低、安全性好，因此成为计算机网络中最有发展前景的传输介质。同时，由于光纤通信技术的发展，光纤组网的成本在不断降低，光纤已经从主要用于连接广域网核心路由器，逐渐发展到连接城域网、局域网与接入网，目前正在向光纤接入办公室、光纤接入家庭的方向发展。

随着光纤应用范围的扩大，很多终端用户已经开始接触光纤，也会接触物理层关于光纤的传输速率、传输距离等参数的问题。例如，高速以太网的物理层就制定了多个关于光纤的物理层标准，其中涉及多个描述物理层特征的参数。了解有关光纤的物理层标准，需要注意以下几个问题。

- 影响光纤传输距离的因素主要有：传输模式、光载波的频率、光纤的尺寸。
- 计算机产生的电信号需要变换成光载波信号在光纤上传输。由于光纤只能够单方向传输光载波信号，因此要实现计算机与交换机的双向传输就需要使用两根光纤。
- 在物理层协议中，从计算机向交换机传输信号的光纤称为上行光纤，从交换机向计算机传输信号的光纤称为下行光纤。上行与下行光纤使用不同的光载波频率。
- 物理层协议规定的物理参数主要包括：传输模式、上行光纤与下行光纤的光载波频率、光纤的尺寸、光接口，以及最大光纤传输距离。

例如，在传输速率为 1Gbps 的千兆以太网的物理层 1000BASE-LX 标准中，规定：传输介质采用单模光纤，光纤直径大于 10μm，上行光纤与下行光纤的光载波频率分别为 1270nm 与 1355nm，光纤最大长度为 5km。

（5）光缆结构

距离很近的主机与交换机可以用单根光纤连接，在长距离线路上铺设的是光缆。尽管在制作过程中，可通过在纤芯外面用包层与涂覆层包裹的方法，使单根光纤具有一定的抗拉强度，但是单根光纤仍会因弯曲、扭曲等外力作用产生形变，甚至造成断裂。因此，将多根光纤与其他高强度保护材料组合构成光缆，可以增加线路的带宽，同时也能适应各种工程环境的要求。1976 年，第一个光纤通信实验系统使用的光缆就由 144 根光纤组成。典型的光缆由缆芯、中心加强芯与护套这三部分构成，其结构如图 2-11 所示。

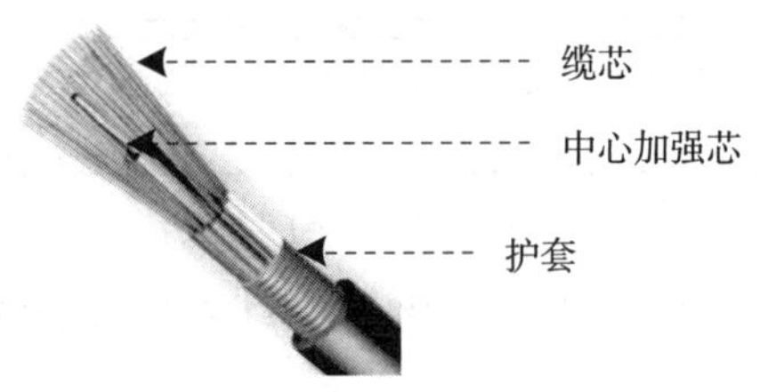

图 2-11　光缆结构示意图

光缆结构主要有以下几个特点。

- 缆芯是光缆的主体，它包含多根光纤。
- 中心加强芯用来加强光缆的抗拉强度。中心加强芯是用高强度、低膨胀系数、抗腐蚀与有一定弹性的材料制作的，如钢丝、钢绞线或钢管。在强电磁干扰区和雷区，则需要采用高强度的非金属材料。
- 护套是光缆的外部保护层，使得光缆在各种敷设条件下都能够具有很好的抗拉、抗压和抗弯曲能力。

按照光缆的使用环境，光缆可分为架空光缆、直埋光缆、海底光缆、野战光缆等多种类型。目前，光缆在广域网、城域网与局域网，以及电信传输网、电视传输网中得到广泛的应用。

2.1.4　多路复用的基本概念

1. 多路复用与通信信道

多路复用（multiplexing）是数据通信中的一个重要概念。研究多路复用技术的原因主要有两点：一是用于通信线路架设的费用相当高，需要充分利用通信线路的带宽；二是网络中传输介质的带宽都高于单一信道所需要的带宽，例如一条线路的带宽为 10Mbps，而两台计算机通信所需要的是带宽为 100kbps 的一条信道。如果这两台计算机独占了 10Mbps 的线路，那么将浪费大量的带宽。为了充分利用传输介质的带宽，需要在一条物理线路上建立多条通信信道。使用多路复用技术，发送端将多个用户的数据通过复用器（multiplexer）汇集，并将汇集的数据通过一条通信线路传输到接收端；接收端通过分用器（demultiplexer）将数据分离成各路数据，分发给接收端的多个用户。具备复用器与分用器功能的设备称为多路复用器。多路复用器可以在一条物理线路上划分出多条通信信道。多路复用、信道与通信线路关系如图 2-12 所示。

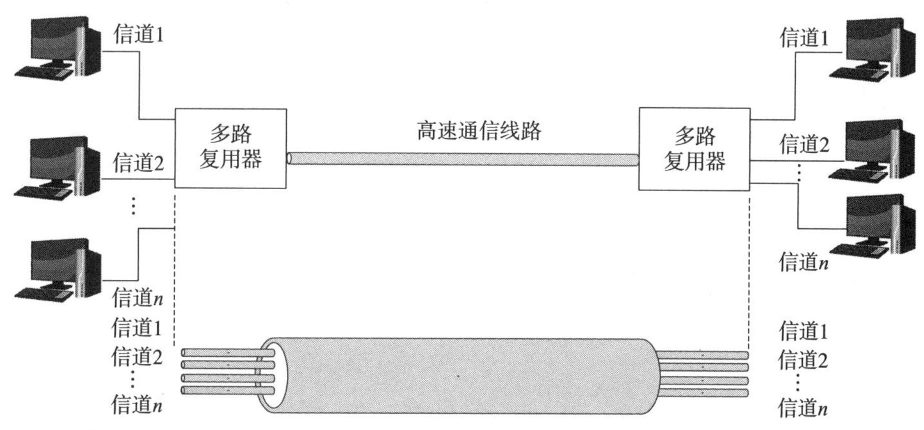

图 2-12　多路复用、信道与通信线路

2. 多路复用技术的分类

多路复用可以分为以下 4 种基本形式。

- 时分多路复用。时分多路复用（Time Division Multiplexing，TDM）以信道传输时间为对象，通过为多个信道分配互不重叠的时间片，达到同时传输多路信号的目的。
- 频分多路复用。频分多路复用（Frequency Division Multiplexing，FDM）以信道频率为对象，通过设置多个频带互不重叠的信道，达到同时传输多路信号的目的。
- 波分多路复用。波分多路复用（Wavelength Division Multiplexing，WDM）在一根光纤上复用多路光载波信号，它是针对光频段的频分多路复用。

- 码分多路复用与正交频分复用。码分多址（Code Division Multiple Access，CDMA）通过为每一个用户分别分配一种码型，使多个用户同时使用一个信道而不互相干扰。CDMA 是 3G 手机移动通信中共享信道的基本方法。正交频分复用（Orthogonal Frequency Division Multiplexing，OFDM）是一种特殊的多载波传输技术，它在蜂窝移动通信及 802.11 标准下的 Wi-Fi 协议的物理层都有应用。

2.2　信息、数据与信号

2.2.1　信息、数据与信号的概念

信息、数据与信号是数据通信中三个不同的概念。

信息（information）的载体可以是文字、语音、图形、图像与视频。传统的信息主要是指文本或数字类信息。随着网络电话、网络电视、网络视频技术的发展，网络中传输的信息从最初的文本或数字类信息，逐步发展到包含语音、图形、图像与视频等多种类型的多媒体（multimedia）信息。

计算机为了存储、处理和传输信息，首先要将表达信息的字符、数字、语音、图形、图像或视频用二进制数（data）表示。计算机存储与处理的是二进制数。

在通信系统中，由二进制数 0、1 组成的比特序列必须变换成用不同的电平或频率表示的信号（signal）之后，才能够通过传输介质进行传输。

2.2.2　接入网中的信息、数据与信号

图 2-13 给出了接入网中信息、数据与信号的关系。

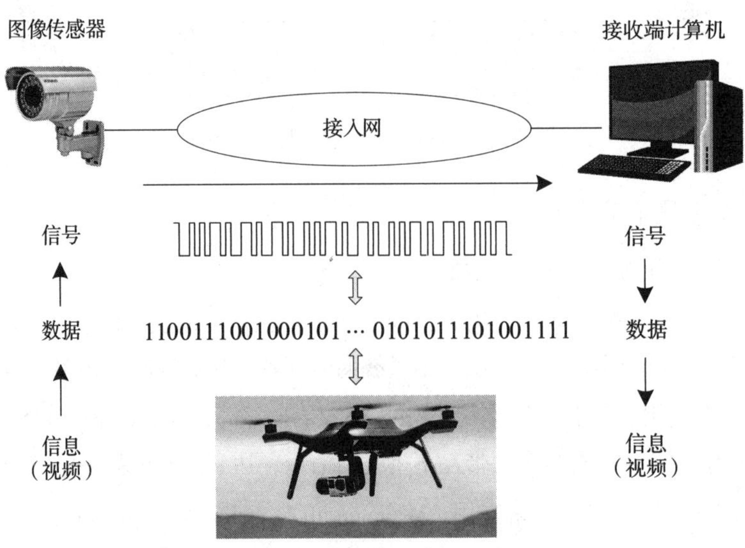

图 2-13　信息、数据与信号的关系示意图

假设图像传感器（摄像头）拍摄了一段无人机飞行的视频，图像传感器首先需要将记录无人机飞行过程的一段“视频信息”，用由二进制数 0、1 编码的“视频数据”表示，再将“视频数据”转换成能够在接入网传输的“信号”。接入网将“信号”传输到接收端计算机；计算机将接收到的“信号”还原成“视频数据”，再将“视频数据”解码为“视频信息”并在计算机屏幕上显示。物联网应用系统可以对视频信息做进一步的分析和处理。

上述过程涉及以下几个基本的问题：

- 传感器的“感知信息”按什么样的规则转换成“感知数据”？
- “感知数据”按什么样的规则来确定是转换成“数字感知信号”还是转换成“模拟感知信号”？
- “感知信号”如何通过接入网传输到物联网应用系统中？

实际上，第一个问题涉及信息编码，第二个问题涉及信号编码，第三个问题涉及接入网信号传输方法。

2.2.3 信息编码方法

传感器感知的信息主要有：数字、字符、图形、语音、图像与视频等。根据各种类型信息的特点不同，信息编码方法也不相同。

1. 数字与字符编码方法

传感器感知的信息（如温度、重量、压力和湿度等）包括数值与单位。有些传感器为了使设备简化，可能会规定一些最简单的数值与单位。但是目前应用最广泛的仍然是 ASCII 码，对应国际标准 ISO 646，又称为国际 5 号码。表 2-1 给出了 ASCII 码的部分字符编码。

表 2-1 ASCII 码的部分字符编码

字符	二进制码	字符	二进制码	字符	二进制码
0	0110000	A	1000001	SOH	0000001
1	0110001	B	1000010	STX	0000010
2	0110010	C	1000011	ETX	0000011
3	0110011	D	1000100	EOT	0000100
4	0110100	E	1000101	ENQ	0000101
5	0110101	F	1000110	ACK	0000110
6	0110110	G	1000111	NAK	0010101

（续）

字符	二进制码	字符	二进制码	字符	二进制码
7	0110111	H	1001000	ETB	0010111
8	0111000	I	1001001	SYN	0010110
9	0111001	J	1001010		

二进制编码按从高位到低位（$b_6\ b_5\ b_4\ b_3\ b_2\ b_1\ b_0$）的顺序排列，而 b_7 一般用于字符的校验。假设传感器感知的温度数值为“120”摄氏度如果采用奇校验，则该数值的 ASCII 码编码的二进制比特序列为“011000100110010001100001”。传感器将这个比特序列准确地传输到计算机，计算机会根据 ASCII 码的编码规则，将接收的比特序列正确解释成温度数值为“120”摄氏度。

2. 语音的编码方法

人的语音信号属于模拟信号。传统的电话线路是用来传输模拟信号的。如果传感器感知的是人的语音信号，而接入网不能传输模拟信号，只能传输数字信号，那该怎么办？脉冲编码调制（Pulse Code Modulation，PCM）是解决这个问题最有效的方法。

语音信号是一种频率在 300～3000Hz 范围内的模拟信号。要将语音信号与计算机产生的文字、图像、视频信号同时传输，就必须首先将语音信号数字化。发送端使用 PCM 编码器将语音信号转换为数字信号并通过数字通信信道传输到接收端，接收端使用 PCM 解码器将它还原成语音信号。图 2-14 描述了 PCM 编码器的工作原理示意图。

图 2-14 PCM 编码器的工作原理示意图

PCM 工作过程分为三步。

第一步：采样。模拟信号是电平连续变化的信号。采样是隔一定的时间，就将模拟信号的电平取出作为样本。采样频率 f 应满足 $f \geqslant 2B$ 或 $f = 1/T \geqslant 2 \cdot f_{max}$。其中，$B$ 为通信信道带宽，T 为采样周期，f_{max} 为信道允许通过的信号最高频率。研究结果表明：如果以大于或等于通信信道带宽 2 倍的速率对信号采样，那么采集的样本可以包含足以重构原模拟信号的所有信息。图 2-15 给出了 PCM 的采样与量化过程示意图。

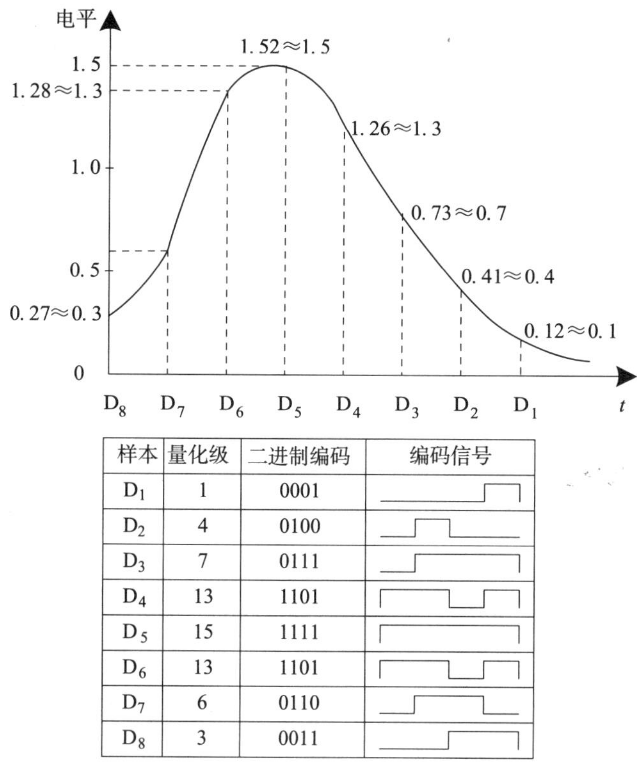

样本	量化级	二进制编码	编码信号
D_1	1	0001	
D_2	4	0100	
D_3	7	0111	
D_4	13	1101	
D_5	15	1111	
D_6	13	1101	
D_7	6	0110	
D_8	3	0011	

图 2-15　PCM 的采样与量化过程示意图

第二步：量化。量化是将样本电平值按量化级取值的过程。量化后的样本电平值为离散的量级值，已不是连续值。量化前要规定将信号分为若干量化级，例如可以分为 8 级或 16 级，这要根据精度要求决定。同时，要规定每级对应的电平范围，然后比较样本电平值与上述量化级电平值。定级时需取整，例如，1.28 取值为 1.3，1.52 取值为 1.5。

第三步：编码。编码是用相应位的二进制数表示量化后的样本电平值。k 个量化级对应 $\log_2 k$ 位二进制数。例如，量化级 k 为 16，就需要用 4 位二进制数编码。在目前常用的语音数字化系统中，通常 k 取 128，需要用 7 位二进制数编码。编码后的样本都用相应的二进制数表示。例如 D_5 的取样幅度为 1.52，取整后为 1.5，量化级为 15，样本编码为 1111。将二进制数 1111 发送到接收端，接收端可以将它还原成量化级 15，对应的电平值为 1.5。

当把 PCM 用于语音数字化系统时，它将声音分为 128 个量化级，每个量化级采用 7 位二进制数编码。由于采样速率为 8000 样本 / 秒，因此，数据传输速率应达到 7×8000＝56kbps。

由于数字信号传输失真小、误码率低、速率高，因此在网络中除了计算机直接产生的数字信号以外，将语音、图像等模拟信号数字化已成为发展的必然趋势。PCM 是模拟信号数字化的主要方法。

传统电话交换网中，采用了 PCM 编码与数据压缩之后，数字语音信号可以用 64kbps 的数据传输速率传输，移动通信网可以进一步将数字语音信号的数据传输速率控制在 16kbps 以下。

理解 PCM 技术特点时，需要注意两个问题。

- PCM 技术可以用于计算机中的图形、图像数字化与传输处理。PCM 的缺点是采用二进制编码位数较多，编码效率相对较低。
- 用 ASCII 码表示的字符与数字属于结构化数据；使用 PCM 技术转换而得的数字语音数据或图像数据属于非结构化数据。

3. 图像的编码方法

（1）图像的数字化

用图像传感器（数码相机或数字摄像机）拍摄选定的景物，然后将照片中的图像进行数字化。图像数字化分为如图 2-16 所示的四步。

第一步：扫描。将画面划分为 M（列）$\times N$（行）个网格，每个网格称为一个取样点。这样，一幅模拟图像就转换为 $M\times N$ 个取样点所组成的一个阵列。

第二步：分色。将每个取样点的颜色分解成红、绿、蓝（R、G、B）三种基色。如果不是彩色图像则不必进行分色。

第三步：取样。测量每个取样点的每个分量（基色）的亮度值。

第四步：量化。对取样点每个分量的亮度值进行 A/D 转换，即将模拟量用数字量（一般是 8～12 位二进制数表示的正整数）表示，这点与 PCM 方法类似。

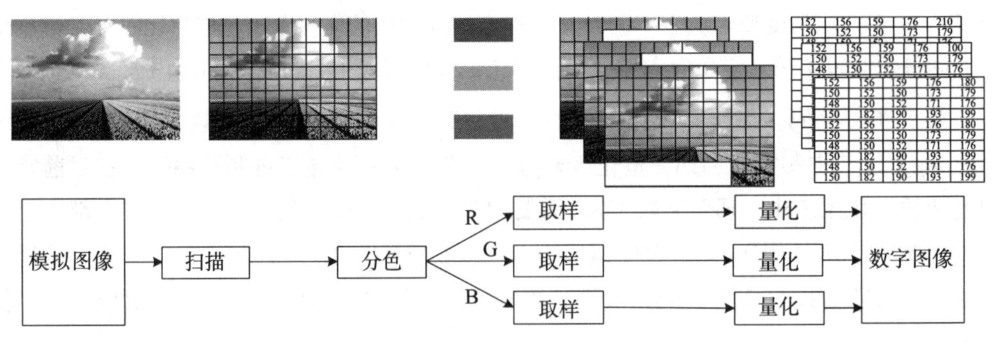

图 2-16　图像的数字化过程示意图

（2）图像的表示与压缩编码

从取样图像的获取过程可以知道，一幅取样图像由 $M\times N$ 个取样点组成，取样点是组成取样图像的基本单位，称为像素（pixel）。彩色图像的像素通常由红、绿、蓝 3 个分量组成，灰度图像的像素只有一个亮度分量。

一幅静态图像的数据量计算公式：

图像数据量＝图像水平分辨率 × 图像垂直分辨率 × 像素深度

如果一幅图像分辨率为 640×480，那么这幅图像约有 30 万像素；每一个像素都用 8 位二进制数（256 种颜色）表示，那么这幅图像的数据量为 2.46Mb；传感器按照接入网的传输速率 56kbps 发送数据，那么传感器发送一幅图像大约需要 43s。很显然，像素越高、照片越清晰的图像所需要的传输时间越长。对于分辨率为 3840×2160 的 4K 图像，分辨率为 7680×4320 的 8K 超高清图像的发送时延必然更长，这对很多物联网实时性应用是不可取的。减小发送时延的方法基本有两种，一是提高传输速率，二是对图像进行数据压缩。

由于图像中的数据相关性很强，数据的冗余度很高，因此对图像进行大幅度数据压缩是完全可能的。再加上人的视觉有一定的局限性，即使压缩后的图像有一些失真，只要限制在人眼无法察觉的误差范围之内，也是允许的。数据压缩可以减小一幅图像的数据量，既可以减少专用的信道带宽，还可以减小发送时延、传输时延与处理时延，提高数据传输的实时性。

4. 视频的编码方法

物联网中的视频传感器（如数字摄像头）获取的数据由连续变化的静态图像与伴音组成。数字摄像头通过光学镜头和 CMOS（或 CCD）器件采集图像，并直接将图像转换成数字图像数据。根据视觉暂留原理，当图像的变化速度超过 24 帧 / 秒时，会达到平滑连续的视觉效果。数字视频的数据量非常惊人。一分钟具有标准清晰度（分辨率为 720×576）的数据量约为 1GB。对这样的大数据无论是存储、传输还是处理都有很大困难，因此必须进行数据压缩。由于视频内部画面有很强的相关性，因此视频数据可以压缩几十倍到几百倍。目前，ISO 制定了有关数字视频与伴音压缩编码的常用标准（如表 2-2 所示）。

表 2-2　有关数字视频与伴音压缩编码的常用标准

标准名称	源图像格式	压缩后的码率	主要应用
MPEG-1	360 × 288	大约为 1.2Mbps ～ 1.5Mbps	适用于 VCD、数码相机、数字摄像机等
H.261	360 × 288 180 × 144	P*64kbps。P＝1 或 2 时，仅支持 180*144；P>6 时，可支持 360*288	适用于视频通信、可视电话、会议电视
MPEG-2（MP@ML）	720 × 576	5Mbps ～ 15Mbps	适用于 DVD、数字卫星转播、数字有线电视等
MPEG-2 High Profile	1140 × 1152 1920 × 1152	80Mbps ～ 100Mbps	适用于高清晰度电视
MPEG-4 ASP	分辨率较低的图像格式	最低速率仅为 64kbps	适用于视频监控、IPTV、手机、MP4 播放等低分辨率应用
MPEG-4 AVC（H.264）	各种不同的图像格式	采用新技术，相同分辨率时码率比 MPEG-4 ASP 显著减少	适用于 HDTV、IPTV、iPad、iPod、iPhone 等

2.2.4　感知信息通过接入网的传输与处理过程

综上所述，感知信息通过接入网的传输与处理过程如图 2-17 所示。

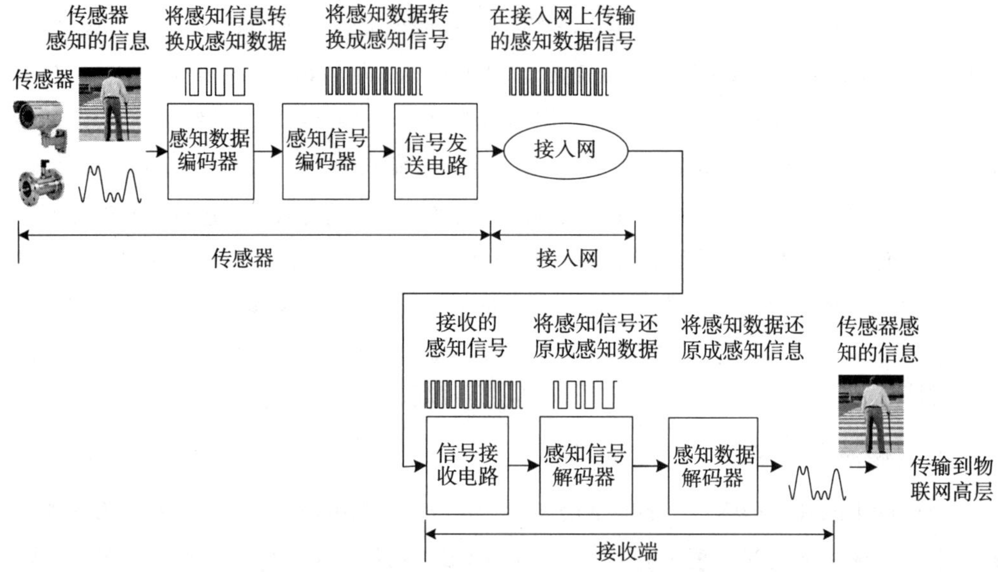

图 2-17　感知信息通过接入网的传输与处理过程示意图

感知信息通过接入网的传输与处理过程可以归纳为以下六步：

- 传感器获得感知信息之后，通过感知数据编码器将感知信息转换成感知数据。
- 为了在有线传输介质或无线信道上传输，必须通过感知信号编码器将感知数据转换成感知信号。
- 感知信号经由传感器设备的信号发送电路通过接入网，到达接收端。
- 接收端将接收的感知信号传输到感知信号解码器，并由该解码器还原出感知数据。
- 感知数据解码器将感知数据还原成传感器感知的信息。
- 将感知信息传输到物联网高层进行处理。

2.3　信号编码方法

物联网接入网通信技术中，主要传输的是数字、字符，以及数字化的语音、图形、图像与视频信号，此外还通过数字信道传输数值数据信号，因此我们将重点讨论数字信号的编码方法问题。

2.3.1　数字信号的编码方法

在数据通信中，将二进制数字转换成能够在数字信道上直接传输的基带信号的方法主要有非归零码、曼彻斯特编码与差分曼彻斯特编码方法。在发送端，二进制的感知数据经过感知信号编码器，转换为非归零码、曼彻斯特编码或差分曼彻斯特编码这样的基带信号，再通过数字信道传输到接收端。接收端使用感知信号解码器将基带信号还原成与发送端相同的二进制比特序列。使用数字信道传输基带信号的方法又称作基带传输。

基带传输中数字信号编码方法如图 2-18 所示。

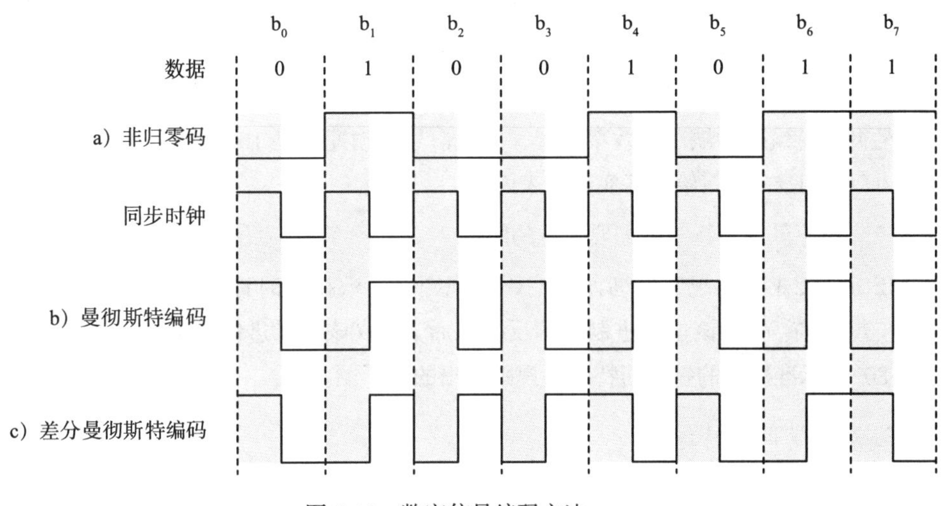

图 2-18　数字信号编码方法

1. 非归零码

图 2-18a 给出了非归零（Non Return to Zero，NRZ）码波形。非归零码规定可以用低电平表示数字 0，用高电平表示数字 1；也可以用其他表示方法。

非归零码的缺点是无法判断 1 位的开始与结束，收发双方不能保持同步。为了保证收发双方的同步，必须在发送 NRZ 码的同时，用另一个信道同时传输同步时钟信号。如果信号中 1 与 0 的个数不相等，存在直流分量，即"非归零"，那这在数据传输中是不希望存在的。

2. 曼彻斯特编码

曼彻斯特（Manchester）编码是目前应用最广泛的编码方法之一。图 2-18b 给出了典型的曼彻斯特编码波形示意图。

（1）曼彻斯特编码的规则

曼彻斯特编码有如下规则：

- 每位的周期 T 都分为前 $T/2$ 与后 $T/2$ 两个部分。
- 前 $T/2$ 传输该位二进制数的反码。
- 后 $T/2$ 传输该位二进制数的原码。

根据曼彻斯特编码规则，如图 2-18b 所示：$b_0=0$，它的前 $T/2$ 取 0 的反码（0 用低电平表示，其反码就为高电平），后 $T/2$ 取 0 的原码（低电平）；$b_1=1$，它的前 $T/2$ 取 1 的反码（低电平），后 $T/2$ 取 1 的原码（高电平）；$b_2=0$，它的前 $T/2$ 取 0 的反码（高电平），后 $T/2$ 取 0 的原码（低电平）。依此类推。

（2）曼彻斯特编码的特点

曼彻斯特编码最主要的特点是：每位的中间都有一次电平跳变，两次电平跳变的时间间隔可以是 $T/2$ 或 T，电平跳变可以作为收发双方的同步信号。曼彻斯特编码信号称为“自含时钟编码”信号，发送曼彻斯特编码信号时无须另发同步信号。

曼彻斯特编码的缺点是效率较低，如果信号传输速率是 100Mbps，则发送时钟信号频率应为 200MHz，这将给电路实现带来困难。

（3）讨论曼彻斯特编码需要注意的问题

IEEE 802.3 标准规定曼彻斯特编码的规则是：数据与时钟进行“异或”运算，这就造成了每位前 $T/2$ 取该位二进制数的反码，后 $T/2$ 取该位二进制数的原码。图 2-18b 是按 IEEE 802.3 标准规定的曼彻斯特编码规则画出的波形图。

3. 差分曼彻斯特编码

典型的差分曼彻斯特（Difference Manchester）编码波形如图 2-18c 所示。差分曼彻斯特编码与曼彻斯特编码的不同点是：

- 每位中间的跳变仅用作同步。
- 每位的二进制数决定该位的开始边界是否发生电压跳变。
- 开始边界如果发生电平跳变，则表示该位为二进制 0；不发生跳变表示该位为二进制 1。

差分曼彻斯特编码与曼彻斯特编码不同之处在于：b_0 之后的 b_1 为 1，在两位的波形交接处不发生电平跳变；之后的 b_2 为 0，在 b_1 与 b_2 交接处要发生电平跳变；再之后的 b_3 为 0，在 b_2 与 b_3 交接处仍要发生电平跳变。研究差分曼彻斯特编码的原因是：从电路的角度来看，差分曼彻斯特解码要比曼彻斯特解码更容易实现。

2.3.2　数据传输速率的定义

数据传输速率是衡量数据传输系统的重要技术指标之一。数据传输速率在数值上等于每秒钟传输的二进制数位数，单位为位 / 秒，记为 bps 或 b/s。对于二进制数，数据传输速率为 $S=1/T$（bps）。其中，T 为发送每位二进制数所需要的时间。例如，发送一位 0、1 所需的时间是 1ms，则数据传输速率为 1000bps。在实际应用中，常用的数据传输速率单位有 kbps、Mbps、Gbps 与 Tbps。其中：

$$1\text{kbps} = 1\times 10^3\text{bps}$$

$$1\text{Mbps}=1\times10^{6}\text{bps}$$

$$1\text{Gbps}=1\times10^{9}\text{bps}$$

$$1\text{Tbps}=1\times10^{12}\text{bps}$$

在讨论数据传输速率时，有以下两点需要注意。

第一，数据传输速率是指主机向传输介质每一秒发送的二进制数位数。例如，以太网的数据传输速率（或带宽）为 10Mbps，表明网卡每秒钟可以向传输介质发送 1×10^{7} 位二进制数；如果一帧长度为 1500B（1.2×10^{4}b），那么以太网发送一帧的时间约为 1.2ms。

第二，在计算二进制数的长度时，1kb＝2^{10}b＝1024b；但在计算数据传输速率的时候使用的是十进制，即 1kbps＝1000bps≠1024bps；同样，40.98×10^{6}bps＝40.98Mbps≠40.00Mbps。这个区别是由计算机与通信分别采用二进制与十进制引起的，容易被大家忽略和引起误解的。

2.4　无线通信的基本概念

2.4.1　电磁波谱与通信类型

图 2-19 给出了电磁波谱与通信类型的关系。图的下半部是 ITU 根据不同的频率（或波长）对不同的波段进行了划分与命名。

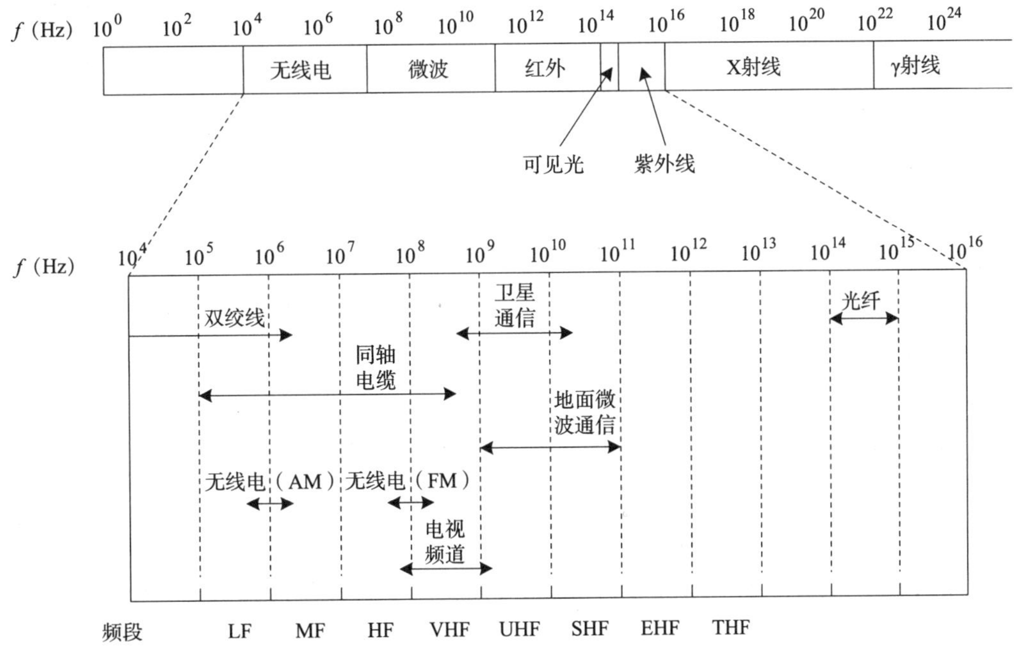

图 2-19　电磁波谱与通信类型的关系

理解电磁波谱与通信类型需要注意以下几个问题。

第一，描述电磁波的参数有三个：波长 λ（wave length）、频率 f（frequency）与光速 C（speed of light）。它们三者之间的关系为：$\lambda \times f = C$。其中，光速 C 为 3×10^8m/s，频率 f 的单位为 Hz。从图 2-19 所示的电磁波谱可以看出，按照频率由低向高的顺序，不同频率的电磁波排列为无线电、微波、红外、可见光、紫外线、X 射线与 γ 射线。目前，用于通信的主要有无线电、微波、红外与可见光。

第二，电磁波的传播有两种方式：一种是在自由空间中传播（即无线方式传播）；另一种是在有限制的空间中传播（即有线方式传播）。使用双绞线、同轴电缆、光纤传输电磁波的方式属有线方式。在同轴电缆中，电磁波传播的速度大约等于光速的 2/3。不同的传输介质可以传输不同频率的信号。例如，普通双绞线可以传输低频与中频信号，同轴电缆可以传输低频到特高频信号，光纤可以传输可见光信号。

第三，如下为用于无线通信的频段的频率范围与波长。

- 中频（MF）：频率范围为 300～3000kHz，波长为 100～1000m。
- 高频（HF）：频率范围为 3～30MHz，波长为 10～100m。
- 甚高频（VHF）：频率范围为 30～300MHz，波长为 1～10m，称为米波段。
- 特高频（UHF）：频率范围为 300～3000MHz，波长为 10～100cm，称为分米波段。
- 超高频（SHF）：频率范围为 3～30GHz，波长为 1～10cm，称为厘米波段。
- 极高频（EHF）：频率范围为 30～300GHz，波长为 1～10mm，称为毫米波段。
- 太高频（THF）：频率范围为 300～3000GHz，波长为 0.1～1mm，称为亚毫米波段。

第四，用于移动通信的无线频段大致处在甚高频与特高频。例如，以下列举 4G LTE 标准（TD-LTE）中我国三大运营商分别获得的频段。

- 中国移动：1880～1900MHz，2320～2370MHz，2575～2635MHz。
- 中国联通：2300～2320MHz，2555～2575MHz。
- 中国电信：2370～2390MHz，2635～2655MHz。

4G 的无线频段属于厘米波段，5G 的无线频段属于毫米波段。由于 5G 工作在更高的波段，因此可以使用更大的频率范围，获得更多的带宽，数据传输速率可以达到更高，传输时延更低。

第五，为了维护无线通信的有序性，防止不同通信系统之间的干扰，世界各国都要求使用者向政府管理部门申请特定的无线频段，获得批准后才可以使用。但是政府管理部门也会专门划出了免予申请的频段，如工业、科学与医药专用的 ISM 频段。

第六，对于工业、科学与医药专用的 ISM 频段，用户在使用 902～928MHz（915MHz 频段）、2.4～2.4835GHz（2.4GHz 频段）、5.725～5.850GHz（5.8GHz 频段）3 个频段时，只要发射功率小于规定值（如 2.4GHz 频段发射功率小于 1W），就可以不用申请。ISM 频段分配如图 2-20 所示。

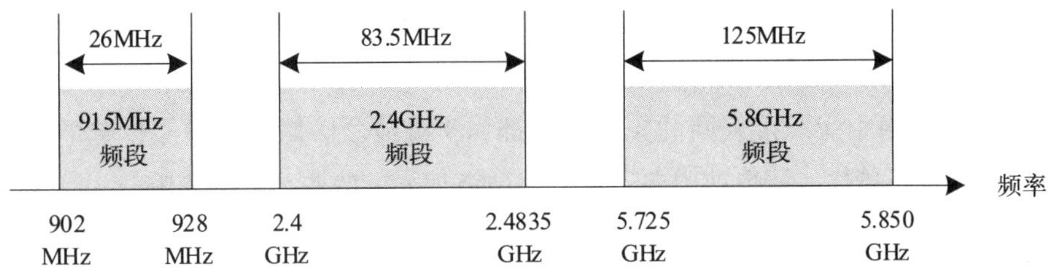

图 2-20　ISM 频段分配示意图

理解 ISM 频段特点时，需要注意以下问题。

- 各国对 ISM 频段的规定并不统一。美国规定的三个 ISM 频段是 902～928MHz、2400～2483.4MHz 与 5725～5850MHz。欧洲将 900MHz 频段的一部分用在蜂窝移动通信技术 GSM 上。2.4GHz 为各国共同的 ISM 频段，因此蓝牙、ZigBee 等近距离无线通信网一般是工作在 2.4GHz 频段，无线局域网 Wi-Fi 工作在 2.4GHz 与 5.8GHz 两个频段。
- RFID 系统在工作过程中会产生电磁辐射，为了尽可能减少这对其他无线通信系统的干扰，RFID 系统通常使用 ISM 频段，如 6.78MHz、13.56MHz、27.125MHz、40.68MHz、433.92MHz、869.0MHz、915.0MHz、2.45GHz、5.8GHz 以及 24.125GHz 等。除此之外，RFID 也常用 0～135kHz 之间的频率。

2.4.2　无线电磁波传播的特点

1. 中频、高频与甚高频无线电磁波传播的特点

无线接入网采用了不同的无线频段，而不同频段的无线电磁波传播特点不同。其中，中频、高频和甚高频的无线电磁波沿着地表传播，如图 2-21a 所示。中频无线电磁波传播距离可到达 1000 公里。高频与甚高频无线电磁波沿地表传播的信号被地表吸收，到达高度为 100～500 公里电离层的无线电磁波将被发射回地球，如图 2-21b 所示。在某些气候条件下，无线电磁波可能通过多次发射传播到较远距离。

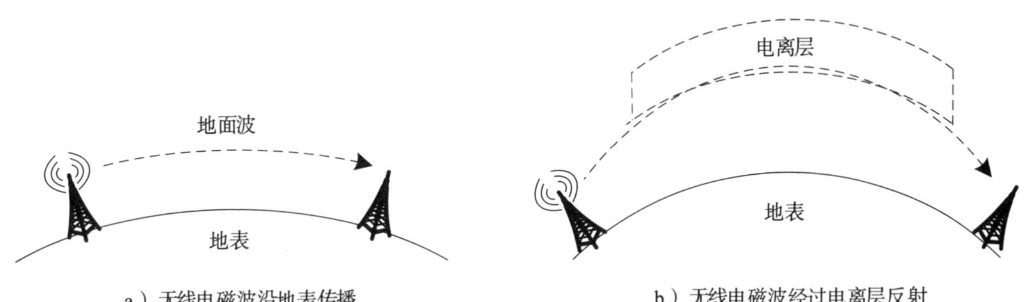

a）无线电磁波沿地表传播　　b）无线电磁波经过电离层反射

图 2-21　不同频段的无线电磁波传播方式的区别

2. 微波段信号传播的特点

在电磁波谱中，频率在300MHz～300GHz的电磁波称为微波，它们对应的波长为1mm～1m。特高频、超高频和极高频都属于微波段。

物联网接入网中无线接入网的频段几乎都属于微波段。微波段信号传输的特点主要是：只能进行视距传播，绕射能力弱，大气对微波信号的吸收与散射影响较大。由于微波信号传播时不能穿透障碍物，因此微波信号一般只能在发射天线能够看到接收天线（“可视”）的情况下被正常发送和接收。

微波段无线信号在实际应用中会出现以下几种情况。

（1）路径衰减

根据电磁波自由空间传播模型，当发射功率、发射天线与接收天线增益、波长不变的前提下，在发送端与接收端之间无障碍的自由空间里，若发送端与接收端两点间距离为D，那么由于电磁波传播路径衰减，接收端接收的信号功率与D^2成反比。传播的距离越远，接收端能够接收的信号功率越小。

需要注意的是，自由空间作为理想的传输介质自身并不吸收电磁波能量，自由空间的传播损耗是由天线辐射的电磁波在传播过程中，随着传播距离的增加，能量自然扩散所引起的，它反映出球面波的扩散损毁。在实际应用中，空气中的水分子、沙尘、雾霾，周边环境中的建筑物、树木、水面、土壤等都会吸收电磁波能量，或形成遮挡、反射、散射等因素造成电磁波能量的损失。因此，造成路径衰减的原因是非常复杂的。

（2）遮挡、反射、散射、衍射与绕射

如图2-22所示，当微波段信号遇到障碍物时可能出现遮挡、反射、散射、衍射与绕射的现象。微波段及以上频段的信号一般不具有绕射的能力，频率越低的信号绕射能力越强。

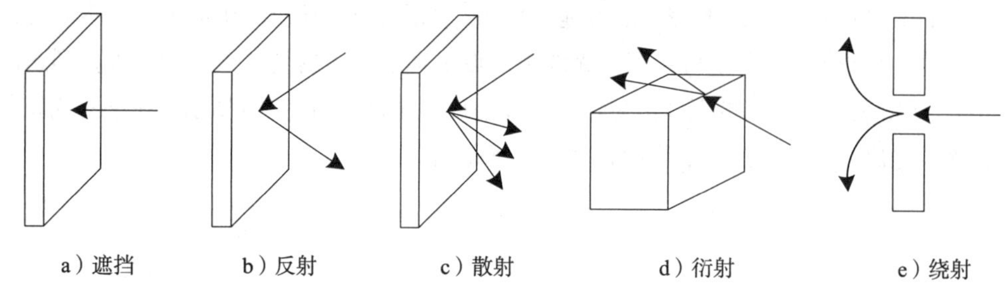

图2-22　微波段信号出现遮挡、反射、散射、衍射与绕射的现象

（3）干扰

如果在接收节点邻近的地区，出现两个或两个以上与之同频率或频率相近的发送节点，那么它们发送的信号叠加之后，将会对接收信号形成干扰（如图2-23所示）。如果在接收节点附近出现其他无线信号或噪声信号，也会对无线信号造成干扰。干扰的结果轻者

是接收信号出错，重者是接收节点无法正常工作。

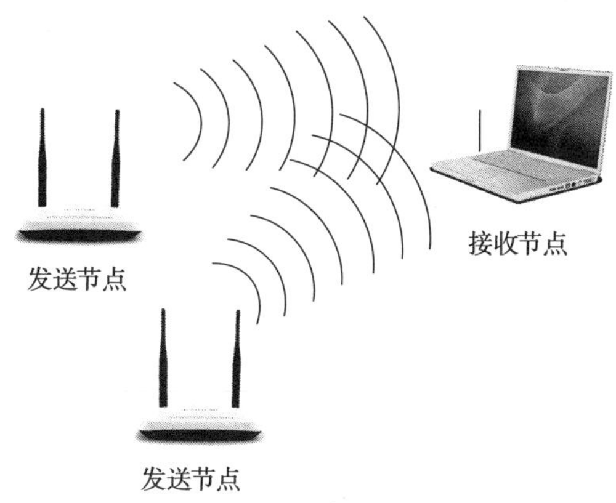

图 2-23　无线信号叠加形成的干扰

（4）多径传播

如图 2-24 所示，发送的信号在传播途中遇到障碍物造成无线信号反射或散射，形成无线电磁波的多径传播。这些传播路径不同的无线信号传播到接收节点时相位不同，其叠加的结果可能引起接收信号幅度的衰减或信号波形的畸变，造成接收数据出错。

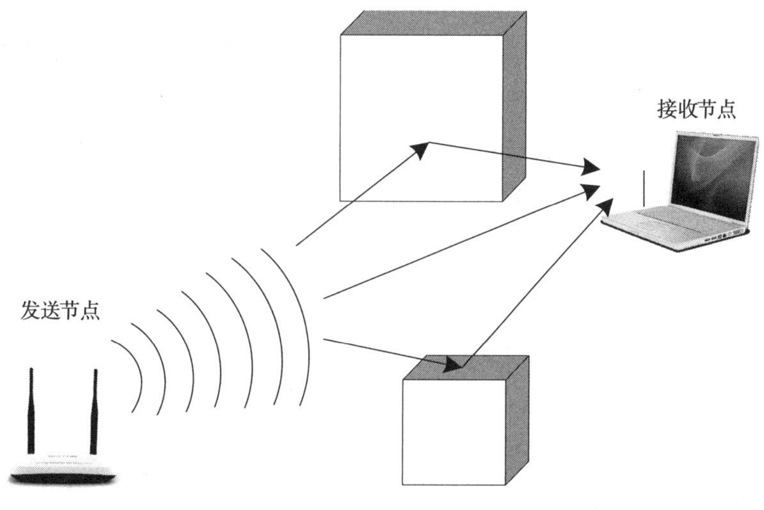

图 2-24　多径传播示意图

由于微波天线的方向性好，因此在地面一般采用“点－点”方式通信。如果传播距离较远，则可采用微波接力的方式设置中继节点。在卫星通信中，微波通信也可以用于“点－多点”通信。

2.4.3　信号传输特点对接入频段选择的影响

不同频率的无线信号在传输中具有不同的特点，不同的传感器通过无线频段接入时，需要根据不同的工作原理与技术需求选择不同的无线频率。我们以 RFID 系统与车联网为例，说明无线信号传输特点对接入频段选择的影响。

1. RFID 系统

RFID 系统在读写器与射频标签之间通过无线信号自动识别目标对象，并获取相关数据。读写器和 RFID 标签之间无线信号的传输主要有两种方式，一种是电感耦合方式，一种是电磁散射方式，这两种方式采用的频率不同，工作原理也不同。

（1）电感耦合方式

对于无源 RFID 射频标签，其工作能量通过电感耦合方式从读写器天线的近场中获得。在与读写器之间传输数据时，RFID 标签需要与读写器距离较近（如 1～10cm）。能量与数据传输由读写器和 RFID 标签谐振电路的电感耦合来实现。电感耦合方式的 RFID 系统一般采用低频段和高频段，典型的频率为 125kHz、135kHz、6.78MHz、13.56MHz 与 27.125MHz。

处在小于 135kHz 的低频段的 RFID 系统的特点主要是：

- 可以为 RFID 标签提供较高的电感耦合功率；
- 标签与读写器的距离一般小于 1m；
- 无线信号可以穿透水、有机组织和木材。

低频段 RFID 系统适合近距离、低速度、对数据量要求较少的识别应用（如动物识别、容器识别、工具识别、电子闭锁防盗等）。

13.56MHz 的高频段属于世界范围使用的 ISM 工作频段，相关的标准有 ISO 14443、ISO 15693 与 18000-3 等，也是典型的 RFID 高频工作频段。使用该频段的 RFID 系统特点主要是：

- 数据传输快，典型数据传输速率为 106kbps；
- 时钟频率高，可实现密码功能或使用微处理器；
- RFID 标签一般制成标准卡片形状。

主要应用于电子车票、电子身份证、电子遥控门锁控制器等。

27.125MHz 不属于 ISM 工作频段。使用该频段 RFID 系统的工作特点主要是：

- 数据传输速率高，典型值为 424kbps；
- 时钟频率高，可以实现密码功能或使用微处理器；
- 与 13.56MHz 频段相比，RFID 可供使用的功率要小一些。

（2）电磁散射方式

电磁反向散射的 RΠD 系统采用雷达的工作原理，即发射出去的电磁波碰到目标后反射回来，同时携带回目标的信息。该方式一般适合于微波频段，典型的工作频率有 433MHz、800/900MHz、2.45GHz 与 5.8GHz，属于远距离 RFID 系统。

微波段 RFID 标签分为有源标签与无源标签两类，电子标签工作时位于读写器的远区，RFID 标签天线接收读写器天线的辐射能量，读写器天线的辐射场为无源 RFID 标签提供射频能量，将有源 RFID 标签唤醒。该方式下 RFID 系统读数据的距离一般大于 1m，典型情况为 4～7m，最大可达 10m 以上。读写器天线一般为定向天线，只有在读写器天线定向波束范围内的电子标签才可以收到天线辐射的能量。

使用 800/900MHz 频段的 RFID 系统的特点主要是：

- 该频段是实现物联网应用的主要特高频频段；
- 860～960MHz 是 EPC Gen2 标准描述的第二代 EPC 标签与读写器之间的通信频率；
- 我国规划 840～845MHz、920～925MHz 频段用于 RFID 标签系统；
- 从目前技术水平来说，无源微波标签比较成功的产品相对集中在 800/900MHz 频段，特别是 902～928MHz 频段上；
- 800/900MHz 的设备造价较低。

使用 2.45GHz 频段的 RFID 系统的特点主要是：

- 实现物联网 RFID 应用的主要频段；
- 日本泛在识别（Ubiquitous ID，UID）标准体系是 RFID 三大标准体系之一，UID 使用 2.45GHz 频段。

使用 5.8GHz 频段的 RFID 系统比使用 800/900MHz 及 2.45GHz 频段的要少。该频段 RFID 系统的特点主要是：

- 有源 RFID 标签多使用 5.8GHz 频段；
- 5.8GHz 频段电磁辐射的方向性比 800/900MHz 要强；
- 5.8GHz 的数据传输速率比 800/900MHz 要快；
- 5.8GHz 相关设备的造价比 800/900MHz 更高。

2. 车联网系统

车联网通常是指通过车与车（V2V）、车与路面基础设施（V2I）、车与人（V2P）以及车与传感器之间的交互，实现车辆与公众网络通信的动态移动通信系统。

车辆的移动速度较快，城市道路上的车速一般为 30～40km/h，省级以上道路上的车速一般大于 60km/h，因此车联网实际上是一种对通信质量要求更高的特殊移动网络。车辆高速移动引起的多普勒频移效应会严重影响无线信道的传输质量，同时车辆行驶在一个开放的环境中，周边设施也较为复杂，一般会有树木、建筑物等可能对通信质量产生影响的干扰因素。国内外学者通过大量的仿真和实际行驶过程的实验发现在车速大于 60km/h 时，传统的 802.11a/b/g/n 无线网络的传输质量严重下降，难以适应车辆网络环境。国内外研究人员将注意力放在 5.9GHz 频段的专用短程通信（Dedicated Short Range Communication，DSRC）技术上。

DSRC 是一种高效的专用短程无线通信技术，具有组网时间短、通信延迟小、适应车辆高速行车环境，以及抗干扰能力强等特点，目前已广泛应用于“车－车”“车－路”，以及不停车收费、车队管理等领域。

IEEE 802.11p 是对 802.11 标准的扩充，主要应用于车载无线通信，适合智能交通系统的相关应用。IEEE 802.11p 支持 5.9GHz 工作频率，频道带宽为 10MHz，理论传输距离将达到 1000m，能够支持车速在 60km/h 以上的移动车辆之间的通信。

2.4.4 信号频率、信号功率与覆盖范围

在无线通信中，描述无线信号的参数主要是信号频率与信号强度。接收端使用接收装置接收无线信号。接收装置能够接收到发送信号的基本条件有两个：

- 发送信号的频率要在接收装置的接收频率范围之内；
- 接收到的信号的强度要大于或等于接收装置的接收灵敏度。

例如，节点 *B* 与节点 C 的接收机频带为 2.450GHz～2.480GHz，节点 *A* 发送的信号频率为 2.465GHz，处于节点 *B* 与 *C* 接收信号的频带之内，满足第一个基本条件。接收机 *B*、*C* 的接收灵敏度都为－60dBm，接收机 *B* 接收到的无线信号强度为－50dBm，大于接收装置的接收灵敏度；而接收机 *C* 接收到的无线信号强度为－70dBm，小于接收装置的接收灵敏度。那么节点 *B* 的接收机能够接收节点 *A* 发送的无线信号，而节点 *C* 接收不到节点 *A* 发送的无线信号。因此，节点 *B* 处于节点 *A* 的覆盖范围之内，节点 *C* 不处于节点 *A* 的覆盖范围内（如图 2-25 所示）。

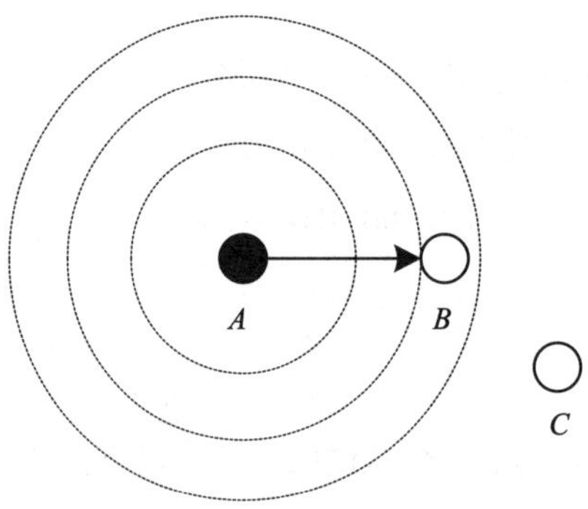

图 2-25　无线通信覆盖范围

这里所说的信号强度是指信号功率。信号功率单位是瓦（W）或毫瓦（mW）。在 Wi-Fi 的 IEEE 802.11 协议讨论与实际组网中，通常使用的是信号功率的相对值，单位是 dBm。

信号功率相对值的计算公式为 $10\times\lg P$，其中 P 是以 mW 为单位的信号功率值。表 2-3 给出了分别以 dBm 与 mW 为单位的信号功率的对照表。

表 2-3　以 dBm 与 mW 为单位的信号功率对照表

以 dBm 为单位的信号功率	以 mW 为单位的信号功率	以 dBm 为单位的信号功率	以 mW 为单位的信号功率
+20dBm	100mW	−40dBm	0.000 1mW
+10dBm	10mW	−50dBm	0.000 01mW
0dBm	1mW	−60dBm	0.000 001mW
−10dBm	0.1mW	−70dBm	0.000 000 1mW
−20dBm	0.01mW	−80dBm	0.000 000 01mW
−30dBm	0.001mW		

从表 2-3 中可以看出，1mW 是一个参考点，0dBm 表示 1mW。如果测量值是+10dBm，则表示信号强度为 10mW；如果测量值是−10dBm，则表示信号强度为 0.1mW。802.11 无线信号发射功率一般在 100mW 之内，以 dBm 为单位的信号功率将小于+20dBm；无线网卡接收到的信号功率一般只有 0.000 1mW，可以表示为−40dBm。距离增加与其他因素会引起信号强度衰减，导致接收信号功率仅为 0.000 000 000 1mW，即−100dBm 是常见的事，此时显然用−100dBm 表示是一个非常简洁和不容易出错的方法。在 802.11 网络现场勘测中，使用的信号强度测量仪器也以 dBm 为单位来记录不同地理位置的无线信号强度。

2.4.5　无线网络技术的发展

研究物联网接入技术，需要对无线网络技术的发展有较为深入的了解。图 2-26 给出了对各种无线网络特点的比较。

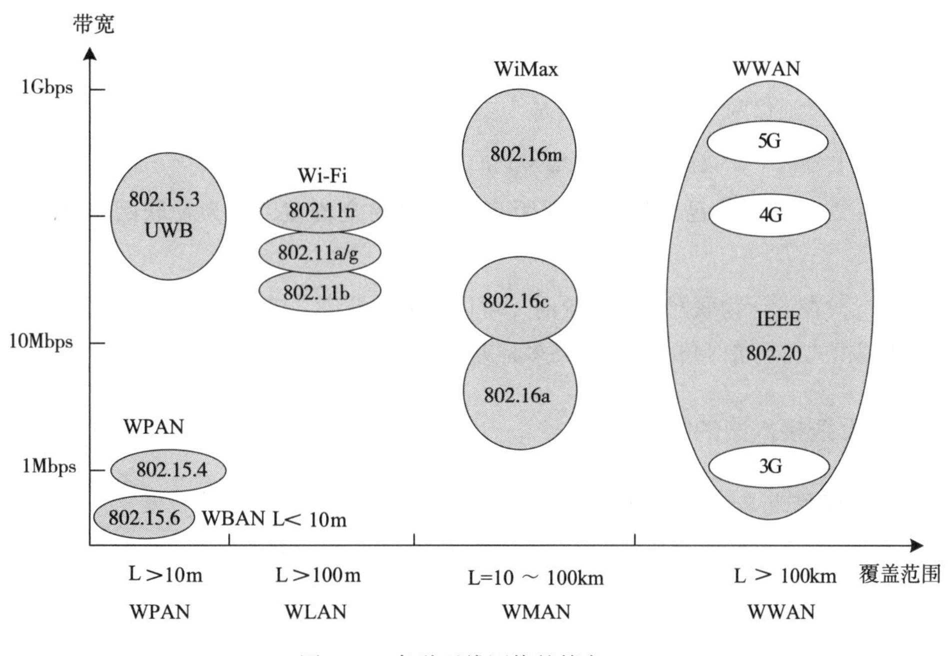

图 2-26　各种无线网络的特点

1. 无线体域网

无线体域网（WBAN，IEEE 802.15.6）的数据传输速率最高为 10Mbps，传输距离在 1m 之内，可满足智能医疗应用的需求。

2. 无线个人局域网

无线个人局域网（WPAN，IEEE 802.15.4）致力于近距离、低速率、低功耗、低成本和低复杂度的嵌入式无线传感器，以及自动控制设备、自动读表设备之间的接入需求。同时已经存在两个有影响力的无线个人局域网技术与协议，即蓝牙、ZigBee 技术与标准。

3. 无线局域网

无线局域网（WLAN，IEEE 802.11）已经广泛应用于办公楼、家庭、咖啡厅、机场候机厅、火车和飞机上，其中无线自组网（Ad hoc）与无线网状网（WMN）组网形式已经应用于机器人网络与无人机网络。

4. 无线城域网

无线城域网（WMAN，IEEE 802.16）试图利用无线通信手段解决局域网与固定或移动的个人用户计算机接入互联网的问题。

5. 无线广域网

无线广域网（WWAN，IEEE 802.20）包括卫星通信与移动通信，目前应用最广、发展最为迅速的是移动通信技术。

6. 蜂窝移动通信网

蜂窝移动通信网（4G/5G）已经成为支撑物联网发展的主要技术。

从以上分析中，我们可以清楚地得到两点结论：

第一，无线网络已经能够实现距离与带宽的全覆盖，成为物联网接入网的主流技术。

第二，在设计物联网应用系统时，可以从覆盖范围、带宽需求、工作模式、组建模式、管理模式与造价等角度出发，在多种方案中选择更具优势的技术与标准。

2.4.6 无线接入网的特点

1. 无线信道与空中接口

移动通信与有线通信的区别主要在接口与信道上。图 2-27 给出了移动通信与有线通信在接口与信道上的区别。

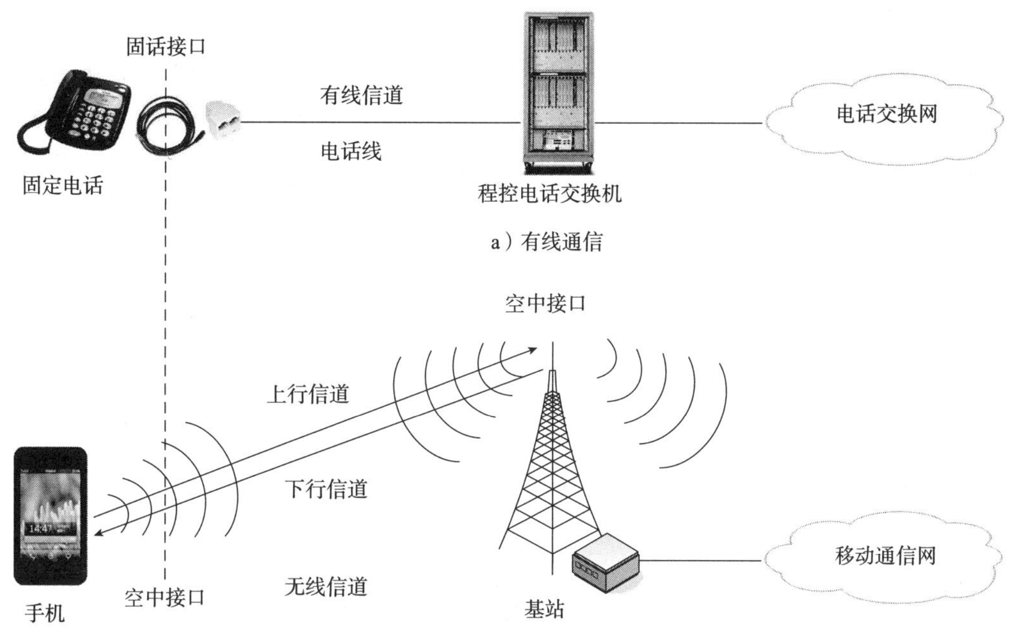

图 2-27　移动通信与有线通信的区别

移动通信与有线通信的区别首先表现在接口上。如图 2-27a 所示，只要将家中的固定电话与预先安装在墙上的固定电话接口（简称为“固话接口”）用带有标准接头的电话线连接，我们就可以拨通世界上任何一个地方的电话。如图 2-27b 所示，移动通信中手机与基站之间的接口是看不见的，业界称之为“空中接口”（简称为“空口”），所有通过空中接口与无线网络通信的设备统称为移动台。移动台可以分为车载移动台和手持移动台。手机就是目前最常用的便携式手持移动台。基站包括天线、无线收发信机，以及基站控制器。基站一端通过空中接口与手机通信，另一端接入移动通信网中。

蜂窝移动通信网从 1G 到 5G 技术上的区别，首先表现为无线信道采用不同的空中接口标准。

在有线通信中，我们交谈时的语音信号是通过有线线路来传输的，两个通信的电话机之间的通信线路称为“有线信道”。移动通信中的手机与基站之间的信号是通过电磁波传播的，我们将连接手机与基站的无线传输通道称为“无线信道”。每个无线信道包括手机向基站发送信号的上行信道，以及基站向手机发送信号的下行信道。上行信道与下行信道采用的频段是不相同的。例如，在 2G 全球移动通信系统中，上行信道与下行信道可以分别采用 935～960MHz 与 890～915MHz 频段。

需要注意的是：有线通信的接口之间是通过电话线路以“点–点”方式连接的，移动通信的基站则通过多个空中接口接收多个手机的信号，因此移动通信的接口之间是通过广播线路以“点–多点”方式连接的。

2. 无线接入网的基本结构

移动通信网的无线接入网（Radio Access Network，RAN）最主要的组成部分是基站（Base Station，BS）系统。移动终端设备通过基站接入移动通信网中，无线接入网需要考虑无线协议与无线接口，如多址方式、调制方式、信源与信宿编码算法，以及无线信道的检错、纠错等问题。电信的无线接入网的结构如图 2-28 所示。

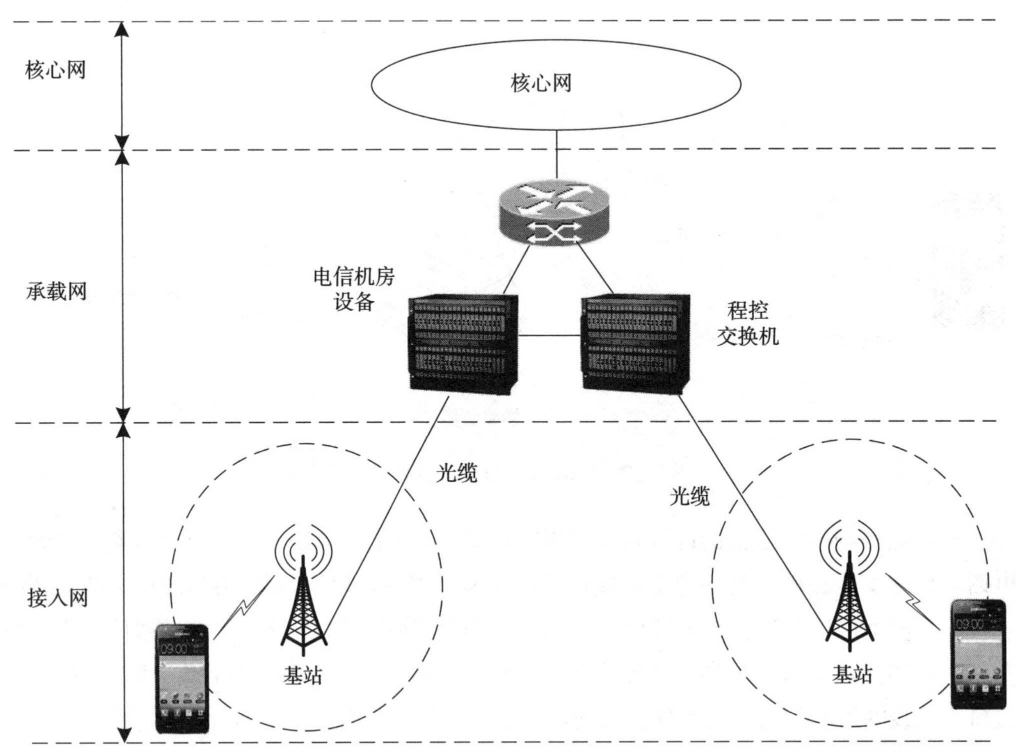

图 2-28　电信的无线接入网的结构

根据移动通信网的接入网框架和体制要求，无线接入网的特点可以归纳为：

- 对所接入的业务提供承载能力，实现业务的透明传输；
- 移动通信网的信令对用户是透明的，除了一些用户信令格式转换外，信令和业务处理的功能依然属于业务节点；
- 不限制现有的各种接入类型和业务，接入网应通过标准化的接口与业务节点相连；
- 网络管理系统独立于用户节点，用户节点通过标准化的接口连接电信管理网；
- 电信管理网负责执行对无线接入网的操作、维护与管理。

3. 大区制与小区制

移动通信最基本的要求是你不管走到哪儿都有无线信号，都可以通信。从无线通信技术的角度讲，就是要解决无线覆盖问题。而解决无线覆盖问题最容易想到的方法有两种。

一种方法是像广播电视一样，在城市最高的山上架设一个无线信号发射塔，希望通过这个无线信号发射塔覆盖一个城市几十公里，甚至是上百公里范围内的多个手机通信的问题。另外一种方法是采用卫星通信技术，利用卫星信号可以覆盖地球表面一块很大区域的优点，去解决大范围的手机通信问题。这就是移动通信中所谓的大区制信号覆盖方法（如图 2-29 所示）。

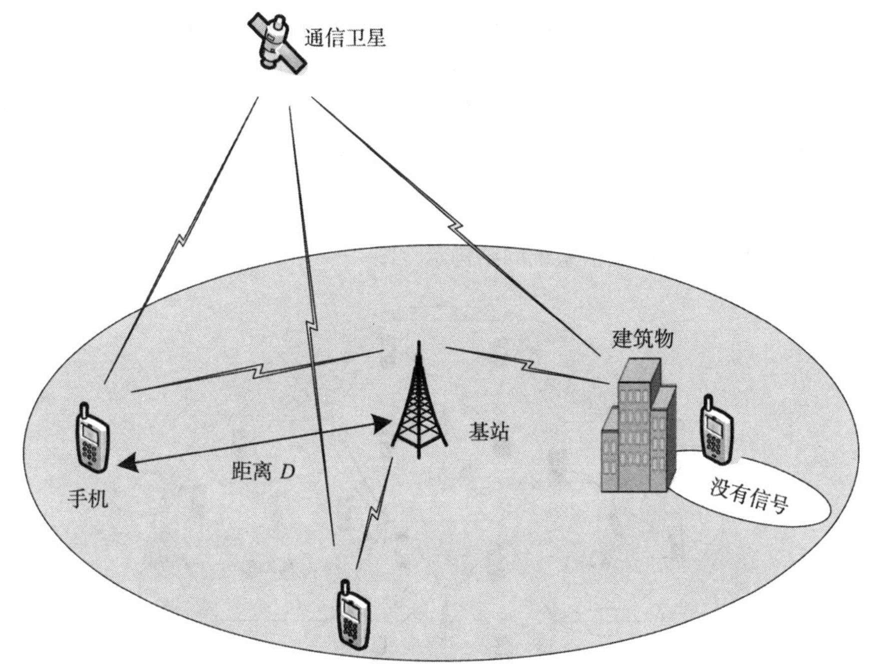

图 2-29　大区制通信结构示意图

大区制信号覆盖方法存在三个主要问题。

- 大区制适合于广播式单向通信场景，如传统的电视广播、广播电台。手机与电视机、收音机不同，它是需要双向通信的。大区制边缘位置的手机距无线信号发射塔比较远，如果这些手机要将信号发送到发射塔，就需要手机所发送信号的功率较大。
- 手机发送信号功率大导致手机有三个与生俱来的缺陷。一是手机的体积不可能做得太小。二是手机价格会很贵，手机价格贵，使用的人就会少，不能形成规模效益，使用手机的费用也会相应提高。三是信号功率大会增加对人体的电磁波辐射影响，不符合环保的要求。
- 城市里建筑物、地下车库，或者汽车、火车的金属车顶都会阻挡无线信号，不能保证手机在一些特殊环境中通信的畅通性。

因此，在公用移动通信中不采用大区制的信号覆盖方法。

针对大区制信号覆盖方法的缺点，人们提出了小区制信号覆盖方法。小区制是将一个大的服务区划分成多个小的区域，即小区（cell）。每个小区都设立一个（或几个）基站，手机通过基站接入移动通信网。小区覆盖的半径较小，一般为1km～20km。电信公司的设计人员可以通过合理地选择基站的位置，设计天线的高度、信号功率与覆盖范围，来保证在整个小区内不出现通信盲点，确保信号的全覆盖。

小区制的特点主要表现在以下两个方面。

- 小区制是将整个区域划分成若干个小区，多个小区组成一个区群。由于区群结构酷似蜂窝，因此小区制移动通信系统也叫作“蜂窝移动通信系统”。
- 群中各小区基站之间可以通过光缆、电缆或微波链路与移动交换中心连接。移动交换中心通过光缆与市话交换网络连接，从而构成一个完整的蜂窝移动通信系统。

图2-30给出了蜂窝移动通信系统的结构示意图。

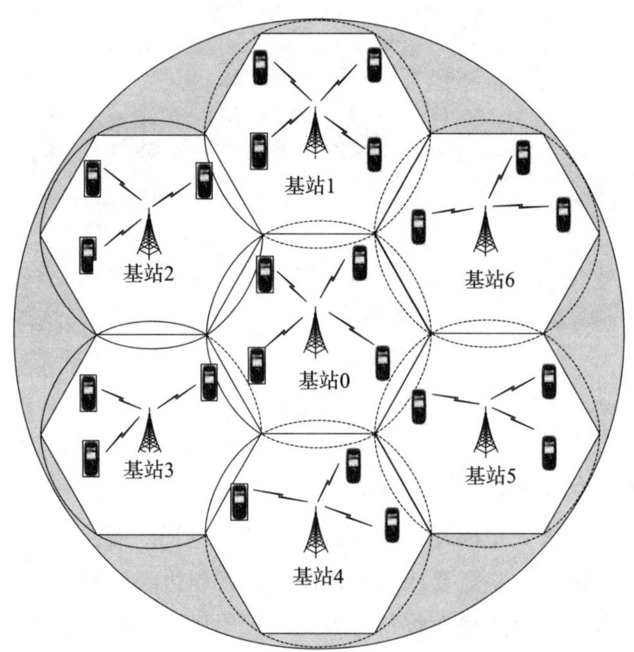

图2-30 蜂窝移动通信系统结构示意图

4. 小区制的无线通信频率复用方法

随着移动通信的广泛应用，无线频段只会越来越稀缺。因此，设计无线通信系统的一个重要原则是要有效地利用有限的无线通信频段资源。

在设计移动通信网时，还需要重点解决的问题是如何在地理位置不同的区域重复使用相同频率，即频率复用问题。图2-31给出了小区制中无线通信频段使用方法的示意图。

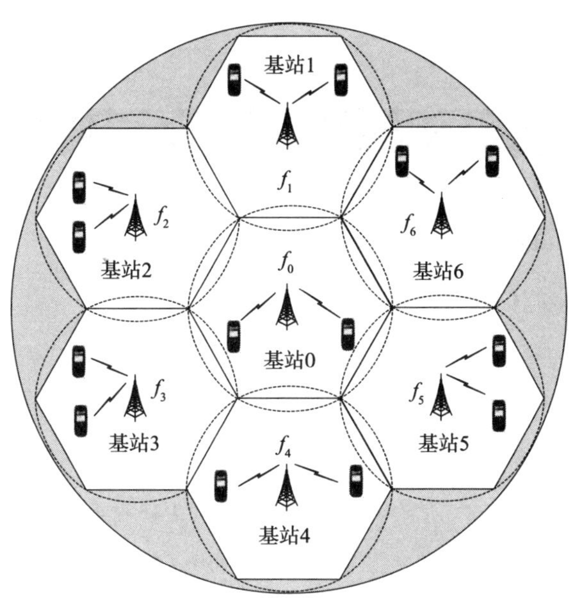

图 2-31　小区制中无线通信频段的使用方法示意图

如图 2-32 所示，我们可以将申请到的一个频段划分为 7 个子频段 f_0~f_6。每个小区分别使用一个子频段。这样，7 个使用子频段 f_0~f_6 的小区组成一个区群。我们可以将这样的区群作为基本单元，在整个服务区中进行复制。在服务区的基站设计中，需要统筹考虑基站位置、天线高度、信号功率与覆盖范围的关系，减少相邻区群之间的相互干扰，这样相同频段便可以被相隔一定距离的区群重复使用。

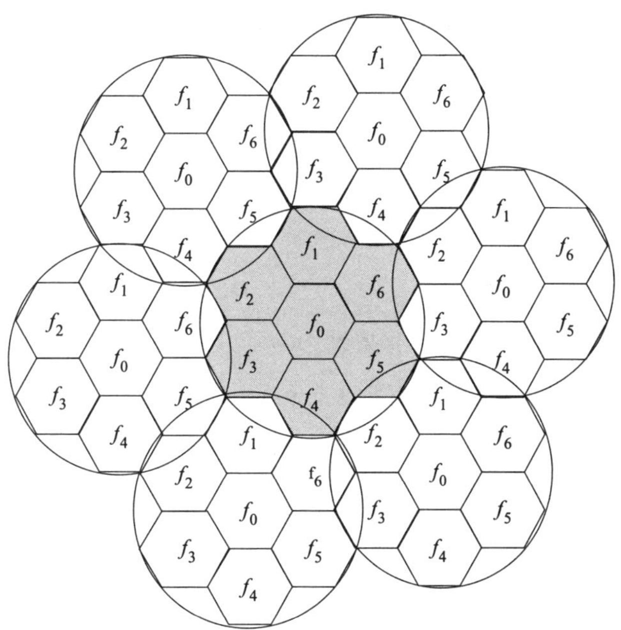

图 2-32　小区制中无线通信频段的复用示意图

习题

一、选择题（单选）

1. 数据传输速率为 1Gbps 等于

A）1×10^3bps　　B）1×10^6bps

C）1×10^9bps　　D）1×10^{12} bps

2. 以下不属于 ISM 固定工作频段的是

A）2575～2635MHz　　B）2.4～2.485GHz

C）902～928MHz　　D）5.725～5.825GHz

3. 支持 5G 的无线频段属于

A）分米波段　　B）厘米波段

C）毫米波段　　D）亚毫米波段

4. 无线网卡接收的信号功率为 0.001mW，以 mW 为单位的信号功率是

A）－10dBm　　B）－20dBm

C）－30dBm　　D）－40dBm

5. Wi-Fi 工作的频段是 2.4GHz，对应的信号波长约为

A）10.5cm　　B）12.5cm

C）25.0cm　　D）50.0cm

6. 若人眼看上去视频图像是平滑连续的，那么每秒传输的帧数至少超过

A）12　　B）20

C）24　　D）32

7. 以下关于同步概念的描述中，错误的是

A）同步是要求通信双方在时间基准上保持一致的过程

B）数据通信首先要解决收发双方的时钟频率一致性问题

C）位同步要求发送端根据接收端时钟频率校正时钟频率与接收数据的起始时刻

D）内同步法是从自含时钟编码的发送信号中提取同步时钟的方法

8. 以下关于双绞线特性的描述中，错误的是

A）双绞线分为屏蔽双绞线与非屏蔽双绞线

B）双绞线可以由 1 对、2 对或 4 对相互绝缘的铜导线组成

C）一对导线可以作为一条通信线路

D）每对导线相互绞合的目的是使通信线路速率达到最大

9. 以下关于曼彻斯特编码规则的描述中，错误的是

A）每位的周期 T 分为前 $T/2$ 与后 $T/2$ 两个部分

B）时钟信号需要用另外的频段发送

C）后 $T/2$ 传输该位二进制数的原码

D）前 $T/2$ 传输该位二进制数的反码

10. 以下关于物联网接入网中微波段特点的描述中，错误的是

A）绕射能力强

B）存在多径传播的现象

C）大气对微波信号的吸收与散射影响较大

D）遇到障碍物时可能出现遮挡、反射、散射、衍射与绕射的现象

11. 以下关于无线接入网特点的描述中，错误的是

A）主要由基站系统组成

B）不限制现有的各种接入业务

C）对于所接入的业务实现透明传输

D）网管系统协同用户节点共同管理接入网系统

12. 以下关于小区制特点的描述中，错误的是

A）将整个区域划分成若干个小区

B）每个小区仅能架设一个基站

C）多个小区组成一个区群

D）小区内的手机接入基站，实现移动通信

二、问答题

1. 请举例说明信息、数据与信号之间的关系。

2. 请举例说明物理层与传输介质之间的关系。

3. 双绞线、同轴电缆与光纤的主要特点是什么？

4. 如果下图是一个 8 位数据的曼彻斯特编码波形（每位前 $T/2$ 传输该位二进制数的反码）。

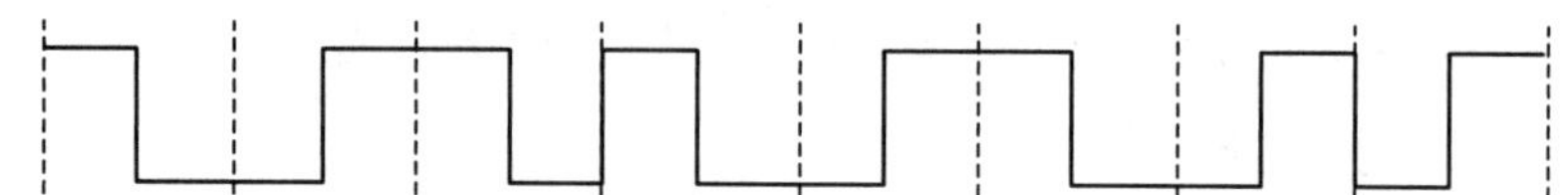

（1）请写出这个 8 位数据的二进制编码。

（2）请画出对应的差分曼彻斯特编码波形。

5. 一台交换机具有 12 个 10/100Mbps 全双工端口和 2 个 1Gbps 全双工端口，如果所有的端口都工作在全双工状态，那么交换机总带宽是多少？

6. ISM 频段是否对用户使用的信号功率有限制？如果有限制，那么具体的限制值是多少？

第3章　有线接入技术

物联网接入层采用的有线接入技术有5种基本类型：以太网、电话交换网、有线电视网、电力线接入与光纤接入等。本章将系统地讨论物联网有线接入的技术特点、协议标准及应用示例。

3.1　以太网

3.1.1　以太网的基本概念

1. 以太网发展的历史

在局域网研究领域，以太网（Ethernet）并不是最早，却是最成功的技术。20世纪70年代初期，欧美的一些大学和研究所开始研究局域网技术。最早期研究的是环形局域网。例如，1972年美国加州大学研究Newhall环网，1974年英国剑桥大学研究剑桥环网（Cambridge Ring）。20世纪80年代，局域网领域出现了以太网、令牌总线（Token Bus）与令牌环网（Token Ring）三足鼎立的局面，并且分别形成了IEEE 802.3、IEEE 802.4与IEEE 802.5标准。令牌总线与令牌环网都应归为环网，只是令牌环网是物理上的环网，而令牌总线是物理上的总线网、逻辑上的环网。

到20世纪90年代，以太网开始受到产业界的认可和得到广泛的应用。21世纪，以太网技术已成为局域网、城域网与广域网领域的主流技术。

2. 以太网协议体系

1980年2月，IEEE成立了局域网标准委员会，专门从事局域网标准化工作，并制定了IEEE 802标准。IEEE 802标准的研究重点是解决在局部区域（如办公室、实验室、图书馆和家庭）的计算机组网问题，研究者关心的是OSI参考模型中的数据链路层与物理层，网络层及以上高层则不属于局域网协议研究的范围。这是最终

的 IEEE 802 标准仅对应 OSI 参考模型的数据链路层与物理层的原因。

在 1980 年成立 IEEE 802 委员会时，局域网领域已经存在以太网、令牌总线、令牌环网技术，同时市场上还有很多不同厂家的局域网产品，它们的数据链路层与物理层协议各不相同。面对这样一个复杂的局面，为给多种局域网技术和产品制定一个共用的模型，IEEE 802 标准将数据链路层划分为两个子层：逻辑链路控制（Logical Link Control，LLC）子层与介质访问控制（Media Access Control，MAC）子层。不同局域网在 MAC 子层和物理层可以采用不同协议，但是在 LLC 子层必须采用相同协议。不管局域网的介质访问控制方法、帧结构及物理传输介质有什么不同，LLC 子层都统一将它们封装到 LLC 帧中。LLC 子层与低层具体采用的传输介质、介质访问控制方法无关，网络层可以不考虑局域网采用的传输介质、介质访问控制方法和网络拓扑构型。

以太网在有线局域网中具有“一统天下”的地位。无线局域网是基于以太网技术的，通常称为无线以太网。由于 MAC 协议趋于相同，LLC 子层的历史使命被弱化，因此后期在研究局域网时已经不考虑 LLC 子层，数据链路层仅剩下 MAC 子层，在局域网的讨论中可以用 MAC 层代替数据链路层。

3. 以太网技术的发展与演变

由于 IEEE 对 802.3 标准采取开放的策略，公开了以太网的全部技术文档，使以太网软件的开发变得很容易，因此能吸引很多软件厂商参与开发网络操作系统与应用软件。正是由于以太网网卡造价低、组网容易、网络操作系统功能强大和网络应用软件丰富，以太网成为了办公室、企业局域网的首选技术。到了 20 世纪 80 年代，以太网用户数很快扩大到数亿量级。为进一步扩大以太网的应用范围，以太网目前正在向交换式以太网、高速以太网、无线以太网、工业以太网与电信级以太网方向发展，应用范围也从局域网向城域网、广域网与云计算数据中心网络方向扩展，成为公认的计算机网络主流技术之一。图 3-1 给出了以太网技术发展方向的示意图。

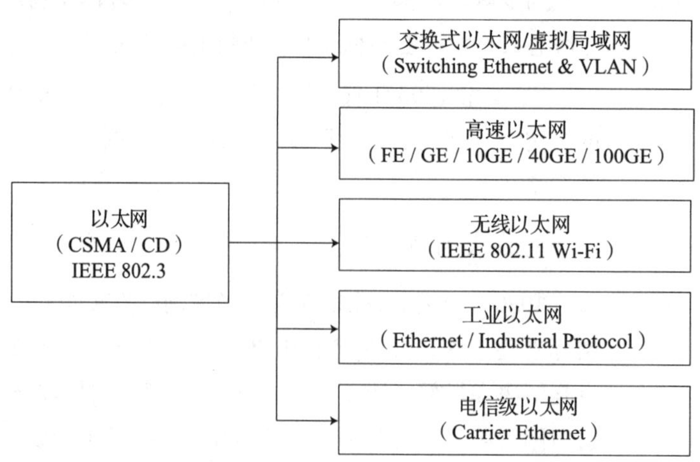

图 3-1　以太网技术发展方向的示意图

3.1.2　交换式以太网的工作原理

1. 共享式以太网与 CSMA/CD

传统的共享式以太网（IEEE 802.3）结构如图 3-2 所示。以太网的节点可以提供连接器直接连接到作为共享总线的同轴电缆，或者双绞线与 RJ-45 接口集线器（hub）上，构成一个共享式以太网。以太网的任何一个节点要发生数据，都要通过平等竞争获得总线的控制权。如果有两个或两个以上的节点同时在总线上发送了数据，就会出现“冲突”，造成发送失败。因此，我们经常说“节点 *A*～节点 *E* 共享一个冲突域”。

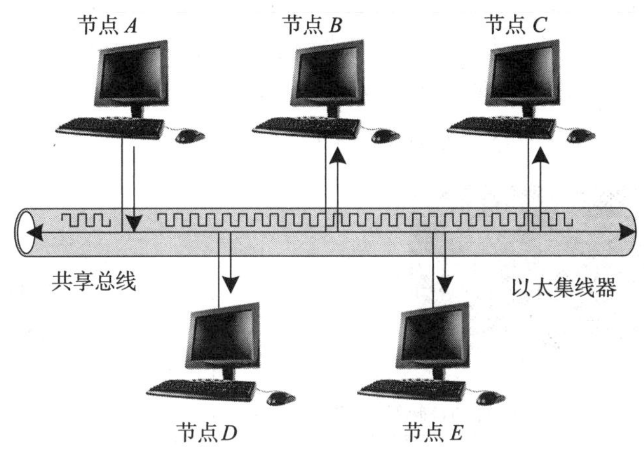

图 3-2　共享式以太网结构示意图

为了尽量减少冲突的发生，研究人员提出了一种带有“带有冲突检测的载波侦听多路访问”（Carrier Sense Multiple Access with Collision Detection，CSMA/CD）的分布式控制算法。有人将 CSMA/CD 算法的工作过程形象地比喻成很多人在一间黑屋子中举行讨论会，参加会议的人都只能听到其他人的声音。每个人在说话前必须先倾听，只有等会场安静下来后，他才能够发言。人们将发言前需要倾听以确定是否有人在发言的动作称为“载波侦听”；将在会场安静的情况下，每人都有平等的机会讲话称为“多路访问”；如果在同一时刻有两人或两人以上同时说话，大家就无法听清其中任何一人的发言，这种情况称为发生“冲突”；发言人在发言过程中需要及时发现是否发生冲突，这个动作叫作“冲突检测”。如果发言人发现有冲突发生，则需要停止讲话，然后随机延迟一段时间并再次重复上述过程，直至发言成功。如果失败的次数太多，发言人也许就放弃了这次发言的想法。人们将使用 CSMA/CD 算法的以太网称为“共享式以太网”。

共享式以太网的节点利用共享总线以“广播”方式发送数据，并且发送数据的时间是随机和不确定的。接入以太网的节点越多，冲突发生的概率就越高，总线效率就越低。如果接入共享总线（或集线器）的节点数为 n，共享总线的数据传输速率为 10Mbps，即带宽为 10Mbps，那么最理想的状态（不发生冲突）下，每个节点平均可使用的带宽只能达到（$10/n$）Mbps。接入的节点数 n 越大，每个节点可使用的带宽就越小。因此，共享式以太网只能用于办公自动化环境，不能用于有实时性要求的过程控制环境。

2. 交换式以太网与以太交换机

为了克服网络规模与网络性能之间的矛盾，人们提出将共享式以太网改为交换式以太网，这就推进了交换式以太网的研究与发展。交换机（switch）工作在MAC层，根据MAC地址以“点–点”方式传送数据帧。通过交换机可以将多台计算机以星形拓扑组织成交换式以太网。

在IEEE 802.3协议中，规定每个接入以太网交换机的节点，其网卡都有一个全网唯一的硬件地址，即MAC地址。MAC地址长度为48位（如“0201002A10C3”）。以太网将准备发送的数据封装在一个结构固定的“帧”（frame）中，帧中含有源MAC地址与目的MAC地址字段。交换式以太网的核心是交换机，多个节点的网卡通过双绞线与交换机端口连接组成交换式以太网（其结构如图3-3所示）。

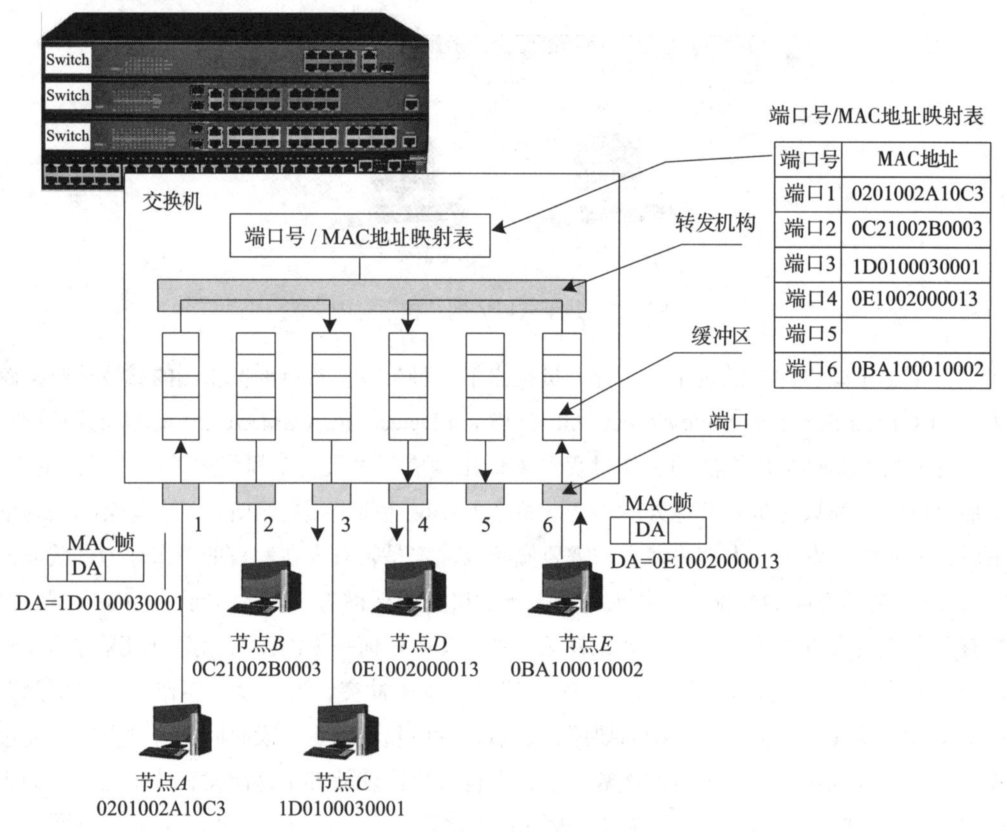

图3-3 交换机结构与工作原理示意图

图3-3中的交换机有6个端口，其中端口1、2、3、4、6分别连接节点A、B、C、D、E。交换机的“端口号/MAC地址映射表”记录端口号与节点MAC地址的对应关系。如果节点A要向节点C发送数据，节点A就在所发送帧的目的地址（DA）中填入节点C的MAC地址“1D0100030001”。如果节点E同时向节点D发送数据，那么节点E在所发送

帧的目的地址中填入节点 D 的 MAC 地址 "0E1002000013"。节点 A、E 同时通过交换机端口 1 和 6 发送以太帧，交换机转发机构根据 "端口号 /MAC 地址映射表" 分别找出两者对应的输出端口，它将节点 A 发送的帧转发到端口 3，将节点 E 发送的帧转发到端口 4，连接在端口 3 的节点 C 可以接收到节点 A 发送的帧，连接在端口 4 的节点 D 也可以接收到节点 E 发送的帧。节点 A 向节点 C、节点 E 向节点 D 可以同时发送数据帧，而相互不干扰。实际使用的以太网交换机根据不同的规格和型号有 8/16/24/48 端口，数据传输速率为 100Mbps 或 1Gbps，支持全双工或半双工通信方式。

3. 交换机带宽

交换机带宽的计算方法是：端口数 × 相应端口速率（全双工模式再乘以 2）。例如，一台交换机有 24 个 100Mbps 的全双工端口和 2 个 1Gbps 的全双工端口，如果所有的端口都工作在全双工状态，那么交换机总带宽为：

$$S=24\times2\times100\text{Mbps}+2\times2\times1000\text{Mbps}=4800\text{Mbps}+4000\text{Mbps}=8800\text{Mbps}=8.8\text{Gbps}$$

对于上述计算方法，需要注意到：这是在一个理想状态下，没有考虑任何丢帧的情况，按每一个端口可能达到的线速来计算的，因此交换机带宽也叫作背板线速带宽。如果一个端口是全双工端口，端口使用了两块 100Mbps 的快速以太网的网卡，那么这个端口的线速就是 200Mbps。

总结以上讨论的内容可以看出，交换式以太网与共享式以太网的区别主要表现在以下几个方面：

- 交换机取代了集线器；
- 并发连接方式取代了共享方式；
- 全双工方式取代了半双工方式；
- 独占方式取代了共享方式；
- 不存在冲突，不采用 CSMA/CD 方法；
- 为了保持兼容性，交换式以太网保留了以太网的帧结构、最大与最小帧长度等一些根本特征。

这些技术改进提高了以太网的性能，使得交换式以太网能够在物联网中得到广泛应用。

3.1.3 交换式以太网在物联网接入中的应用

有大量的校园网用户、企业网用户以及办公室用户计算机是通过交换式以太网接入互联网的，同样也会有大量物联网智能终端设备，如 RFID 汇聚节点、WSN 汇聚节点、工业机器人控制节点和视频监控摄像头可以通过交换式以太网接入物联网（如图 3-4 所示）。

图 3-4 通过交换式以太网接入物联网结构示意图

通过交换式以太网接入物联网的优势表现在以下几个方面。

- 交换式以太网的数据传输速率范围为 10Mbps 到 100Gbps，用户完全可以根据具体的应用需求选择节点接入物联网的带宽。
- 交换式以太网将共享介质方式改为交换方式，接入节点可以独占链路带宽，提高了数据传输的实时性。
- 连接节点与交换机的传输介质可以是非屏蔽双绞线，也可以是光纤。
- 传输介质的长度可以从几十厘米到几千米。
- 交换式以太网技术成熟，应用广泛，性价比高。

正是由于交换式以太网具有以上的优点，因此是固定节点接入物联网的首选技术。

3.1.4 从层次结构的角度分析以太网接入

在初步分析的基础上，我们可以进一步通过计算机网络层次结构模型，从工程实现的角度深入认识物联网。图 3-5 给出了计算机网络层次结构模型与基于 RFID 的物联网应用系统层次结构模型的比较。

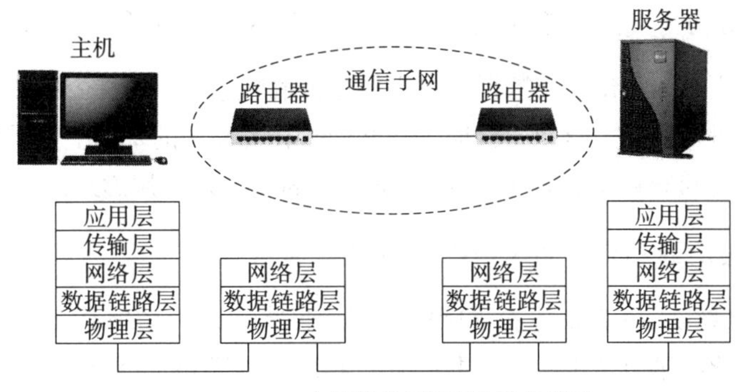

a）计算机网络层次结构模型

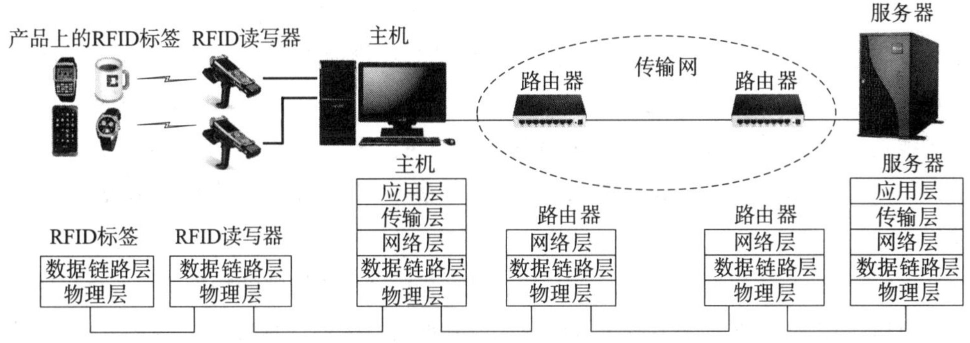

b）基于RFID的物联网应用系统层次结构模型

图 3-5　基于 RFID 物联网应用系统层次结构分析

虽然图 3-5 很容易看懂，但它仍然是一种简化的示意图。如果从工程实现角度来看，比较详细的基于以太网的 RFID 物联网应用系统网络层次结构如图 3-6 所示。

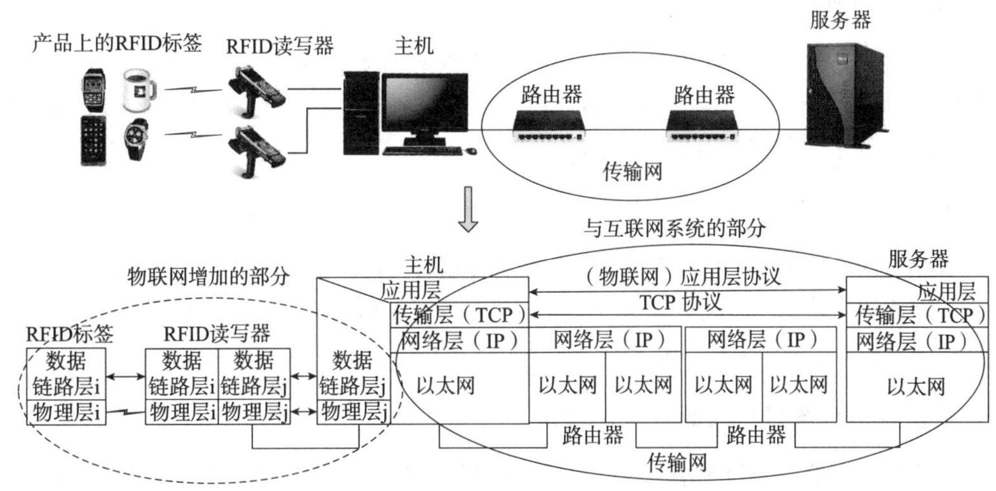

图 3-6　基于以太网的 RFID 物联网应用系统网络层次结构示意图

在讨论物联网应用系统层次结构时，我们需要注意以下几个问题。

1. 从层次结构角度看物联网与计算机网络的区别与联系

从图 3-6 我们可以看出，在数据从主机经过传输网到服务器这个部分，物联网与互联网应该没有实质性的区别，这也正说明了物联网是在互联网的基础上发展起来的。区别主要表现在数据自动感知和采集部分（物联网增加的部分在图中用虚线标出）。

2. 从网络层次结构角度看 RFID 读写器内部结构

读写器承担着读取 RFID 标签存储的数据，再将数据传输到 RFID 应用系统的功能。因此，RFID 读写器有两个接口。一个接口通过物理层协议 i 的无线信道与 RFID 标签通信。物理层协议 i、数据链路层协议 i 由 RFID 芯片制造商与 RFID 读写器研发者选定。

RFID 读写器与主机的通信采用的是物理层协议 j 与数据链路层协议 j，由 RFID 读写器研发者与主机软件研发者选定。首先需要明确的是：物理层协议 j、数据链路层协议 j 与物理层协议 i、数据链路层协议 i 是不同的。物理层协议 i 解决的是 RFID 读写器与标签之间的无线通信问题，它可能采用 802.15.4 协议，也可能采用 ZigBee、蓝牙或其他个人局域网 PAN 的通信协议。数据链路层协议 i 解决的是多 RFID 标签读取中可能出现的“冲突”问题。

RFID 读写器与主机的通信可以采用以太网的 IEEE 802.3 协议的物理层与数据链路层协议，也可以采用 RS-232 异步串行接口标准，或其他可行的通信标准。只要 RFID 读写器选用的物理层协议 j 与数据链路层协议 j，与主机选用的物理层协议 j 与数据链路层协议 j 是相同的，就能够保证 RFID 读写器可以接入主机，正确地传输自动采集的 RFID 数据。对于主机来说，它将 RFID 读写器发送来的标签数据作为应用层的数据直接传输到应用层，应用层按照 RFID 应用系统根据 RFID 数据的处理要求制定的应用层协议对标签数据进行处理。

3. 传输网的作用

从图 3-6 中可以清晰地看出，由多个路由器和通信线路组成的传输网，仅起到将连接 RFID 读写器的主机与系统中的服务器互连的作用，它只完成主机与服务器之间的数据传输任务，不会对传输的数据做任何处理。

4. 主机与服务器传输层的作用

在整个应用系统中，只有主机与服务器有传输层。传输层实现主机与服务器跨传输网的端 – 端连接的作用，完成主机客户端进程与服务器进程通信的任务。基于 RFID 的物联网传输层一般采用面向连接、可靠的 TCP 协议。

5. 主机与服务器之间的应用层协议

主机与服务器之间的应用层协议根据用户对 RFID 数据的处理要求专门制定。物联网是一类面向专业应用的信息服务系统，它与提供公共服务（如 Web、FTP、E-mail）的互联网应用不同，因此物联网与互联网最大的不同表现在应用层。

3.2　电话交换网与 ADSL 接入技术

3.2.1　ADSL 接入的基本概念

家庭用户计算机接入互联网最方便的方法是利用电话线路。因为电话的普及率很高，如果能够将用于语音通信的电话线路改造得既能通话又能够上网，那将是最理想的方法。数字用户线（Digital Subscriber Line，DSL）技术就是为了达到这个目的而对传统电话线路改造的产物。

DSL 是指从用户家庭、办公室到本地电话交换中心的一对电话线。用 DSL 实现通话与上网有多种技术方案，如非对称数字用户线（Asymmetric DSL，ADSL）、高速数字用户线（High Speed DSL，HDSL）和甚高速数字用户线（Very High Speed DSL，VDSL）等。人们通常用前缀 x 来表示不同的 DSL 技术方案，统称为“xDSL”。

由于家庭用户主要是通过 ISP 从互联网下载文档，而向互联网发送信息的数据量不会很大。如果我们将从互联网下载文档的信道称为下行信道，将向互联网发送信息的信道称为上行信道，那么家庭用户需要的下行信道与上行信道的带宽是不对称的，因此 ADSL 技术很快就应用于家庭计算机接入互联网的场景。

3.2.2　ADSL 在物联网接入中的应用

随着物联网应用的推进，人们发现：利用 ADSL 可以方便地将智能家居网关、智能家电、视频探头、智能医疗终端设备接入物联网。图 3-7 给出了智能家居网关通过 ADSL 接入物联网的结构示意图。

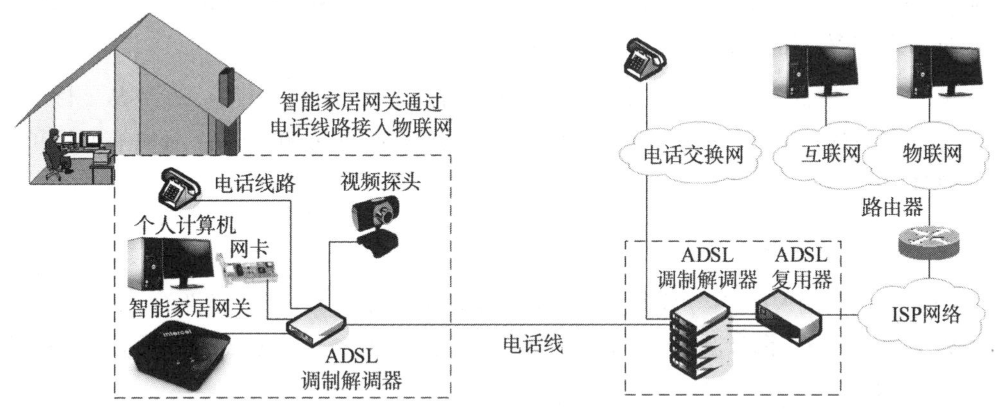

图 3-7　智能家居网关通过 ADSL 接入物联网结构示意图

ADSL 可以在现有的用户电话线上通过传统的电话交换网，以不干扰传统模拟电话业务为前提，提供高速数字业务。由于用户不需要重新铺设电缆，因此运营商在推广 ADSL 技术时对用户端的投资相当小，推广容易。利用已经广泛应用的 ADSL 技术将智能终端设备接入物联网是一种经济、实用的方法。

3.2.3 ADSL 技术特点

ADSL 技术具有非对称带宽特性。ADSL 系统在电话线路上划分出 3 个信道：语音信道、上行信道与下行信道。ADSL 在电话线路上为不同信道划分的带宽如图 3-8 所示。在 5km 范围内，上行信道的数据传输速率为 16～640kbps，下行信道的数据传输速率为 1.5～9.0Mbps。用户可以根据需要选择上行和下行速率。

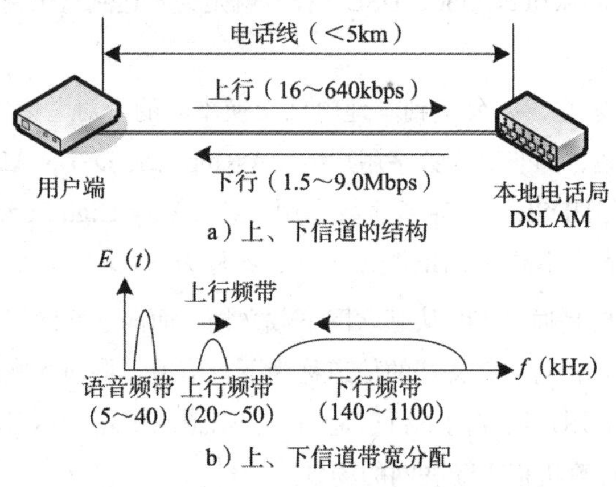

图 3-8　ADSL 带宽分配示意图

1. ADSL 用户端结构

ADSL 用户端的分路器（splitter）实际上是一组滤波器，其中低通滤波器将低于 4000Hz 的语音信号传送到电话机，高通滤波器将计算机传输的数据信号传送到 ADSL 调制解调器（Modem）。家庭用户的个人计算机通过以太网网卡、100BASE-T 非屏蔽双绞线与 ADSL 调制解调器连接。

ADSL 调制解调器将用户计算机发送的数据信号通过上行信道传输，接收从下行信道传输给计算机的数据信号。ADSL 调制解调器不但具有调制解调的作用，还具有网桥和路由器的功能。

2. 本地电话局端结构

本地电话局端入口同样可以用分路器将语音信号直接接入电话交换机，实现正常的电话功能。多路计算机的数据信号由 DSL 复用器（Digital Subscriber Line Access Multiplexer，DSLAM）来处理。

3.2.4 ADSL 标准

ADSL 标准是物理层的标准。1992 年年底，ANSI T1E1.4 工作组研究了带宽为 6Mbps 的视频点播技术的 ADSL 标准。到 1997 年，ADSL 的应用重点从视频点播技术转向宽带互联网接入，工作组的研究目标是 1.5～9Mbps 的 ADSL 标准。如果速率要达到 9Mbps，那么用户在使用 ADSL 调制解调器时，必须安装分路器，而分路器需要 ADSL 运营商的技术人员到各家去安装，这给 ADSL 技术的推广带来了很大的障碍。因此，一些 ADSL 厂商与运营商从加快 ADSL 技术推广的角度考虑，使系统必须安装 ADSL 调制解调器，过程非常简单，就像当年使用调制解调器一样，用户自己就可以安装。从技术上来说，牺牲用户下行带宽，将下行速率降低到 1.5Mbps，就可以在 ADSL Modem 的接口处内嵌一个简单微滤波器，实现分路器的功能。基于这样的考虑，ADSL 厂商与运营商提出下行速率为 1.5Mbps 的 ADSL 标准 G.Life，并于 1999 年获得 ITU 的批准，标准号是 G.992.2。相对于预想的 9Mbps 速率，1.5Mbps 要小得多，因此 G.Life 标准又称为"轻量级 ADSL 标准"。这是当前 ADSL 厂商与运营商大力推广的一种接入设备标准，各种高速率的 xDSL 技术与标准还都在研究中。

3.3　有线电视网与 HFC 接入技术

3.3.1　HFC 接入的基本概念

与电话交换网一样，有线电视网（CATV）是又一种覆盖面、应用面最为广泛的传输网络，被视为解决互联网宽带接入"最后一公里"问题的最佳方案。

20 世纪 60、70 年代的有线电视网络技术只能提供单向的广播业务，那时的网络以简单共享同轴电缆的分支状或树形拓扑结构组建。随着交互式视频点播、数字电视技术的推广，用户点播与电视节目播放必须使用双向传输的信道，因此产业界对有线电视网络进行大规模双向传输改造。光纤同轴电缆混合网（Hybrid Coax，HFC）就是在这样的背景下产生。我国有线电视网络的覆盖面很广，通过对有线电视网络的双向传输改造，为很多家庭宽带接入互联网提供了一种便捷的方法。因此，HFC 已成为一种极具竞争力的宽带接入技术。图 3-9 给出了 HFC 的结构示意图。

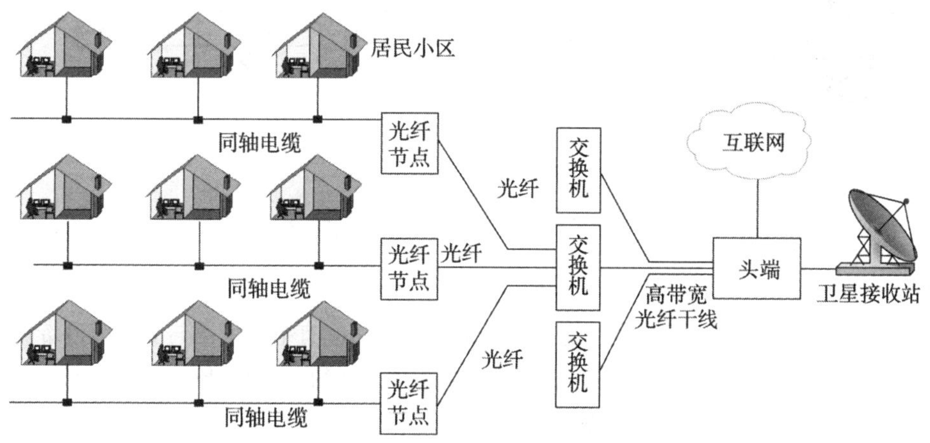

图 3-9　HFC 的结构示意图

理解 HFC 技术的特征，需要注意以下几个问题。

- HFC 技术的本质是用光纤取代有线电视网络中的干线传输部分，光纤接到居民小区的光纤节点之后，小区内部光纤节点仍使用同轴电缆接入用户家庭，这样就形成了光纤与同轴电缆混合使用的传输网络。传输网络形成以头端为中心的星形拓扑结构。
- 在光纤传输线路上采用波分复用的方法，形成上行和下行信道，在保证正常电视节目播放与交互式视频点播（VOD）节目服务的同时，也可以为家庭用户的计算机接入互联网提供服务。
- 从头端向用户传输数据的信道称为下行信道，从用户向头端传输数据的信道称为上行信道。下行信道又需要进一步分为传输电视节目的下行信道与传输计算机数据信号的下行信道。

3.3.2　HFC 在物联网接入中的应用

图 3-10 给出了智能家居网关通过 HFC 接入物联网的结构示意图。与 ADSL 一样，利用已经广泛应用的 HFC 技术将智能家居网关、智能家电、视频探头和智能医疗终端设备接入物联网，同样是一种经济、实用的接入方法。

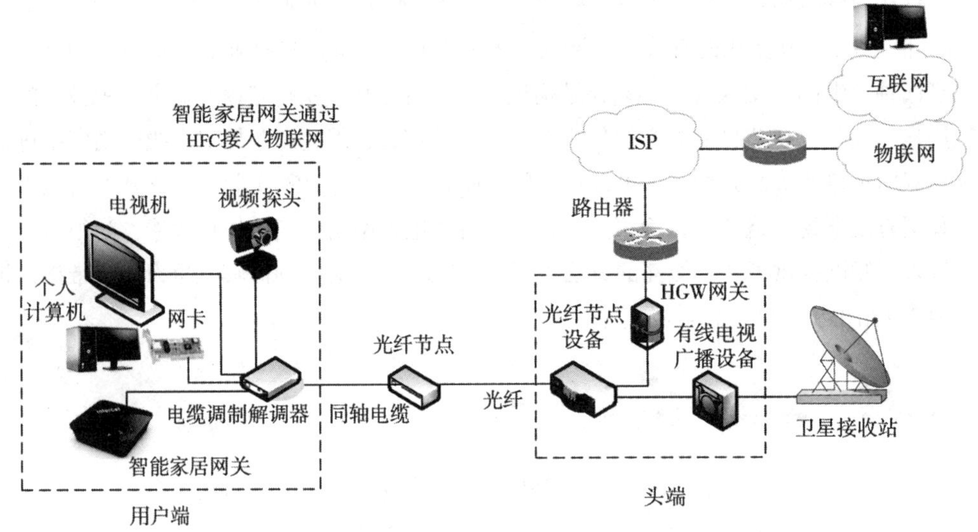

图 3-10　智能家居网关通过 HFC 接入物联网的结构示意图

理解 HFC 接入的工作原理需要注意以下几个问题。

- HFC 下行信道与上行信道带宽划分方案有多种，既有下行信道与上行信道带宽相同的对称结构，也有下行信道与上行信道带宽不同的非对称结构。图 3-11 给出了典型的非对称的 HFC 下行信道与上行信道带宽划分方案示意图。
- 用户端的电视机与计算机分别接到电缆调制解调器（Cable Modem），电缆调制解调器与入户的同轴电缆连接。电缆调制解调器将下行有线电视信道传输的电视节目传输到电视机，将下行数据信道传输的数据传送到计算机，将上行数据信道传输的数据传送到头端。

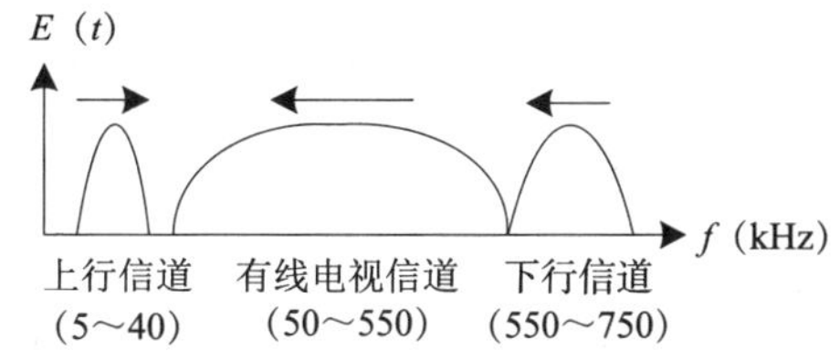

图 3-11　HFC 下行信道与上行信道带宽的划分

- HFC 系统的头端又称为电缆调制解调器终端系统（Cable Modem Termination System，CMTS）。一般的文献中仍沿用传统有线电视系统“头端”的名称。

  头端的光纤节点设备对外连接宽带主干光纤，对内连接有线广播设备与 HFC 网关（HFC Gateway，HGW）。有线广播设备用于实现交互式电视点播与电视节目播放。HGW 用于完成 HFC 系统与计算机网络系统的互联，为接入 HFC 的计算机提供访问物联网服务。
- 小区光纤节点将光纤干线和同轴电缆相连接。光纤节点通过同轴电缆下引线可以为几千个用户服务。HFC 采用非对称的数据传输速率。上行信道速率最高可达到 10Mbps，下行信道速率最高可达到 36Mbps，除去各种开销之后的有效净荷能达到 27Mbps。
- HFC 对上行信道与下行信道是分开管理的。由于下行信道只有一个头端，因此下行信道是无竞争的。上行信道由连接到同一个同轴电缆的多个电缆调制解调器共享，如果是 10 个用户共同使用，则每个用户可以获得 10Mbps 的带宽，因此上行信道属于有竞争的信道。图 3-12 给出了 HFC 上行信道与下行信道的工作示意图。

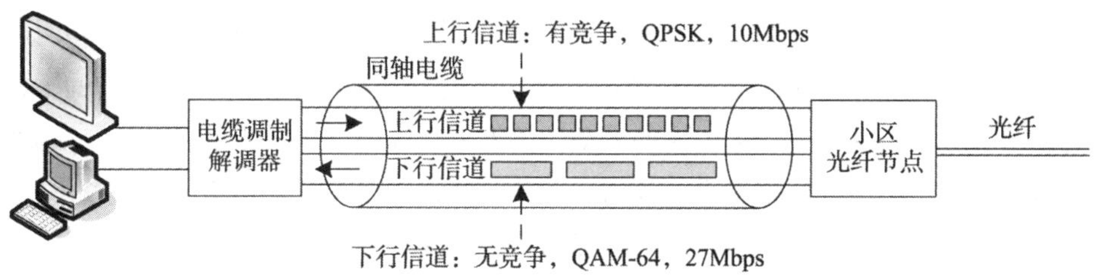

图 3-12　HFC 上行信道与下行信道的工作示意图

3.3.3　HFC 与 ADSL 技术比较

在研究智能家居设备接入技术时，需要对 ADSL 与 HFC 技术做一个比较。

- ADSL 与 HFC 技术的相同之处是：主干线路都常用了光纤。不同之处是：接入 ADSL 用户时仍然使用电话线，而接入 HFC 用户时使用的是同轴电缆。

- 尽管同轴电缆的带宽远大于电话线，但是连接 ADSL 调制解调器的电话线是一个用户专用，ADSL 运营商可以为用户明确提供的上行信道数据传输速率为 256kbps、下行信道数据传输速率为 1Mbps，用户可使用的带宽达到标称带宽的 80%，一般不会受接入用户数量的影响。而 HFC 的运营商一般不会给用户一个明确的带宽承诺，因为上行信道是有竞争的，用户平均可以获得的带宽取决于共享用户的数量，用户访问网络的服务质量直接受到共享用户数量的影响。
- ITU 的 G.992.2 “轻量级 ADSL 标准”已经得到广泛使用，更高速率的 ADSL 标准正在制定之中。目前，各个厂家的产品在速率与频带分配上均不相同，急需解决电缆调制解调器国际标准的研究与制定问题。

3.4 电力线接入技术

3.4.1 电力线接入的基本概念

由于只要有电灯的地方就有电力线，电力线的覆盖范围已经远超过电话线，因此人们一直希望利用电力线实现数据传输，这项研究促成了电力线通信（Power Line Communication，PLC）技术的产生，并成为家庭物联网有线接入技术中的一种。

电力线接入是把户外通信设备插入变压器用户侧的输出电力线上，该通信设备可以通过光纤与主干网相连，向用户提供数据、语音和多媒体等业务。在通信设备内部，将高频数字数据信号调制为 50/60Hz 的低频电信号，通过电力线传输。户外通信设备与各个用户端设备之间的所有连接都可看成具有不同特性和通信质量的信道，如果该通信系统支持室内组网，则室内任意两个电源插座之间的连接都是一个信道。因此，低压电网可能存在多个通信信道。通信质量的好坏与通信信道直接相关，很大程度上取决于接收端的噪声水平和不同频率信号的衰减程度。噪声越大，接收端就越难提取有用的信号。另外，如果信号在传输过程中发生衰减，那么信号在接收端可能会淹没在噪声中，也很难提取有用的信号。

电力线通信的噪声主要来源于与低压电网相连的所有负载以及无线电广播的干扰等，由于负载的开关会引起电力线上电流的波动，使得电力线的周围产生电磁辐射，因此沿电力线传送数据时，会出现许多意想不到的问题。同时，信号衰减与信道的物理长度和低压电网的阻抗匹配情况有关。低压电网上负载的开关是随机的，其阻抗随时间而变化，很难进行匹配。因此，电力线通信的环境极为恶劣。在这样恶劣的环境下，很难保证数据传输的质量，必须采用许多相关技术加以解决。

3.4.2 电力线接入的实现方法

电力线接入技术将发送端载有高频计算机、智能终端设备的数字信号的载波调制在低频（我国与欧洲的 220V/50Hz，美国与日本的 110V/60Hz）交流电压信号上，接收端通过解调获得载波信号，将其传输给接收端的计算机或控制终端。如图 3-13a 所示，通过电力线连网的节点经由电力线调制解调器、RJ45 电缆连接到 220V 电力线上。由于计算机、智能终端一般内置以太网卡，因此很多电力线调制解调器设有 RJ45 端口，通过 10BASE-T 标准 RJ45 电缆将连网计算机、智能终端与电力线调制解调器连接起来。

图 3-13b 给出了使用电力线组建家庭网络的结构示意图。一般情况下，电力线所连接节点的范围限制在家庭内部的电力线覆盖范围内，信号传输不超过电表与变压器，因此又称为室内电力线。图中电力线将各个房间中的计算机、物联网智能终端设备连接成一个局域网。局域网内部的节点之间通过 220V 电力线通信。如果我们希望将家庭网络接入互联网或物联网，那么仅需在一个节点中接入 ADSL 调制解调器，再通过电话线接入 ISP 网络，就可以接入互联网或物联网。当然，也可以通过无线局域网、无线城域网或光纤端口接入互联网或物联网。如果计算机或智能终端设备需要用 220V 电压供电，那么 ADSL 调制解调器可以提供一个 220V 的电源线给接入设备供电。

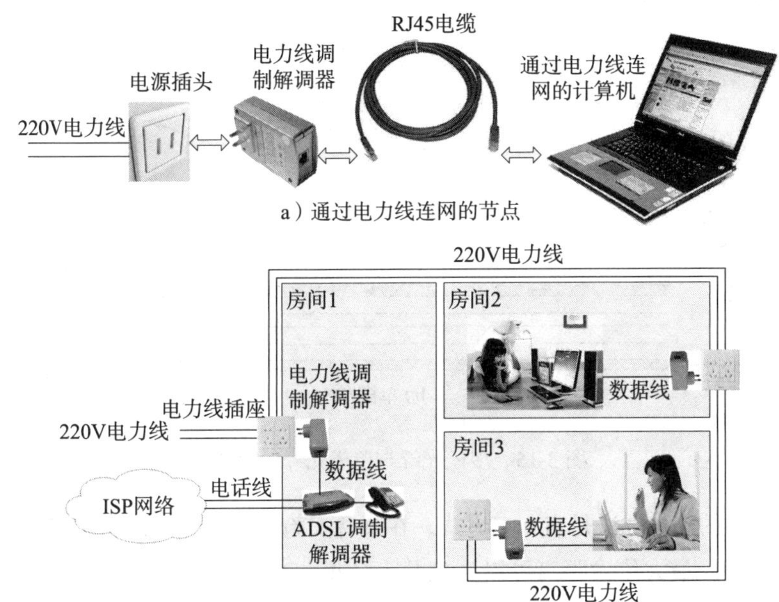

a）通过电力线连网的节点

b）使用电力线连网的家庭网络结构示意图

图 3-13　电力线接入示意图

与 ADSL、HFC 和光纤接入方法一样，利用电力线接入技术可以方便地将智能家居网关、智能家电、视频探头和智能医疗终端设备接入物联网中，因此电力线接入也是经济、实用和有很好发展前景的接入技术之一。

3.5　光纤接入技术

3.5.1　光纤结构与工作原理

图 3-14 给出了典型的光纤（optical fiber）传输系统结构。在发送端，使用发光二极管

（Light Emitting Diode，LED）或注入型激光二极管（Injection Laser Diode，ILD）作为光源。在接收端，使用 PIN 光电二极管检波器将光信号转换成电信号。光载波调制方法采用亮度调制。光纤传输速率可以达到 Gbps 的量级。

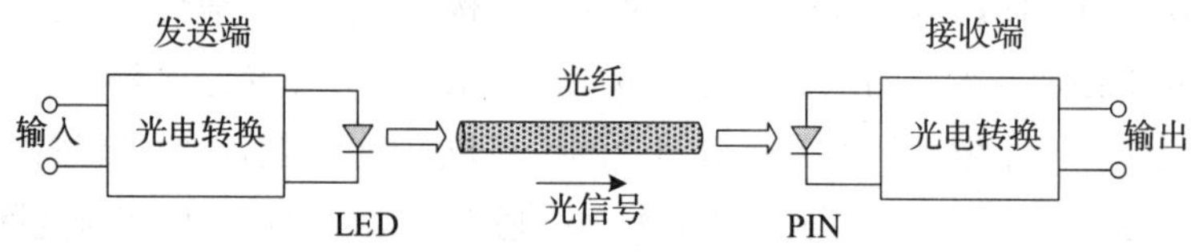

图 3-14　典型的光纤传输系统结构

光纤传输有两种模式：单模光纤与多模光纤。多模光纤是指光信号与光纤轴成多个可分辨角度的多路光载波传输。单模光纤是指光信号仅通过与光纤轴成单个可分辨角度的单路光载波传输。单模光纤的性能要优于多模光纤。多模光纤与单模光纤传输模式的比较如图 3-15 所示。

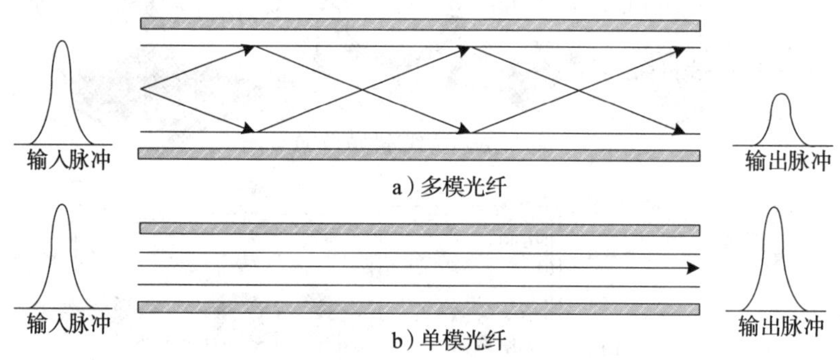

图 3-15　多模光纤与单模光纤的比较

光纤最基本的连接方法是点 – 点方式，在某些实验系统中可以采用多点连接方式。光纤信号衰减极小，最大传输距离可以达到几十公里。光纤不受外界电磁干扰与噪声的影响，能在长距离、高速率的传输中保持低误码率。

由于光纤的传输速率高、误码率低和安全性好，因此成为计算机网络中最有发展前景的传输介质。同时，由于光纤通信技术的发展，光纤组网成本的降低，光纤已经从主要用于连接广域网核心路由器，逐渐扩展到连接城域网与局域网，向工业物联网方向发展。

3.5.2　光纤接入的基本概念

在讨论 ADSL 与 HFC 宽带接入方式时，我们已经了解到：用于远距离的传输介质已经都采用了光纤，只有邻近用户家庭、办公室的地方仍然使用着电话线或同轴电缆。FTTx 接入方式是将最后接入用户端所用的电话线与同轴电缆全部用光纤取代。人们将多种光纤接入方式称为 FTTx，这里的 x 表示不同的光纤接入地点。根据光纤深入用户端的程度，光纤接入可以进一步分为以下几种。

- 光纤到家（Fiber To The Home，FTTH）：用一根光纤直接连接到家庭，省去了整个铜线设施（馈线、配线与引入线），增加了用户的可用带宽，减少了网络系统维护工作量。
- 光纤到楼（Fiber To The Building，FTTB）：光纤到楼＋高速局域网到户（即 FTTB＋LAN）是一种经济和实用的接入方式。使用 FTTB 不需要拨号，用户开机即可接入互联网，这种接入方式类似于专线接入。
- 光纤到路边（Fiber To The Curb，FTTC）：一种基于优化 xDSL 技术（即 FTTC＋xDSL）的宽带接入方式。这种接入方式适合于小区家庭已普遍使用 ADSL 的情况。FTTC 可以提高用户可用带宽，而不需要改变 ADSL 的使用方法。FTTC 一般采用小型的 DSLAM，部署在电话分线盒的位置，一般覆盖 24～96 个用户。
- 光纤到节点（Fiber To The Node，FTTN）：与 FTTC 很类似，它与 FTTC 的区别主要在于 DSLAM 部署的位置与覆盖的用户数。FTTN 将光纤延伸到电缆交接盒，一般覆盖 200～300 个用户。FTTN 比较适合用户比较分散的农场。
- 光纤到办公室（Fiber To The Office，FTTO）：FTTN、FTTO 与 FTTH 很类似，只是 FTTO 主要针对小型的企业用户。很显然，FTTO 接入不但能够提供更大的带宽，简化网络的安装与维护，而且能够快速引入各种新的业务，是极有发展前景的接入技术。

3.5.3　FTTx 接入的结构特点

目前，光纤接入形成从一个局端到多个用户端的传输链路，多个用户可以共享一条主干光纤的带宽。因此，无源光网络（Passive Optical Network，PON）是一种“点–多点”的系统（如图 3-16 所示）。

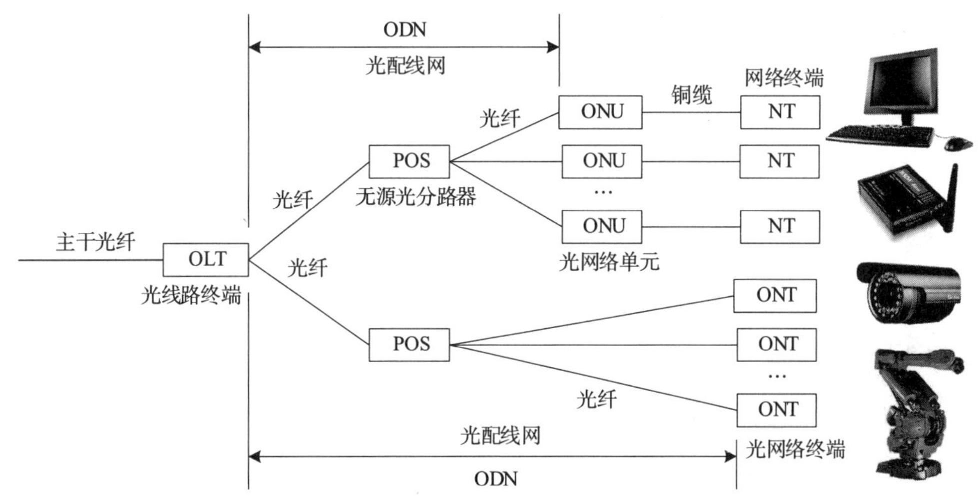

图 3-16　无源光网络结构示意图

局端的光线路终端（Optical Line Terminal，OLT）、用户端的光网络单元（Optical Network Unit，ONU）、无源光分路器（Passive Optical Splitter，POS）共同构成了光配线网（Optical Distribution Network，ODN）。POS与用户端有两种连接方法。第一种是POS与用户端的ONU连接，ONU完成用户端光信号与电信号的转换，通过铜缆连接到用户的网络终端（NT）。第二种是POS直接通过光纤连接用户端的光网络终端（Optical Network Terminal，ONT），由ONT连接用户终端设备。

ODN采用波分复用技术，上、下行信道分别采用不同波长的光。在光信号传输中大多采用功率分割型PON技术，下行采用广播方式传输数据，上行采用时分多路复用（TDMA）方式传输数据。局端主干光纤发送的下行光信号经过POS以1∶N的分路比进行功率分配，再通过接入用户端的光纤将光信号广播到ONU。POS分路比一般为1∶2、1∶8、1∶32或1∶64。POS分路越多，每个ONU分配的光信号功率越小。因此，POS采用的分路比受用户端的ONU对最小接收功率的限制。图3-17给出了PON的上行与下行原理。

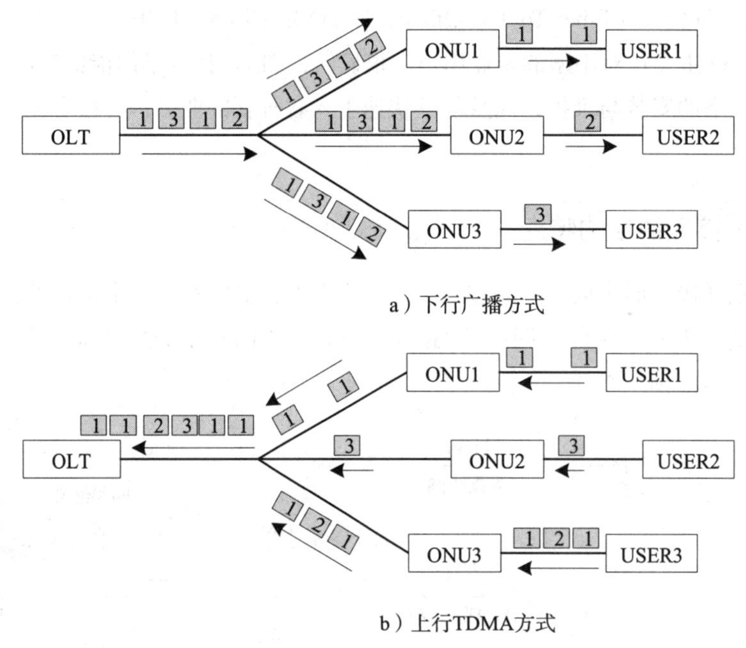

图3-17　PON的上行与下行原理

3.5.4　EPON标准

PON技术与广泛应用的以太网相结合，形成了以太网PON（Ethernet PON，EPON）。目前，EPON是发展最快、部署最多的PON技术。IEEE从1998年开始研究EPON标准，并在2001年正式发布了IEEE 802.3ah标准。该标准将EPON的上行、下行速率均固定为1.25Gbps。

为了适应更高速率的以太网技术，IEEE 制定了 802.3av 的 10Gbps EPON 标准。IEEE 802.3av 标准将下行速率提高到 10Gbps，同时与 IEEE 802.3ah 标准保持兼容性，使 10Gbps 与 1Gbps EPON 的 ONU 可共存于同一光网络中。这样，既可以持续地提升网络接入带宽，又可以最大限度地保护运营商的投资。

习题

一、选择题（单选）

1. 在后期的局域网研究中，用于代替数据链路层的是

A）应用层　　B）感知层

C）LLC 网　　D）MAC 层

2. 以下不属于以太网发展趋势的是

A）高速以太网　　B）汇聚以太网

C）工业以太网　　D）交换式以太网

3. 以下 PON 单元不属于用户端的是

A）OLT　　B）ONU

C）POS　　D）NT

4. 以下关于 IEEE 802 参考模型的描述中，错误的是

A）对应 OSI 模型的数据链路层与物理层

B）数据链路层分为 LLC 与 MAC 子层

C）LLC 子层承担了 OSI 网络层的功能

D）MAC 子层承担了介质访问控制功能

5. 以下关于 CSMA/CD 工作原理的描述中，错误的是

A）CSMA/CD 是一种分布式控制算法

B）CSMA/CD 控制节点利用共享总线发送数据的过程

C）CSMA/CD 可减少节点发送数据过程中发生碰撞的概率

D）CSMA/CD 可保证节点发送数据的实时性

6. 以下关于以太网交换机的描述中，错误的是

A）交换机工作在 LLC 层　　B）交换机形成了星形拓扑

C）交换机实现了并发通信　　D）交换机使用的是 MAC 地址

7. 以下关于交换式以太网与共享式以太网区别的描述中，错误的是

A）交换机取代了集线器

B）并发连接方式取代了共享方式

C）全双工方式取代了半双工方式

D）以共享方式取代了独占方式

8. 以下关于 ADSL 接入技术特征的描述中，错误的是

A）提供的是非对称带宽

B）划分出语音信道、上行信道与下行信道

C）上行信道的速率为 16～640Mbps

D）下行信道的速率为 1.5～9Mbps

9. 以下关于 HFC 接入技术特征的描述中，错误的是

A）用光纤取代全同轴电缆的有线电视网中的干线传输部分

B）在光纤线路上采用时分复用方法形成上行和下行信道

C）传输网络形成以头端为中心的星形结构

D）从用户向头端传输的信道称为上行信道

10. 以下关于电力线接入特征的描述中，错误的是

A）将各个房间中的计算机、智能终端设备连接成一个局域网

B）局域网内部的节点之间通过 220V 电力线通信

C）信号传输可以超过电表与变压器

D）节点通过 ADSL 调制解调器、电话线与 ISP 网络接入物联网

11. 以下关于光纤接入技术的描述中，错误的是

A）FTTO 主要针对小型的企业用户接入

B）FTTN 适合用户比较集中的热点地区

C）FTTC 是一种基于优化 xDSL 的宽带接入方式

D）FTTB 采用光纤到楼与高速局域网，类似于专线接入

12. 以下关于无源光网络特点的描述中，错误的是

A）PON 是一种“点－点”的系统

B）OLT、ONU 与 POS 组成了 ODN

C）ODN 采用的是光波分复用

D）上、下行信道分别采用不同波长的光

二、问答题

1. 请从层次结构的角度分析以太网接入的工作原理。
2. 如何认识以太网接入的优点?
3. 如何认识 FTTH 接入的优点?
4. 请设计一种适用 HFC 接入的物联网应用系统。
5. 请设计一种适用电力线接入的物联网应用系统。
6. 请设计一种适用 ADSL 接入的物联网应用系统。

第4章　近距离无线接入技术

近距离无线通信技术一般是指通信距离在几米到几十米，发射功率小于100mW，具有低成本、低功耗通信特点的无线通信技术，它也是物联网重要的接入技术之一。本章将系统地讨论ZigBee、蓝牙、6LoWPAN与IEEE 802.15.4、WBAN与IEEE 802.15.6，以及NFC、UWB技术。

4.1　ZigBee技术与标准

4.1.1　ZigBee研究背景

ZigBee是一种基于IEEE 802.15.4标准的低速率、低功耗、低成本的无线通信技术。在2001年8月成立ZigBee联盟时，目标是针对蓝牙技术不适应工业自动化应用的问题，研究一种面向工业自动控制的低功耗、低成本和高可靠性的近距离无线通信技术。目前，ZigBee已作为近距离、低复杂度、自组织、低功耗和低数据速率的无线接入技术，以M2M方式应用于智慧农业、智能交通、智能家居、智慧城市和工业自动化等领域。

ZigBee技术的发展经历了以下的过程：

- 2001年，ZigBee联盟成立；
- 2004年，ZigBee V.1.0规范发布；
- 2007年，ZigBee V.1.1规范发布；
- 2008年，ZigBee V.1.2规范发布。

了解ZigBee技术发展过程，需要注意以下几点。

第一，2009年，ZigBee开始采用IETF的6LoWPAN标准作为新一代智能电网Smart Energy（SEP 3.0）的标准，致力于实现全球统一的、易于和互联网集成的网络，实现“端－端”通信。

第二，ZigBee是面向工业自动控制需求诞生的，但是随着物联

网的发展，ZigBee 联盟陆续发布了面向不同应用领域的 ZigBee 应用层协议：

- ZigBee 面向智能家居（ZigBee Home Automation，ZigBee HA）标准
- ZigBee 面向照明链路（ZigBee Light Link，ZigBee LL）标准
- ZigBee 面向智能建筑（ZigBee Building Automation，ZigBee BA）标准
- ZigBee 面向智能零售（ZigBee Retail Services，ZigBee RS）标准
- ZigBee 面向智能健康（ZigBee Health Care，ZigBee HC）标准
- ZigBee 面向智能通信（ZigBee Telecommunication Services，ZigBee TS）标准

第三，早期版本的 ZigBee 标准不完善，给了 ZigBee 设备制造商太多的选择。这也造成使用 ZigBee 规范最多的智能家居中，网关制造商使用的是 ZigBee HA 标准，而设备制造商使用的是早期 ZigBee 规范，可能造成设备制造商的产品不能接入网关。2016 年 5 月，ZigBee 联盟提出了 ZigBee 3.0 标准，主要目的就是统一应用层协议标准，解决 ZigBee 设备的发现、接入与组网问题。这样，用户购买符合 ZigBee 3.0 标准的智能家居产品就能方便地接入 ZigBee 3.0 网关。

4.1.2　ZigBee 技术特点

ZigBee 的主要特点主要表现在以下几个方面。

- 低速率：数据传输速率为 10～250kbps，满足低速率数据传输的应用需求。
- 低功耗：发射信号功率仅为 1mW，而且采用了休眠模式，在低耗电待机模式下，两节 5 号电池就可以使 ZigBee 节点维持 6～24 个月。
- 低成本：由于 ZigBee 使用的无线频道是免于申请的，ZigBee 技术也不收取专利费，因此 ZigBee 模块的成本相对比较低。
- 低时延：通信时延和从休眠状态激活的时延都非常短，典型的设备发现时延约为 30ms，休眠激活的时延约为 15ms，设备接入信道的时延约为 15ms。因此 ZigBee 适用于对实时性要求高的工业控制应用场景。
- 组网灵活：一个星形拓扑结构的 ZigBee 网络最多可以容纳 254 个从设备和 1 个主设备；一个区域内可以同时存在的 ZigBee 网络数最多为 100 个，组网灵活。
- 安全性好：ZigBee 通过 CRC 校验方式来检查数据包的完整性与传输的正确性；采用了 AES-128 加密算法，支持鉴权和认证，系统安全性较高。

4.1.3　ZigBee 层次结构

ZigBee 规范定义了物理层、介质访问控制层、网络层与应用层的协议，其结构如图 4-1 所示。其中，物理层与介质访问控制层采用的是 IEEE 802.15.4 协议，ZigBee 在此基础上制定了网络层、应用层的高层协议。

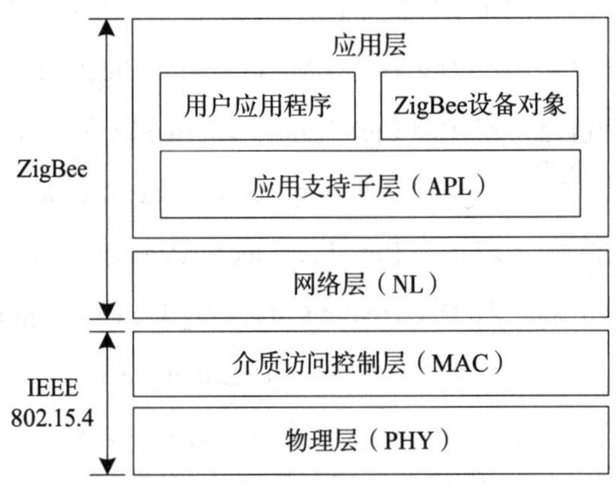

图 4-1　ZigBee 的层次结构示意图

表 4-1 给出了 ZigBee 使用的频率、频段、速率与信道数量。ZigBee 可用的频段分别为 2.4GHz 频段（全球）、868MHz 频段（欧洲）与 915MHz 频段（美国）。3 个频段的最高数据传输速率分别为 250kbps、20kbps 与 40kbps，可用的信道数量分别为 16、1 与 10。传输距离在 10～75m。

表 4-1　ZigBee 使用的频率、频段、速率与信道数量

频段	流行区域	数据传输速率	信道数量
2.4GHz	全球	250kbps	16
868MHz	欧洲	20kbps	1
915MHz	美国	40kbps	10

4.1.4　ZigBee 节点类型与网络拓扑

1. ZigBee 节点分为 3 种类型：协调器、路由器和终端设备

无论 ZigBee 网络采用什么样的网络拓扑，网络里都必须有且只能有一个协调器来负责启动整个网络。协调器首先选择一个信道和一个 PAN ID 建立网络，然后接受其他节点加入网络。协调器主要在网络系统初始化时起作用，网络建立之后关闭协调器，网络也应该能够正常工作。如果协调器在应用层还需要提供一些其他的服务，则协调器一直要处于工作状态。

路由器负责发现连接的终端设备，接受终端设备入网，负责终端设备之间的路由和数据转发。ZigBee 网络采用的是最短路由算法。

终端设备能够发送和接收数据，不能够转发数据，也不能够让其他终端设备入网。终端设备如果不处于发送和接收数据状态，就进入休眠状态。

2. 网络拓扑

从 ZigBee 节点的类型划分与功能分配可以看出，ZigBee 网络有 3 种组网方法，对应

星形、树形与网状 3 种网络拓扑（如图 4-2 所示）。

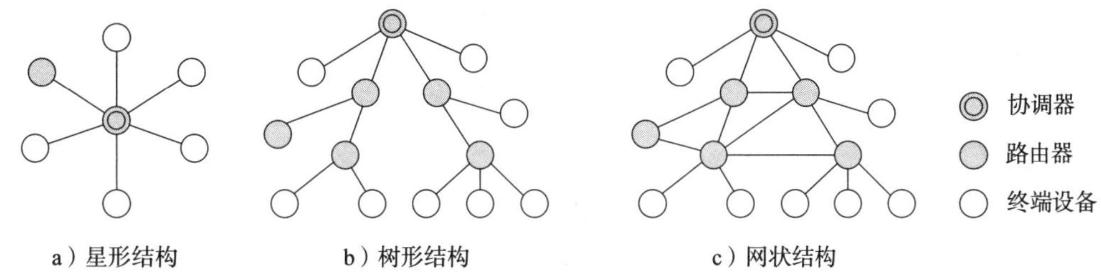

图 4-2 ZigBee 的网络拓扑类型

星形与树形结构适用于多点、短距离的应用；网状结构适用于复杂网络的组成，网状结构的网络具有自组织、自愈能力。

理解 ZigBee 节点类型与网络拓扑结构时，需要注意以下几个问题。

- ZigBee 节点类型与网络层次的关系。ZigBee 节点类型只是网络层的概念，它反映了网络拓扑结构，而在 ZigBee 网络的应用中并不需要关心 ZigBee 网络的结构，需要关心的是 ZigBee 节点的应用功能，也就是说 ZigBee 节点类型与 ZigBee 节点在应用中的功能并不相关。ZigBee 节点类型只与网络层相关，而 ZigBee 节点的功能是应用层的概念。这是对接入技术的讨论中需要注意的共性问题。
- ZigBee 信道与信道集的概念。ZigBee 物理层可使用的频段分别为 2.4GHz、868MHz 与 915MHz。我们以 2.4GHz 频段为例来说明这个问题。2.4GHz 频段的频率范围是从 2.40GHz 到 2.500GHz，总共 100MHz；ZigBee 通信协议将这个频段的频率分为 16 个信道（channel）。例如，第一个信道的中心频率是 2.412GHz，频率范围是 2.401～2.423GHz；第二个信道的中心频率是 2.417GHz，频率范围是 2.406～2.428GHz；相邻信道的中心频率相差 5MHz。我们可以依此推出 16 个信道的中心频率与频率范围。每个连接到 ZigBee 网络的节点都有一个默认的信道集（DEFAULT_CHANLIST）。在每次组网时，协调器扫描自己的默认信道集，选择一个噪声最小的信道作为所建网络的通信信道。此后的路由器与终端设备在这个信道上接入 ZigBee 网络中。
- PAN ID。PAN ID（Personal Area Network ID）用于标识不同 ZigBee 网络，数值范围在 0～0x3FF。协调器通过选择通信信道与 PAN ID 来启动一个 ZigBee 网络。
- IEEE 物理地址。IEEE 物理地址是长度为 48 位的 MAC 地址。每个 ZigBee 设备在出厂时都被设置了一个全球唯一的 IEEE 物理地址。
- 网络地址。网络地址长度为 16 位，通常称为短地址。网络地址用来标识接入同一 ZigBee 网络的不同节点。协调器网络地址为 0x0000，路由器与终端设备的网络地址由协调器分配。
- ZigBee 设备对象。ZigBee 标准在应用层定义了应用支持（APS）子层、ZigBee 设备对象（ZigBee Device Object，ZDO）和设备商自定义的应用组件。ZDO 规定网络设备（如网络协调器或路由器）的功能。当设备需要和网络连接时，由 ZDO 处理连接需求。最后，由 APS 子层提供发现设备的功能，并存储邻居设备的基本信息。

4.1.5 ZigBee 应用领域

我们可以选择智慧农业的一个蔬菜大棚自动控制系统的 ZigBee 网络来说明这个问题。图 4-3 是蔬菜大棚自动控制系统的 ZigBee 网络结构示意图。

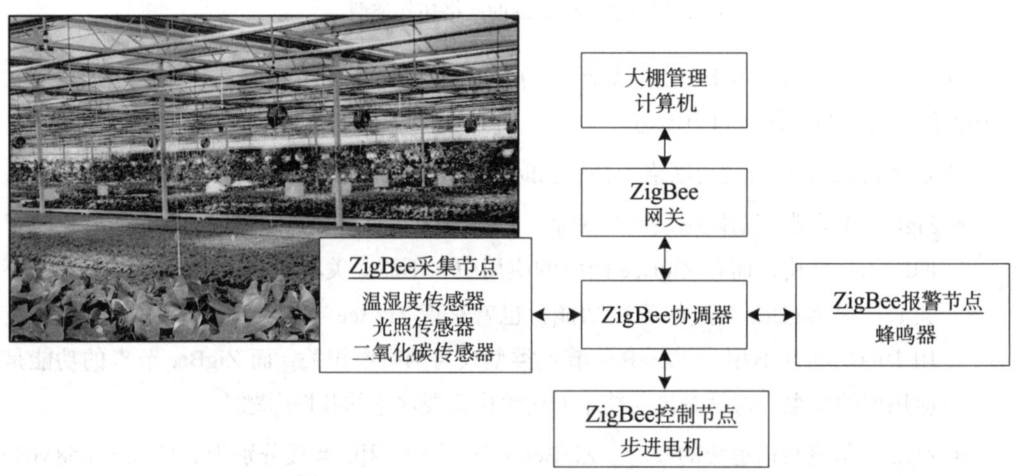

图 4-3 蔬菜大棚自动控制系统的 ZigBee 网络结构示意图

蔬菜大棚自动控制系统的 ZigBee 网络由协调器、网关和终端节点组成。其中，协调器通过网关连接到大棚管理计算机。终端节点分为采集节点、控制节点与报警节点 3 类，采集节点连接着测量大棚环境参数的温湿度传感器、光照传感器与二氧化碳传感器；控制节点连接着步进电机（执行器）；报警节点连接蜂鸣器。当温湿度传感器、光照传感器与二氧化碳传感器的测量值偏离大棚环境参数的正常值时，可以通过蜂鸣器发出提示。解决手段有直接通过控制开关打开灯光补充光照，或通过步进电机打开或拉上顶棚的遮阳装置；打开阀门开始抛洒，以补充水分；打开天窗与风扇，使空气流通。由于 ZigBee 网络非常适合智慧农业蔬菜大棚自动控制系统的需求，因此 ZigBee 网络已经在智慧农业中得到广泛应用。

4.2 蓝牙技术与标准

4.2.1 蓝牙研究背景

1994 年，Ericsson 看好移动电话与无线耳机的连接技术，以及笔记本计算机与鼠标、键盘、打印机、投影仪的无线连接技术，对于近距离的无线连接技术产生了兴趣。1997 年，Ericsson 开始就该项技术与移动设备制造商接触，寻求合作。

1998 年 5 月，Ericsson、IBM、Intel、Nokia 和 Toshiba 五家公司联合发起开发一个短距离、低功耗、低成本通信标准和技术的倡议，并将它命名为“蓝牙”（Bluetooth）无线通信技术。

1999 年 5 月，这五家公司成立了蓝牙技术“特殊兴趣小组”（SIG），即蓝牙联盟的前身。Intel 公司负责蓝牙芯片和传输软件的开发，Ericsson 公司与 Nokia 公司负责无线射频与移动电话软件的开发，IBM 与 Toshiba 公司负责笔记本计算机接口标准的开发。

1999 年底，Microsoft、Motorola、Samsung、Lucent 与 SIG 共同发起了“通过蓝牙通信”活动。

2000 年，参与推广活动的公司达到 1500 家，在全球范围掀起了一股“蓝牙”应用热潮，开发出大批用于笔记本计算机与键盘、鼠标，以及智能手机、PDA、数码相机、摄像机之间无线通信的产品。现在我们每个人的周边都被蓝牙产品所包围，无时无刻不在使用蓝牙产品与技术。

蓝牙通信采用 ISM 频段（2.4GHz）。早期的蓝牙技术主要用于 PC、手机与无线键盘、无线鼠标、无线耳机、MP3 播放器、无线投影仪（笔）、无线音箱的连接（如图 4-4 所示）。目前新版本的蓝牙标准主要考虑物联网低功耗、低成本、大规模接入的应用需求，尤其适用于智慧家居、智慧医疗、智慧城市等应用场景。

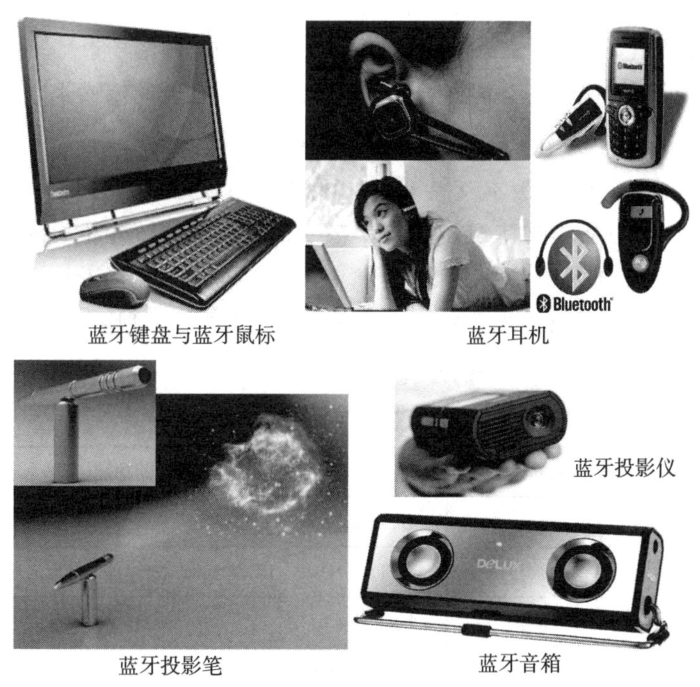

图 4-4　蓝牙技术的应用

初次听到将一种无线通信技术叫作“蓝牙”都会有一种好奇，这个名字体现了技术人员的研究初衷。在蓝牙技术研究初期，技术人员认为需要取一个极具表现力的名字来命名这项新技术。与会人员经过一夜关于百年欧洲历史和未来无线技术发展的讨论后，有些人认为用一位丹麦国王的名字“Blatand”命名再合适不过。Harald Blatand 是公元 940～985 年间的丹麦国王，他统一了丹麦和挪威，并将基督教带入斯堪的纳维亚地区。他口齿伶俐，善于交际，这项即将面世的技术同他一样，能够在不同的工业领域（如计算机、手机和汽车行业）之间协调工作，为各系统领域之间的良好交流提供支持。技术人员希望这项技术能够像当年丹麦国王统一多国那样，统一世界很多公司使用的“近距离无线通信”技术和标准，于是他们将“Blatand”翻译成“Bluetooth”，中文直译为“蓝牙”。

4.2.2 蓝牙标准发展过程

最早的蓝牙标准出现在 1998 年，此后经过了从版本 1.0 到 5.0 的多次发展与演变。2003 年发布的蓝牙 1.2 版本加入了跳频通信技术，数据传输速率提高到了 721kbps，能够适应无线语音与音频传输的基本要求。2004 年的蓝牙 2.0 版本与 2007 年的蓝牙 2.1 版本增加了扩展数据速率（Enhanced Data Rate，EDR）与安全简单配对（Secure Simple Pairing，SSP）功能，将数据传输速率提高到 3Mbps。2009 年的蓝牙 3.0 版本增加了高速率（High Speed，HS）功能，使得蓝牙可以基于 Wi-Fi 实现最高 24Mbps 的数据传输速率。

2010 年，4.0 版本之后蓝牙技术向物联网接入需要的低功耗方向发展。蓝牙 4.0 包括两个标准：一个是传统蓝牙标准，另一个是低功耗蓝牙（Bluetooth Low Energy，BLE）标准。传统蓝牙标准主要应用于数据量较大的语音、音频数据传输场景。低功耗蓝牙标准主要应用于对实时性要求比较高、对数据传输速率要求相对较低的传感器与遥控器产品，还有手机和移动设备之间的通信，以及物联网终端设备的接入。

2013 年推出的蓝牙 4.1 版本支持 IPv6，可降低 LTE 无线信号对蓝牙通信的干扰。2014 年推出的蓝牙 4.2 版本支持 6LoWPAN，安全性更强。2016 年推出的蓝牙 5.0 版本与蓝牙 4.2 版本相比，数据传输效率从 1Mbps 提高到 2Mbps，传输距离从 75m 提高到 300m，并且功耗更低。2017 年推出的蓝牙 MESH 支持无线自组网，更适用于物联网接入的需求。

表 4-2 给出了蓝牙技术与标准的发展过程。

表 4-2 蓝牙技术与标准的发展过程

版本	规范发布时间	增加的功能
0.7	1998 年	Baseband LMP
0.8	1999 年	HCI、L2CAP、RFCOMM
0.9	1999 年	Baseband LMP
1.0（草案）	1999 年	OBEX&IrDA 互通性
1. 0A	1999 年	第一个正式版本
1. 0B	2000 年	安全性，厂商设备之间连接的兼容性
1.1	2001 年	添加了非加密信道，提供 RSSI

（续）

版本	规范发布时间	增加的功能
1.2	2003 年	添加 FHSS，速率提高到 721kbps
2.0+EDR	2004 年	添加简单配对 SSP 协议，速率提升到 3Mbps
2.1+EDR	2007 年	扩展查询响应、简单安全配对、暂停与继续加密、Sniff 省电
3.0+HS	2009 年	采用 AMP，与 802.11 连接，峰值速率达到 24Mbps
4.0+BLE	2010 年	提出低功耗协议栈
4.1	2013 年	支持 IPv6，简化设备连接，降低 LTE 网络干扰
4.2	2014 年	支持 6LoWPAN，增强安全性
5.0	2016 年	速率达到 2Mbps，覆盖更大的范围
MESH	2017 年	增强 MESH 组网功能

4.2.3　蓝牙的技术特点

1. 传统蓝牙的技术特点

传统蓝牙标准中设备与设备之间通过蓝牙信道形成“一对一”的连接关系，设备之间需要先“配对”（Pair），在建立一条稳定的无线信道之后，再进行数据传输。使用 PC 一体机时，主机通过蓝牙信道连接无线键盘、无线鼠标、无线音箱等外设，主机需要分别与无线键盘、无线鼠标、无线音箱建立“一对一”的“配对”关系，这就形成了“点－点”星形拓扑（其结构如图 4-5 所示）。

图 4-5　主机通过蓝牙信道连接无线键盘等外设

2. 低功耗蓝牙的技术特点

低功耗蓝牙可以与其他设备建立“一对多”的拓扑，通过广播方式向在无线信号覆盖范围内的任何其他节点发送数据。利用低功耗蓝牙技术组建的智能家居网络结构如图 4-6 所示。

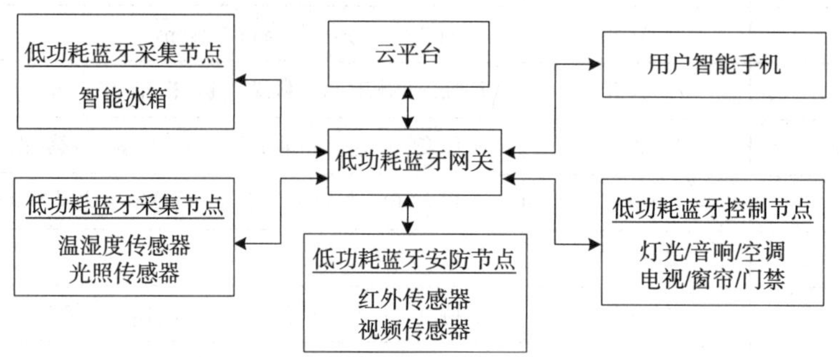

图 4-6 智能家居网络结构

3. 蓝牙 MESH 的技术特点

蓝牙 MESH 是在低功耗蓝牙的基础上，进一步通过在设备之间建立“多对多”的关系，设置中继节点，使得数据传输到广播方式不能覆盖的远端设备，极大地拓展通信范围。蓝牙 MESH 协议定义了 4 种功能：转发、代理、低功耗与朋友。

- 转发功能：具有转发功能的节点称为转发节点。转发节点在接收到一条消息时就转发出去，以扩大 MESH 网络的覆盖范围。
- 代理功能：具有代理功能的节点称为代理节点。能够兼容使用旧蓝牙标准的设备（如手机），不支持 BLE 广播包，具有代理功能的设备可以与旧设备建立低功耗蓝牙 GATT 连接，在 MESH 广播包与 MESH GATT 连接数据包之间进行转换。
- 低功耗功能：具有低功耗功能的节点称为低功耗节点。低功耗功能是在朋友节点的配合下，让低功耗节点进入，以便降低设备耗能，延长设备使用时间。低功耗节点能满足节能需要。
- 朋友功能：具有朋友功能的节点称为朋友节点。朋友节点帮助其他低功耗节点缓存数据。

在蓝牙 MESH 网络中，每个节点可以选择支持 4 种功能中的一种或几种，每种功能都能够设置为静止或启动状态。

图 4-7 给出了蓝牙 MESH 网络拓扑示意图，包括转发、代理、低功耗与朋友 4 种节点。其中，转发节点是 *Q*、*R*、*S*，低功耗节点是 *I*、*J*、*K*、*L*、*M*，朋友节点是 *N*、*O*、*P*、*U*。*T* 节点是不能接收低功耗蓝牙广播包的老式设备，*S* 节点同时起到代理节点的作用。

当节点 *A* 要向节点 *T* 发送数据时，节点 *A* 广播一个消息报文，报文的目的地址是 *T* 的地址。节点 *P*、*Q*、*B* 接收到广播包，在查看广播包的目的地址后，节点 *P*、*B* 丢弃消息报文，转发节点 *Q* 转发该消息报文；节点 *Q* 广播该消息报文，节点 *A*、*B*、*C*、*D*、*E*、*P*、*R* 接收到广播的消息报文之后，只有转发节点 *R* 继续转发该消息报文；节点 *R* 广播的消息

报文被节点 Q、H、N、S 与 E 接收，只有转发节点 S 广播该报文；节点 S 将目的地址为 T 的广播包转换成 GATT 报文，发送给不支持低功耗蓝牙广播的老式蓝牙设备 T。

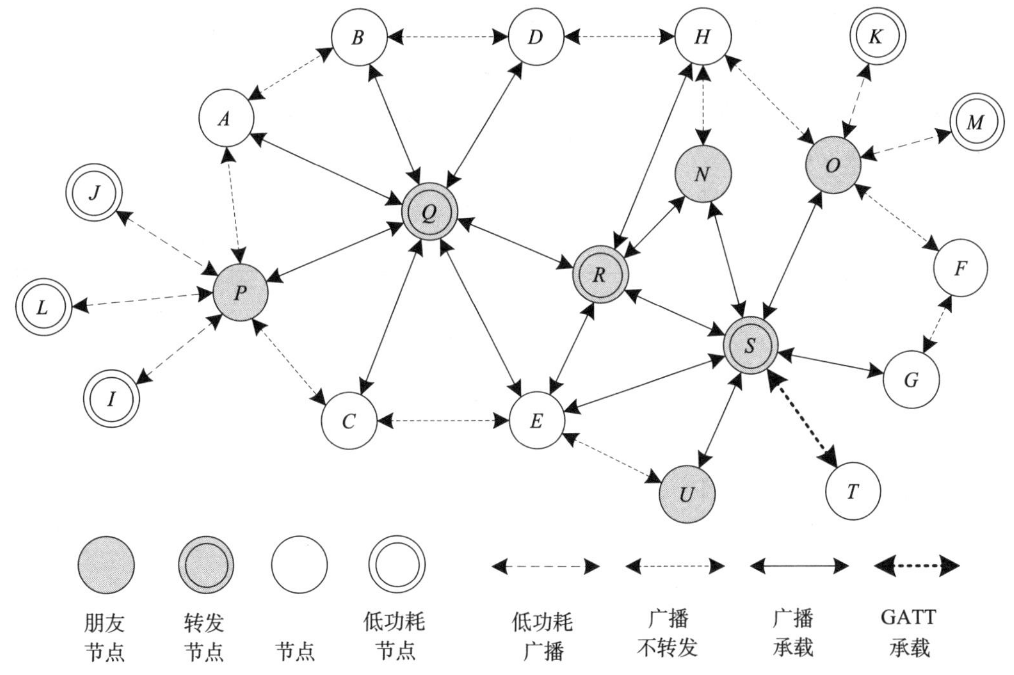

图 4-7　蓝牙 MESH 网络拓扑示意图

从以上讨论中可以看出，蓝牙 MESH 在低功耗蓝牙的基础上，通过在设备之间建立“多对多”关系，拓展通信范围，增强设备组网的灵活性，适应物联网低功耗、低成本、多类节点接入以及灵活组网的应用需求，成为物联网的重要接入网类型之一。

4.3　6LoWPAN 与 IEEE 802.15.4

4.3.1　6LoWPAN 研究背景

2002 年，IEEE 成立了 802.15 工作组，专门从事无线个人局域网（Wireless Personal Area Network，WPAN）的标准化工作，任务是开发一套适用于短程无线通信的标准。

随着 IPv4 地址的耗尽，由 IPv6 替代 IPv4 协议已是大势所趋。物联网技术的发展将进一步推动 IPv6 的部署与应用。

2004 年，IETF 成立低功耗无线个人局域网（Low-Power WPAN，LoWPAN）工作组，将 IPv6 集成到 IEEE 802.15.4 中作为底层协议的 WPAN 中。IETF 的基于 IPv6 的无线低功耗个人局域网（IPv6 over LoWPAN，6LoWPAN）工作组致力于利用 IEEE 802.15.4 链路支持 IPv6 通信，同时遵守互联网开放的标准，与其他 IP 设备实现互联、互通与互操作。

4.3.2 6LoWPAN 协议的层次结构

图 4-8 比较了 TCP/IP 与 6LoWPAN 协议的层次结构。其中，图 4-8a 是计算机网络的层次结构，图 4-8b 是标准的 TCP/IP 层次结构，图 4-8c 是 6LoWPAN 的层次结构。通过比较可以看出，6LoWPAN 在 IEEE 802.15.4 的 MAC 层协议与网络层协议之间加入 6LoWPAN 协议，作为数据链路层与网络层之间的适配层，同时在传输层采用精简 TCP/UDP（simple TCP/UDP）。

应用层
传输层
网络层
MAC层
物理层

a）计算机网络的层次结构

应用层协议
标准TCP/UDP
IPv6协议
MAC层协议
物理层协议

b）标准的TCP/IP层次结构

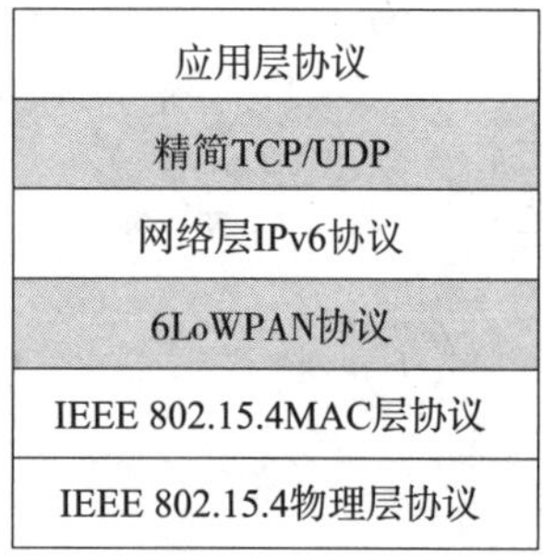

c）6LoWPAN的层次结构

图 4-8 TCP/IP 与 6LoWPAN 的协议层次结构比较

6LoWPAN 将 IEEE 802.15.4 与 IPv6 结合起来具有以下几个优势。

- IPv6 巨大的地址空间可以满足 6LoWPAN 应用对网络地址的需求。
- IPv6 协议的邻居发现、无状态地址自动配置特征使 6LoWPAN 的设计、构建与运行变得更容易。
- IPv6 协议使得 6LoWPAN 网络接入互联网更加容易。

当然，为了实现“IPv6 over IEEE 802.15.4”，还需要解决 IEEE 802.15.4 字节长度与 IPv6 地址长度的矛盾，IEEE 802.15.4 数据包无法容下 IPv6 的地址、报头和数据，因此必须设计出精简的 IPv6 报文结构。同时，还需要解决 6LoWPAN 追求简捷与 IPv6 相对复杂的矛盾，解决组播与网络管理的限制，以及网络安全问题。

同时，我们必须意识到：UNIX 操作系统中的 TCP/IP 协议栈有上万行的代码，系统开销大，而基于 6LoWPAN 协议的物联网应用系统的感知节点无法支持复杂的传输层 TCP/UDP，因此必须“精简”TCP/UDP，研究如何减少协议软件的代码量、协议算法的复杂度，使物联网感知节点用简单的微处理器与存储空间，就能够运行精简 TCP/IP 协议，并且与运行标准 TCP/IP 协议的节点通信。

2011 年 1 月，IETF 成立了轻量级 IP 协议（Light-Weight IP Protocol，LWIP）工作组，研究一个精简的 TCP/IP 标准。目前，已经有 uC/IP、TinyTCP、LwIP 和 uIP 等研究成果。例如，uC/IP 是一种基于 uC/OS 的开源 TCP/IP，代码量约为 30～60KB。图 4-9 给出了采用 6LoWPAN 协议的无线传感网。

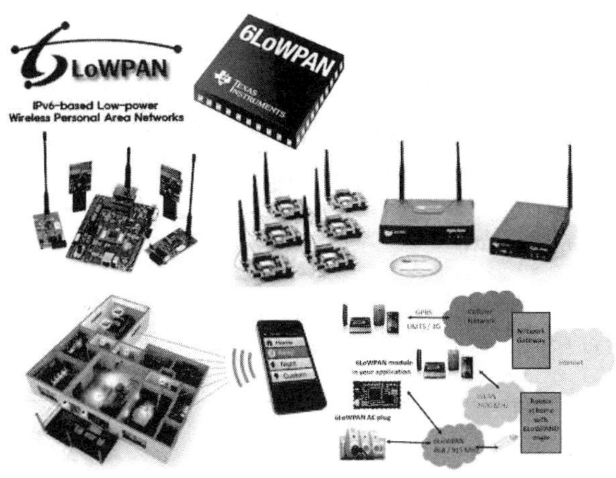

图 4-9　采用 6LoWPAN 协议的无线传感网示意图

4.3.3　IEEE 802.15.4 协议

IEEE 802.15.4 工作组致力于定义一种低复杂度、低成本、低功耗、低速率的 6LoWPAN 接入技术，并在 2003 年 12 月通过第一个 IEEE 802.15.4 协议。该协议包括物理层协议与 MAC 层协议。

1. IEEE 802.15.4 协议的层次结构模型

图 4-10 给出了 IEEE 802.15.4 协议的层次结构模型。

应用层	
网络层	
数据链路层	
MAC 层	
（868/915MHz）物理层	（2.4GHz）物理层

图 4-10　IEEE 802.15.4 协议的层次结构模型

物理层协议定义了物理信道和 MAC 子层间的接口。物理层管理服务维护一个由物理层相关数据组成的数据库。物理层使用 ISM 的 868MHz、915MHz 与 2.4GHz 无线频段，对应制定了两个物理层协议。

MAC 层提供两种服务：MAC 层数据服务和 MAC 层管理服务。MAC 层数据服务保证 MAC 层协议数据单元在物理层数据服务中的正确收发，MAC 层管理服务维护一个存储 MAC 层协议相关信息的数据库。MAC 层中引入了超帧结构和信标帧的概念。通过超帧来协调 6LoWPAN 网络内设备之间的通信。

2. IEEE 802.15.4 设备类型

IEEE 802.15.4 定义的设备主要有两类：完整功能设备（FFD）与简化功能设备（RFD）。FFD 可同时和多个 RFD 或 FFD 通信，它常被用作协调器；而 RFD 只能与 FFD 进行通信。一个网络中至少有一个 FFD 作为主协调器。

3. IEEE 802.15.4 网络拓扑

根据不同的应用场景，IEEE 802.15.4 规定了两种基本拓扑：星形与对等形。这两种基本类型可以派生出三种拓扑：星形、簇形与网状（如图 4-11 所示）。

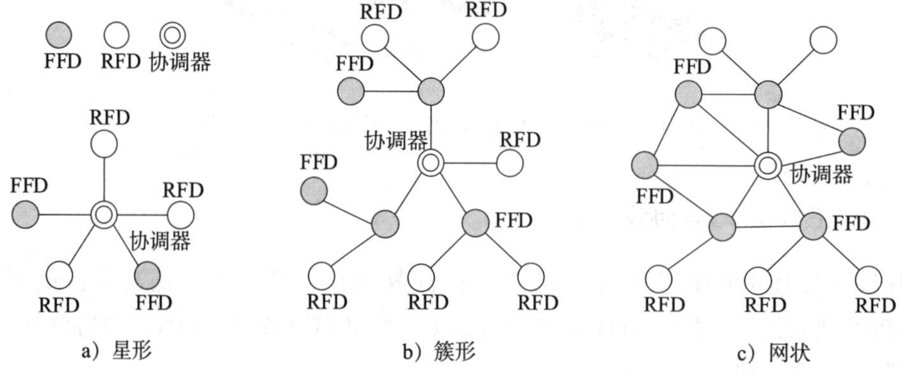

图 4-11　星形、簇形与网状网络拓扑

三种网络拓扑分别具有以下特点。

- 星形拓扑：由一个主协调器和多个从设备组成。主协调器必须是 FFD，从设备可以是 RFD。
- 簇形拓扑：多个星形拓扑的 FFD 通过协调器互联就形成了簇形拓扑，可以把它看成以协调器为根的树形结构。
- 网状拓扑：协调器、FFD 之间以对等通信方式可以构成 Mesh 网络，形成网状拓扑结构。

4. 超帧结构

在 IEEE 802.15.4 中，允许有选择地使用超帧（super frame）结构。超帧的格式由主协调器来定义。在使用超帧结构的模式下，协调器会根据设置周期性地发送信标帧（beacon frame）来区分超帧和一般帧。两个信标帧之间的区域称为竞争访问期（Contention Access Period，CAP）。如果协调器不再需要使用超帧结构，那么它可以停止发送信标帧。

（1）不包含 GTS 的超帧结构

图 4-12 给出了不包含 GTS（Guaranteed Time Slot，保证时槽）的超帧结构。超帧被划分为 16 个大小相等的时槽（slot）。每个超帧的第一个时槽发送信标帧。信标帧用于设备与主协调器的同步，以及 PAN 与超帧结构的标识。如果一个设备想通信，那么它必须在

两个信标帧之间的竞争访问期，采用 CSMA/CA 机制竞争信道的时槽。在竞争访问期，设备通过竞争获取数据发送权，或加入网络。

图 4-12　一个不包含 GTS 的超帧结构

（2）包含 GTS 的超帧结构

针对网络负荷较低或对传输带宽有特定要求的应用，协调器可以从超帧中划分出一部分时槽，专门为这类应用的传输请求提供服务。被划分出的时槽称为 GTS。一个超帧中保证时槽的部分称为非竞争访问期（Contention-Free Period，CFP），它通常紧跟在竞争访问期的后面，如图 4-13 所示。

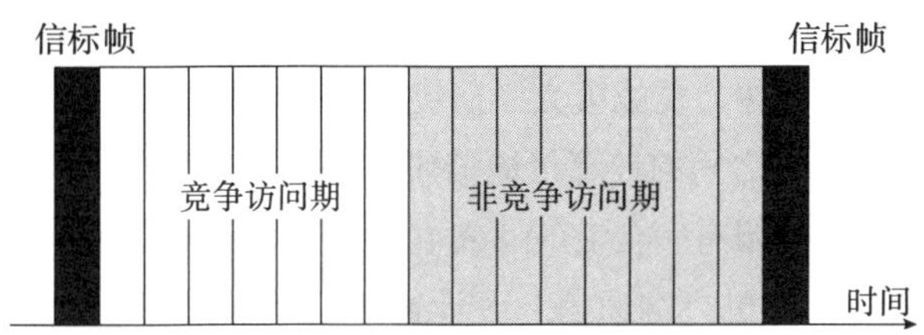

图 4-13　一个包含 GTS 的超帧结构

保证时槽传输模式也是可选的，由普通设备向 6LoWPAN 协调器申请，协调器根据当前的资源状况给予答复，并通过信标帧将下一个超帧的结构广播到网络中。竞争访问期中的数据传输必须在非竞争访问期开始之前结束。同样，非竞争访问期中的每个 GTS 中的数据传输也要在下一个 GTS 开始之前结束，或在非竞争访问期的终点之前结束。

（3）活跃期与非活跃期

超帧往往被分为活跃期（active period）和非活跃期（inactive period）。在活跃期，协调器负责组织网络的竞争访问期、非竞争访问期的数据传输。在非活跃期，6LoWPAN 协调器和普通设备可以进入低功耗模式，6LoWPAN 中各设备不进行数据传输。图 4-14 给出了一个完整的超帧结构。

衡量超帧结构的指标为信标指数（Beacon Order，BO）和超帧指数（Superframe Order，SO）。

- BO 决定信标帧发送的周期，即一个超帧的长度（Beacon Interval，BI）。BO 的取值范围为 0～14；当 BO＝15 时，表示不使用超帧结构。
- SO 决定一个超帧中活跃期的持续时间，即 SD（Superframe Duration）。SO 的取值范围也是 0～14，但必须保证 SO 不大于 BO。当 SO 等于 BO 时，表示该超帧中不包含非活跃期，即没有休眠期。

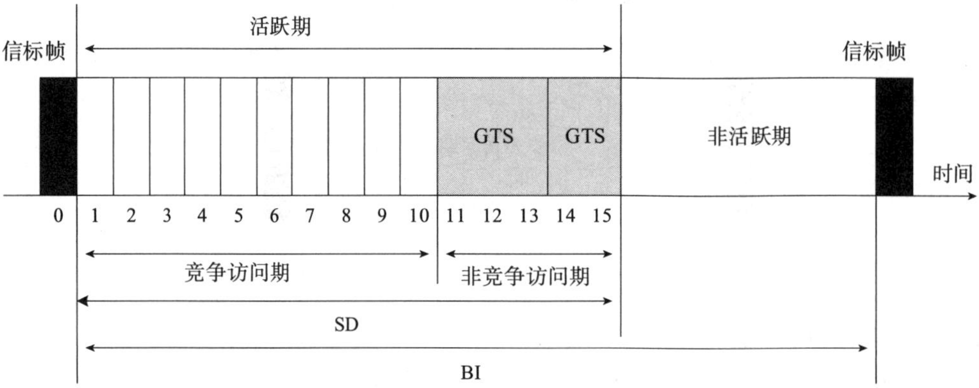

信标帧 活跃期 信标帧
GTS GTS 非活跃期
时间
0 1 2 3 4 5 6 7 8 9 10 11 12 13 14 15
竞争访问期 非竞争访问期
SD
BI

图 4-14 一个完整的超帧结构

5. CSMA/CA 机制

（1）从 ALOHA 到 CSMA/CA

20 世纪 60 年代末，一种为夏威夷大学研究的无线校园网 ALOHA 问世。夏威夷大学为实现位于不同岛屿的校区之间的计算机通信研究了一种无线分组交换网。夏威夷大学有多个校区，主校区瓦胡岛校园有一台 IBM 360 主机，它要通过学校的无线通信系统与分布在其他各个岛屿分校的计算机终端通信。设计这样一个 ALOHA 网首先要解决的问题是：如何控制多个终端利用一个共享的无线信道实现“多路访问”。ALOHA 网信道方向规定从 IBM 360 中心主机到终端的传输信道为下行信道，从终端到 IBM 360 中心主机的传输信道为上行信道。在下行信道上 IBM 360 中心主机通过广播方式向多个终端发送数据，因此不会出现冲突。但是，当多个终端利用上行信道向 IBM 360 中心主机传输数据时，就可能出现两个或两个以上的终端同时访问一个通信信道而产生“冲突”的情况。ALOHA 网解决“冲突”采用的是“ALOHA”方法。

下述为 ALOHA 方法的工作原理。

- 终端要与中心主机通信时，需要监听无线通信信道是否空闲。如果信道空闲，那么终端就可以发送数据。
- 在发送结束之后，终端要等待中心主机返回正确传输的确认信息。如果在规定时间内没有接收到确认信息，则认为出现冲突，传输失败。终端需要重新监听信道，等到空闲时才能够重新发送。

由于冲突的概率与终端向中心主机发送数据的频繁程度相关，因此 ALOHA 方法是一种“随机争用型访问控制”方法。

随机争用型访问控制方法经历了从纯 ALOHA、时间片 ALOHA 到带冲突检测的载波侦听多路访问（CSMA/CD）方法的演化过程。

最初的 ALOHA 网采用的随机争用型访问控制方法称为纯 ALOHA 方法。纯 ALOHA 的特点是不对终端发送数据的时间做任何约束，那么其吞吐率 S 的最大值只能达到 18.4%。为了提高无线信道利用率，研究人员提出了一种改进的“时间片 ALOHA”（Slotted ALOHA，S-ALOHA）控制方法。S-ALOHA 方法将时间划分为等长的时间片，即时槽，并规定：每个时间片用于发送一个数据帧，所有要发送数据帧的终端只能在每个时槽开始的时候启动发送。理论与实验证明，S-ALOHA 方法的吞吐率能够达到 37.8%。与纯 ALOHA 方法相比，S-ALOHA 方法的吞吐率提高了 1 倍。

1973 年，在 ALOHA 方法基础上研究的局域网，即以太网的分布式控制方法 CSMA/CD 问世，并形成了 IEEE 802.3 标准。1997 年，在 ALOHA 方法的基础上研究的无线局域网（即 Wi-Fi）的分布式控制方法 CSMA/CA（CSMA with Collision Avoidance）问世，并形成了 IEEE 802.11 标准。

（2）CSMA/CA 工作原理

在无线通信中，多个节点利用一个共享无线信道发送数据时，出现冲突不可避免。最常用的避免冲突的分布式多路控制方法是 CSMA/CA 方法。

IEEE 802.3 协议的 MAC 层采用的是 CSMA/CD 方法，而无线网络的 MAC 层采用的是 CSMA/CA 方法，两者的相同之处是都基于载波侦听多路访问（CSMA）的分布式控制方法。两者的区别在于：一个采用“冲突检测”（CD），另一个采用“冲突避免”（CA）。传统 CSMA/CD 方法要求节点在监测到总线“空闲”时“立即”发送数据帧；而 CSMA/CA 方法并不要求节点在监测到无线信道“空闲”时“立即”发送数据帧，而是先执行退避算法以进一步减小冲突发生的概率，达到冲突避免的效果。

6. IEEE 802.15.4 帧类型

IEEE 802.15.4 定义了四种类型的帧。

- 信标帧：由主协调器的 MAC 层产生，并向网络中所有的从设备发送，以保证所有的从设备与主协调器同步。
- 数据帧：用于在设备之间传输由应用层产生的数据。
- 确认帧：接收设备在正确接收帧信息之后，向发送设备返回一个确认信息，以保证通信的可靠性。
- 命令帧：用于对设备进行控制，由应用层产生控制命令，MAC 层根据控制命令的类型生成 MAC 层命令帧。

7. IEEE 802.15.4 标识和地址

理解 IEEE 802.15.4 标识和地址，需要注意以下几个问题。

- PAN ID 用于唯一标识一个 6LoWPAN 网络，同一个 6LoWPAN 网中的所有节点使用同一个 PAN ID。

- PAN ID 长度为 2B。0xFFFF 为广播地址；0xFFFE 表示节点已经加入网络，但还没有从父节点获得短地址，这时节点只能使用自己的长地址发数据帧。
- PAN ID 一般由 6LoWPAN 协调器分配。6LoWPAN 协调器在发起组建一个 6LoWPAN 网络之前，会扫描周围使用的 6LoWPAN 的 PAN ID 值，并选择一个与周围节点不同的 PAN ID 值，发起组建自己的 6LoWPAN 网络。

8. 数据传输模式

IEEE 802.15.4 支持两种数据传输模式。

（1）从设备向主协调器发送数据

在有信标帧的网络中，当从设备向主协调器发送数据时，首先要监听主协调器在网络中发送的信标帧。在监听到信标帧之后，从设备将在适当的时间使用有时间片的 CSMA/CA 向主协调器发送数据帧。主协调器接收到数据帧之后，返回一个确认帧（如图 4-15 所示）。

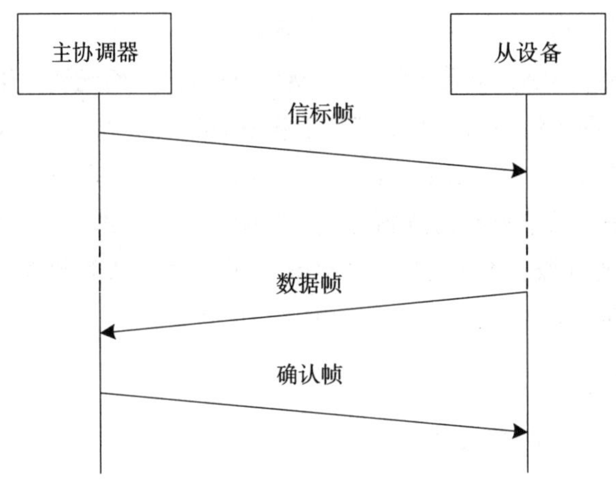

图 4-15 从设备向主协调器发送数据

在没有信标帧的网络中，从设备采用非时间片的 CSMA/CA 向主协调器发送数据帧。主协调器接收到数据帧之后，返回一个确认帧（如图 4-16 所示）。

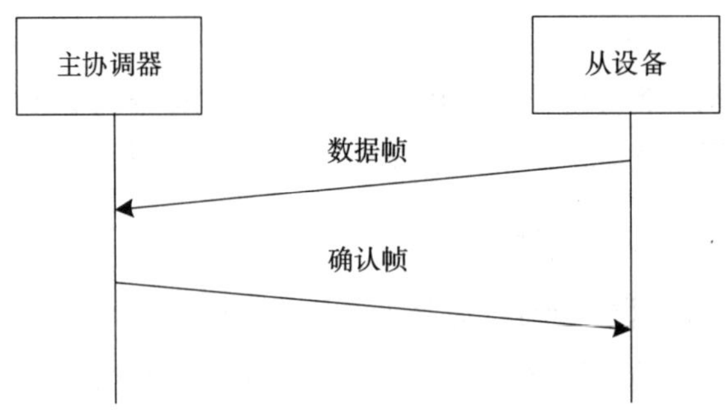

图 4-16 无信标帧网络中从设备向主协调器发送数据

（2）主协调器向从设备发送数据

在有信标帧的网络中，当主协调器向从设备发送数据时，主协调器在信标帧中表明有数据要传输。从设备周期性监听网络信标帧。当发现主协调器有数据要传输时，从设备采用有时间片的 CSMA/CA 发送一个数据请求帧。主协调器接收到数据请求帧之后，采取有时间片的 CSMA/CA 发送一个数据帧。从设备接收到数据帧之后，返回一个确认帧（如图 4-17 所示）。

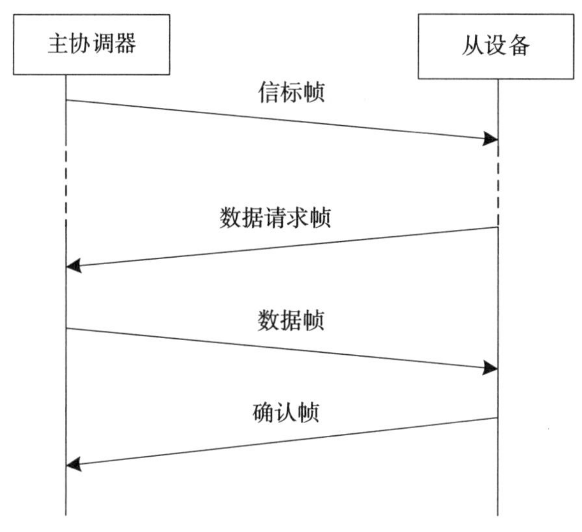

图 4-17　主协调器向从设备发送数据

在没有信标帧的网络中，主协调器向从设备发送数据帧时首先与从设备建立数据连接；由从设备发送数据请求帧，主协调器接收到之后再传送数据帧，从设备接收到数据帧后返回一个确认帧（如图 4-18 所示）。

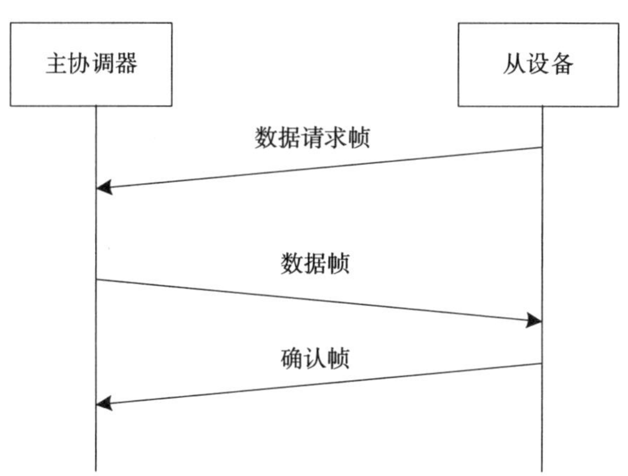

图 4-18　无信标帧网络中主协调器向从设备发送数据

根据 IEEE 802.15.4 协议，有三种数据传输方式：设备发送数据给协调器、协调器发送数据给设备和对等设备之间的数据传输。在星形拓扑结构的网络中只存在设备发送数据给协调器、协调器发送数据给设备这两种数据传输方式。在点对点形拓扑结构的网络中，三种数据传输方式都存在。

4.3.4 6LoWPAN 应用领域

IEEE 802.15.4 与蓝牙技术相似，二者都是应用于 WPAN 领域中。与蓝牙技术相比，IEEE 802.15.4 突出的一点是：面向 6LoWPAN 的 IEEE 802.15.4 在设计上更能够合理优化对能源的使用；而蓝牙的能耗与移动电话类似，需要定期充电。对于 IEEE 802.15.4 设备的一块正常电池，使用寿命可以达到 2 年或更长的时间。

IEEE 802.15.4 的早期用户主要是高端工业用户，这是由于 IEEE 802.15.4 更适用于工业控制、远程监控和楼宇自动化领域。近年来，随着 IEEE 802.15.4 低成本、低功耗、低速率的优点展现，它的应用市场逐渐转向消费者和家庭用户，大量用于家庭自动化、安全监控和交互式玩具。

对于工业物联网应用来说，主要是传感器、执行器与移动终端设备的接入问题。在这类应用中，IEEE 802.15.4 的低复杂度、低成本、低功耗、低速率、组网灵活等特点能够得到充分发挥，具备明显的优势。

IEEE 802.15.4 的另一个重要应用领域是智能农业。精准农业应用现场需要将数量众多的嵌入传感器的 6LoWPAN 设备组成网状网络。传感器采集广袤地区的环境信息（如土地湿度、氮浓缩量和土壤的 pH 值），并通过 6LoWPAN 网络传送到数据中心；数据中心通过分析、处理之后形成反馈控制指令，并通过 6LoWPAN 网络发送到分布在不同位置的执行器，由执行器执行控制指令。

IEEE 802.15.4 也适用于智能环境保护应用，特别是工厂废水、废气排放口的实时监测控制。在每个排放口安装相应的传感器可以监控污染源，实时采集的样本数据通过 6LoWPAN 网络汇聚到数据处理中心进行分析，可以实时掌握不同位置的污染情况，查找污染源，及时处置环境污染问题。

IEEE 802.15.4 的低成本、低功耗、低速率、组网灵活的特点，决定了它在消费物联网与智能家居领域中有巨大的应用潜能。一个家庭网络安装 100～150 个 6LoWPAN 节点，很容易就能构建一个星形或簇形拓扑的 6LoWPAN 网络。

目前，IEEE 802.15.4 工作组将注意力集中在基于 6LoWPAN 应用规范的制定上。

4.4 WBAN 与 IEEE 802.15.6

4.4.1 WBAN 研究背景

作为近距离无线通信方式，虽然已经存在个人局域网（PAN）的概念，但是医疗及保健应用和仅限人体周边更短距离使用的应用有其特殊性。随着物联网在医疗健康、疾病监控和预防中的应用越来越广泛，兴起了对由可穿戴设备与植入人体内的生物传感器组成的“体域网”（Body Area Network，BAN）的研究。由于 BAN 节点之间是通过无线信道通信，因此又称为无线体域网（WBAN）。

WBAN 研究的热点是无线体域传感网（Wireless Body Area Sensor Network，WBASN）与生物医疗传感网（Biomedical Sensor Network，BSN）。

WBAN 是以人体为中心的，将与人体相关的设备（个人终端设备、可穿戴计算设备、分布在人体表面或植入人体的传感器），以及人体附近 3～5m 范围内的通信设备互联，为个人医疗、保健、娱乐提供在任何时间、任何地点、任何方式，以及可移动、上下文感知、实时性、智能化与个性化的服务，进一步向实现普适计算方向演进。

医疗类 WBAN 应用需要持续采集人体的重要生理信息（如体温、脉搏、血压、血糖等参数）、人体活动或动作信号，以及人体所在环境信息，并通过无线信道将这些信息传输到医疗健康控制中心去分析、处理，为医护人员确定被监控者的健康状况、病情提供数据支持，有效避免患者突发心脑疾病，以及对各种慢性病患者进行病情监测。

WBAN 的主要应用场景是在人体的周边，这就决定了其具有一些不同于其他无线传感网的特点。

- 节点大小。节点大小（以及节点形状与重量）直接影响用户的舒适性。节点越小（越规则、越轻），在人使用时的限制就越少，使用者的服务体验质量（QoE）就会越好。
- 功耗大小。决定 WBAN 生命周期的重要因素之一是电池使用时间。对于小型的节点，尤其是植入式节点，如果需要频繁更换电池或经常给电池充电，那显然是不可取的。如何降低节点的功耗是 WBAN 必须解决的难题。
- 可靠性。WBAN 应用主要集中在医疗保健领域，在 WBAN 中传输的人体生理状态数据，关系到医生对人的健康状态判断与疾病诊断，这就要求 WBAN 具备很高的实时性、可靠性、可用性与可信性。
- 安全性。WBAN 网络和节点必须具备高度的安全性，能够主动抵御黑客的攻击，保护患者生命安全，防止个人隐私的泄露。
- 智能性。可穿戴计算设备、植入人体的传感器及 WBAN 网络具有高度的智能性。但是，节点与网络系统的智能化程度越高，软件就越复杂，对 WBAN 的计算、存储与网络通信资源要求就越高，这与节点的重量、功耗要求是矛盾的。如何权衡这些因素是 WBAN 系统设计中又一个困难的问题。

2007 年，IEEE 802.15 工作组 TG6 开始对 WBAN 及通信标准的研究。WBAN 研究者希望为健康医疗监控应用提供一个集成硬件、软件的无线通信平台，特别强调要适应可穿戴与可植入的生物传感器尺寸，以及低功耗的无线通信要求。经过 5 年终于完成了标准制定工作。2012 年 3 月，IEEE 正式批准了 WBAN 标准，即 IEEE 802.15.6。

4.4.2 IEEE 802.15.6 协议

1. 基本概念

IEEE 802.15.6 标准制定了数据传输速率最高为 10Mbps、最长传输距离为 1m 的无线传输技术，可以取代蓝牙与 ZigBee 等标准。

为了满足低功耗、低时延的需求，IEEE 802.15.6 重新定义了物理层与 MAC 层。其中，物理层定义了窄带（Narrowband，NB）物理层、超宽带（Ultra-wideband，UWB）物理层与人体通信（Human Body Communications，HBC）物理层。MAC 层定义了信道接入控制协议，以时间为基准进行资源分配，中心点集线器将时间轴（即信道）划分为一系列超帧。

2. 物理层协议

从医疗健康应用的角度，WBAN 需要分配两类频段：医疗植入通信服务（MICS）频段与无线医疗遥测服务（WMTS）频段。无论 MICS 还是 WMTS 频段，都不支持高数据传输速率的应用。

由于 IEEE 802.11 与 IEEE 802.15.4 都工作在 ISM 频段，这个频段现有的无线设备已经很多，很容易相互干扰。因此，IEEE 802.15.6 定义了 3 个新的物理层协议：NB 物理层、UWB 物理层与 HBC 物理层。它们工作在不同的频段，适用于不同的应用场景。

（1）NB 物理层

NB 物理层工作频段的分配如图 4-19 所示。NB 物理层主要用于激活 / 关闭无线收发机，对当前信道进行信道空闲估计和数据的接收与发送。需要注意的是，各个国家规定的具体频段差别较大。

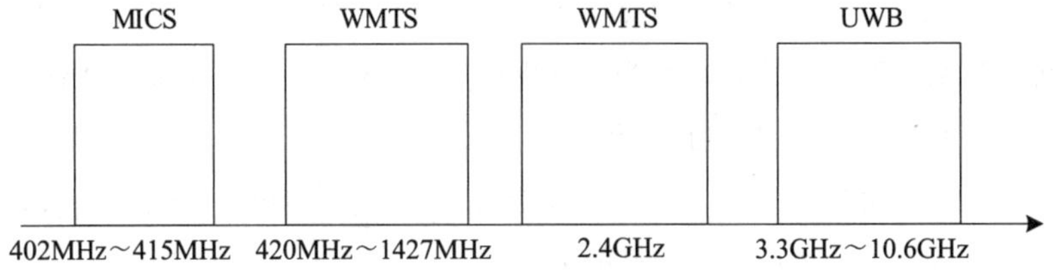

图 4-19　NB 物理层工作频段的分配

（2）UWB 物理层

UWB 物理层工作在两个频段：低频段和高频段。每个频段都划分为一系列信道，所有信道的带宽都是 499.2MHz。

低频段仅包含 3 个信道（1～3），2 号信道的中心频率为 3993.6MHz，它是强制使用的信道。低频段的 UWB 设备至少要支持 2 号信道，其他低频段信道是可选的。

高频段包含 8 个信道（4～11），7 号信道的中心频率为 7987.2MHz，它是强制使用的信道。高频段的 UWB 设备至少要支持 7 号信道，其他高频段信道是可选的。

典型的 UWB 设备至少支持这两个强制信道中的一个。UWB 物理层收发机工作在 MICS 频段，要求实现复杂度和信号功率都比较低。

（3）HBC 物理层

HBC 物理层工作在带宽为 4MHz、中心频率分别为 16MHz 与 27MHz 的频段。美国、日本和韩国使用这两个频段，欧洲使用的是 27MHz 的频段。

3. MAC 层工作模式

中心点集线器有三种不同的工作模式。

（1）超帧信标模式

这种情况与 IEEE 802.15.4 相似。IEEE 802.15.6 也是将物理信道划分为相等长度的超帧结构，每个超帧以信标 B 为界。由集线器标定超帧的边界，进而确定分配时槽（Allocation Slot）。在每个活跃的超帧内分配合适的信道访问时槽。对处在休眠期的超帧无须分配时槽。集线器在每个活跃期的超帧之后都维持 i 个休眠期的超帧，i 是由集线器选择的正整数。在活跃期的超帧中，集线器既发送信标，又提供信道访问时槽。在休眠期的超帧中，集线器既不发送信标，也不提供信道访问时槽。

信标模式超帧中的接入阶段划分如图 4-20 所示。

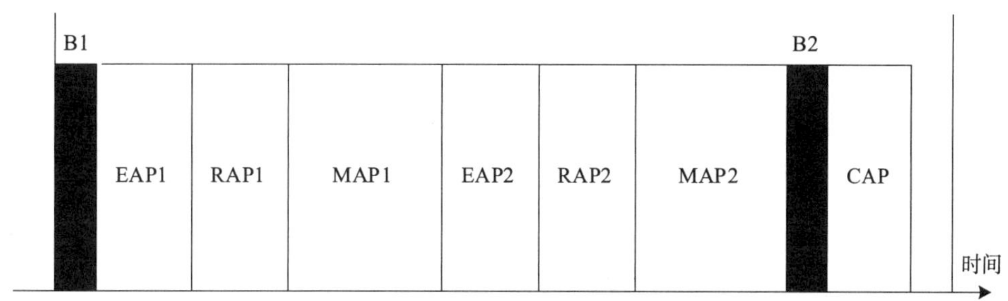

图 4-20　信标模式超帧中的接入阶段划分

集线器分配的信道访问时序是：EAP1（Exclusive Access Phase 1，独占访问阶段 1）、RAP1（Random Access Phase 1，随机访问阶段 1）、MAP1（Managed Access Phase 1，管理访问阶段 1）、EAP2（独占访问阶段 2）、RAP2（随机访问阶段 2）、MAP2（管理访问阶段 2）与竞争访问阶段（Contention Access Phase，CAP）。其中，RAP1 长度不能为 0，其余阶段根据应用需求可将长度设置为 0。

集线器将这些信道访问阶段中的某些阶段长度设置为 0，但是 RAP1 和 CAP 长度不能比仍连接的节点分配帧中的协商长度小。为了提供一个非零长度的 CAP，集线器在 CAP 之前发送一个 B2 帧。如果它后面的 CAP 长度为零，则集线器不能传输任何 B2 帧，除非它宣布一个 B2 辅助的分时信息或提供群组确认信息。

在 EAP1、RAP1、EAP2、RAP2 与 CAP 这些阶段，节点可以在任何超帧中使用基于随机访问的 CSMA/CA 或时隙 ALOHA 方法抢占信道并传输帧。其中，EAP1 和 EAP2 用于紧急事件类高优先级的业务；而 CAP、RAP 1 和 RAP2 用于普通业务。

（2）超帧非信标模式

在超帧非信标模式下，集线器在任何超帧中可能仅有 MAP 这一阶段。

（3）无超帧非信标模式

在无超帧非信标模式下，集线器提供包含 Type2 轮询分配或投递分配的未安排双向链路分配。如果确定集线器的下一个帧交换是工作在无超帧非信标模式，那么节点会认为某个时槽是 EAP1 或 RAP1 的一部分，并采用 CSMA/CA 方法来获得竞争机会。

4. MAC 层访问控制方式

在 IEEE 802.15.6 标准中，超帧周期采用的接入方式可分为三类：CSMA/CA、S-ALOHA 与 Polling/Post。

（1）CSMA/CA

在 CSMA/CA 方法中，节点维护着一个后退计数器和竞争窗口（CW），以便决定什么时候获得一个新的资源分配，初始化时将后退计数器设置为 0。为了获得一个新的竞争分配，节点将后退计数器设为均匀分布于 [1, CW] 中的随机整数。当后退计数器为 0 时，发送或重发节点中的用户优先级为 UP 甚至更高的一个帧。

（2）S-ALOHA

4.3.3 节已经介绍过该方法，详情可回顾该节内容。

5. 网络拓扑

WBAN 网络拓扑如图 4-21 所示。IEEE 802.15.6 的网络拓扑以星形结构为主，在单个 WBAN 网中只能有一个中心节点，即集线器。集线器负责进行 MAC 控制方式和功率的管理。

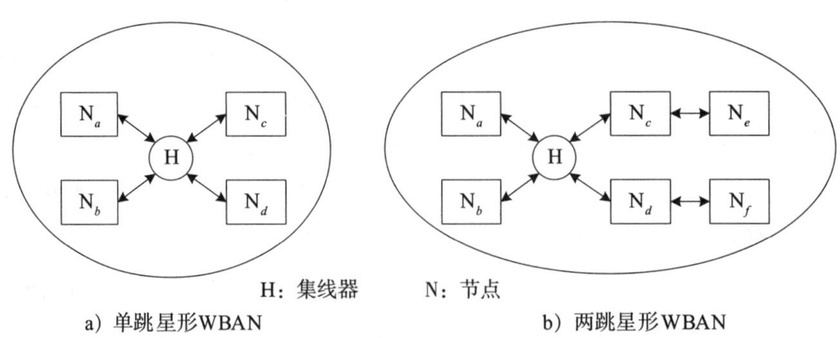

图 4-21　WBAN 网络拓扑示意图

星形网络可以分为两种类型：单跳星形 WBAN 与两跳星形 WBAN。

在图 4-21a 所示的单跳星形 WBAN 中，节点之间通过不同的信道接入方式与集线器直接进行帧交换。

在图 4-21b 所示的两跳星形 WBAN 中，节点 N_e、N_f 与集线器通过有中转能力的中继节点 N_c、N_d 进行帧交换，中继节点与集线器的直接帧交换就像在单跳星形网络中一样。扩展的两跳星形网络虽然具有更强的灵活性，但是网络的稳定性将会降低，"端 – 端"时延将会增大。

6. 安全模式

考虑到 WBAN 主要应用于医疗健康领域，IEEE 802.15.6 标准中定义了三个安全等级，每个等级有不同的安全特性、保护级和帧格式。

（1）等级 0——非安全通信

这个等级是安全性最低的，在数据传输过程中，不对数据进行认证与加密，不保证数据的真实性、完整性与机密性，不提供隐私保护和抵御重放攻击的能力。

（2）等级 1——仅认证

这个等级是介质安全等级，在数据传输过程中，仅对数据进行认证而不加密，不保证数据的机密性，不提供隐私保护和抵御重放攻击的能力。

（3）等级 3——既认证又加密

这个等级是安全性最高的，在数据传输过程中，对数据进行认证与加密，保证数据的真实性、完整性与机密性，提供隐私保护和抵御重放攻击的能力。

IEEE 802.15.6 标准的完整安全架构如图 4-22 所示。

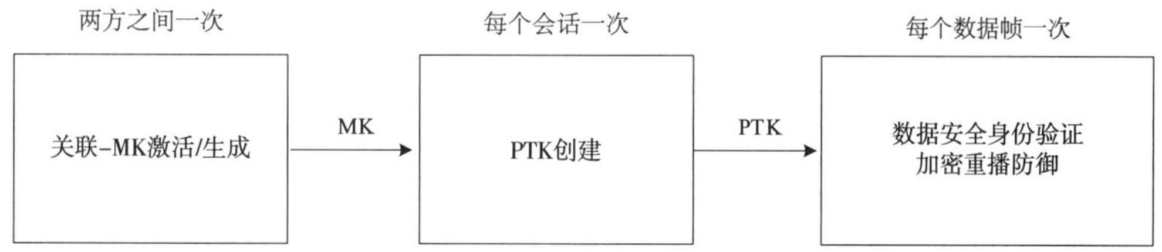

图 4-22　IEEE 802.15.6 标准的完整安全架构

当节点加入网络时，在安全关联过程中选择安全等级。对于单播通信，首先要激活 / 生成共享的主密钥 MK，然后创建临时密钥对 PTK。使用这个 PTK 的帧数超过一定量之后 PTK 就会失效。对于多播通信，由相关的多播组共享临时密钥组 GTK。

4.4.3　WBAN 应用领域

除了应用于医疗保健与疾病监控之外，IEEE 802.15.6 也可以用于日常生活中的便携播放器与无线耳机等人体身边便携式装置之间的通信，以及消防、探险、军事等特殊场合的应用。图 4-23 给出了 WBAN 概念与应用场景示意图。

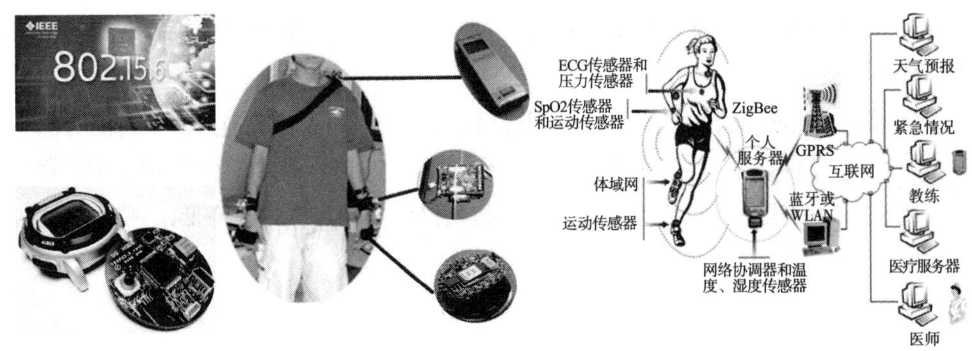

图 4-23 WBAN 概念与应用场景示意图

IEEE 802.15.6 的应用主要包括以下几个方面。

- 医疗保健。在人体运动过程的自然状态下，通过不同的人体参数传感器，实时、连续、远程获取运动员、老年人、慢性病患者的脉搏、心电图、血压、血糖、心音、血氧饱和度、体温、呼吸、位置、周边环境、移动速度、体位改变等数据，并通过无线信道传送给保健中心，由医生对数据进行分析，达到智能诊断、远程监控的目的。
- 无线接入。智能可穿戴设备、残障人士辅助设备、个人身份识别标签的接入，以及日常生活中便携播放器与无线耳机等人体身边便携式装置之间的通信。
- 军事、太空应用。智能服装、智能战士随身装备、太空环境的宇航员，以及监控消防员、探险者身体状态的传感器的接入与组网。

4.5 NFC 技术与标准

4.5.1 NFC 技术发展

NFC（Near Field Communication，近场通信）是一种近距离、非接触式的无线通信方式。设计 NFC 的目标并不是要用其取代蓝牙、ZigBee 等其他近距离无线通信技术，而是要让这些技术在不同场合和不同应用领域起到相互补充的作用。目前，研究 NFC 的国际标准组织是 ISO/IEC，制定的通信协议标准是 ISO 18000-3。

NFC 是一种在十几厘米的范围内实现无线数据传输的技术。它融合了非接触式 RFID 和无线互连技术，在单一芯片上集成了非接触式读卡器、非接触式智能卡和“点 – 点”通信功能。NFC 可用于快速建立各种设备之间的无线连接，同时也可以起到虚拟连接器的作用。使用者手持 NFC 手机或 PDA 等个人便携式终端，在十几厘米的短距离内不用登录网络系统，就能与任何电子设备以简便、安全的方式进行设备之间的无线通信，实现简便、安全的信息交互及移动电子商务功能。同时，NFC 能够通过给邻近的 2 个设备设置蓝牙与 IEEE 802.11 协议，使设备能在更远的距离内以更高的速率传输数据。

NFC 在单芯片上建立一个开放式的平台，既可以快速地构建无线自组网，又可以作为使用移动通信、蓝牙或 IEEE 802.11 等现有协议的设备的虚拟连接器。因此，除了数据传输功能之外，NFC 还可以建立网络，实现购物、旅游、娱乐中的电子消费、电子票证、电子钱包等功能，其应用将大大超出智能卡的范畴，为网络服务带来革命性的变化。

4.5.2　NFC 技术特点

NFC 技术主要有以下几个特点。

- 数据传输速率。NFC 工作在 13.56MHz 频段，支持有源和无源这两种传输模式，数据传输速率为 106kbps～6780kbps。NFC 设备在传输数据时必须选择通信模式和数据传输速率。在数据传输过程中，选定的通信模式和数据传输速率不能改变。
- 调制方式。在 NFC 标准中，对于数据传输速率小于 424kbps 的低速传输，采用振幅键控（ASK）调制技术；对于数据传输速率大于 424kbps 的高速传输，没有做出具体的调制技术规定。
- 信号编码方式。NFC 信号编码包括信源编码和纠错编码。低速传输时采用密勒（Miller）编码或曼彻斯特编码，高速传输时的编码方法目前还没有规定。纠错编码采用循环冗余校验（CRC）。
- 防冲突机制。为了防止干扰正在工作的其他 NFC 设备（包括工作在此频段的其他电子设备），任何 NFC 设备在呼叫之前，要进行系统初始化以检测周围的射频场。当周围 NFC 频段的射频场小于规定的门限值（0.1875A/m）时，NFC 设备才能呼叫。如果在 NFC 射频场的范围内有 2 台以上的 NFC 设备同时开机，则需要采用单用户检测来保证 NFC 设备“点 – 点”通信的正常进行。单用户识别是通过检测 NFC 设备识别码或信号时槽来实现的。
- 传输协议。NFC 传输协议包括 3 个过程：激活协议、数据交换、协议关闭。
  - ❑ 激活协议包含申请属性与选择参数，激活流程分为主动模式和被动模式。
  - ❑ 数据交换的帧结构中，包头包括 2B 的数据交换请求与响应指令、1B 的传输控制信息、1B 的设备识别码与 1B 的数据交换节点地址。
  - ❑ 协议关闭包括信道拆线和设备释放。在数据交换完成之后，主呼方利用数据交换协议进行拆线。一旦拆线成功，主呼方和被呼方就都回到初始化状态。主呼方可以再次被激活，但是被呼方不再响应主呼方的属性请求指令，而是通过释放请求指令切换到刚开机的原始状态。

4.5.3　NFC 应用领域

作为一种近距离无线通信技术，NFC 具有功耗小、安全性高的特点，数据传输速率一般能够满足两个设备之间“点 – 点”信息交换、内容访问和服务交互的需求。拥有 NFC

功能的电子设备可以通过无线信号自动读取 RFID 标签的数据。

目前，NFC 技术的应用可以分为 4 种基本类型。

- 接触通过：如门禁管理、车票和门票等，使用者仅需携带储存着票证或门控密码的移动设备靠近读取装置。
- 接触确认：如移动支付，用户输入密码或接受交易，确认此次交易行为。
- 接触连接：两个内建 NFC 的装置相连，进行“点 – 点”数据传输，下载音乐、传输图片、交换或同步通信簿等。
- 接触浏览：消费者浏览一个 NFC 设备，就能够了解其提供的服务功能。

目前，研究人员正在研究如何用 NFC 控制手机，例如自动将手机设置为静音模式、启动时间记录功能、切换 PIN 锁模式等，以及快速实现无线网络的配置。这样，管理人员可以在会议室门口贴上一块 NFC 标签，进入会场的人将手机靠近标签，手机就会自动进入静音状态。在车辆的仪表盘处贴上一块 NFC 标签，驾驶员将手机靠近标签，手机就会自动启动导航或语音播放功能。

4.6　UWB 技术与标准

4.6.1　UWB 技术发展

UWB（Ultra Wide Band，超宽带）是一种利用纳米级甚至微米级的非正弦波窄脉冲传输数据的无线通信技术。UWB 并不是一种新的技术，但是它所占的频谱范围很宽，有较高的研究价值，目前已成为无线通信领域研究的一个热点。

UWB 技术的基本思想可以追溯到 20 世纪 40 年代。随着人们对电磁波研究的深入，1942 年就已经出现有关随机脉冲系统的专利，这也是 UWB 技术发展的基础。到 20 世纪 60 年代，美国军方已经将 UWB 技术用于雷达、定位和通信系统中。最初的 UWB 技术不使用载波，而是利用纳米级到皮米级的非正弦波窄脉冲来传输数据。当时，UWB 主要利用占频带极宽的超短基带脉冲进行通信，因此又被称为“基带”“无载波”或“脉冲”系统。到 20 世纪 80 年代后期，该技术开始被称为“无载波”无线电或脉冲无线电。1989 年，美国国防部首次使用了术语“超宽带”。

由于 UWB 采用超宽带技术，发射端可以将微弱的脉冲信号分散到宽阔的频带上，输出功率甚至低于普通设备的噪声，因此 UWB 具有较强的抗干扰性。UWB 可以支持很高的数据传输速率，从几千万比特每秒到几亿比特每秒，而且发射功率小、功耗低。

目前，UWB 物理层和 MAC 层的标准化工作主要由 IEEE 802.15.3a 和 IEEE 802.15.4a 工作组负责。其中，IEEE 802.15.3a 工作组制定高速 UWB 标准，IEEE 802.15.4a 工作组制定低速 UWB 标准。

4.6.2　UWB 技术特点

UWB 的技术特点主要表现在以下几个方面。

- 安全性好。由于 UWB 无线电的射频带宽可达 1GHz 以上，所需的平均功率很小，因此信号被隐蔽在环境噪声和其他信号中，难以被检测。对于一般的通信系统来说，UWB 信号相当于白噪声信号。在大多数情况下，UWB 信号的功率谱密度低于自然的电子噪声。从电子噪声中检测出脉冲信号是一件非常困难的事。
- 处理增益高。UWB 无线电的处理增益主要取决于脉冲的占空比和发送每个比特所需的脉冲数，可以获得比目前实际的扩频系统高得多的处理增益。
- 多径分辨能力强。常规无线通信的射频信号大多为连续信号，或持续时间大于多径传播时间，多径传播效应限制了通信质量和数据传输速率。由于 UWB 发射的是持续时间极短的单周期脉冲，并且其占空比极低，因此多径信号在时间上是可分离的。大量的实验表明，对常规无线电信号多径衰落深达 10～30dB 的多径环境，对 UWB 无线电信号的衰落最多不到 5dB。
- 传输速率高。在民用环境中，UWB 信号的传输范围为 10m，数据传输速率可以达到 500Mbps。UWB 以非常宽的频率带宽来换取高速的数据传输，并且不单独占用已拥挤不堪的频率资源，而是共享其他无线技术使用的频带。因此，UWB 是实现个人通信和无线接入的理想技术。
- 系统容量大。由于 UWB 系统具有很高的处理增益，并且有很强的多径分辨能力，因此 UWB 系统的用户数量大大高于 4G 系统。
- 抗干扰性能强。UWB 信号具有很强的穿透树叶和障碍物的能力，有望填补常规的超短波信号在丛林中不能有效传播的空白。与 IEEE 802.11a、IEEE 802.11b 及蓝牙技术相比，在同等的数据传输速率条件下，UWB 具有更强的抗干扰性能力。
- 功耗低。UWB 系统使用间歇的脉冲来发送数据，脉冲持续时间很短，一般在 0.20ns～1.5ns 之间，有很低的占空比，系统功耗很低。在高速通信时，系统功耗仅为几百微瓦～几十毫瓦。民用 UWB 设备的功耗通常是移动电话功耗的 1/100、蓝牙设备功耗的 1/20。
- 定位精确。采用 UWB 通信可以将定位与通信合二为一。UWB 信号具有极强的穿透能力，可以在室内和地下进行精确定位，其定位精度可以达到厘米级。

4.6.3　UWB 应用领域

UWB 的应用主要集中在以下几个方面。

- 无线个人区域网。UWB 可以在限定的范围内（如 4m），以很高的数据传输速率（如 480Mbps）与很低的功耗（如 200μW）传输信息。蓝牙的数据传输速率为 1Mbps 时，功耗为 1mW。因此，UWB 能够通过无线方式快速传输照片、文件、视频等数据。

- 智能交通应用。除了高速和低功耗的特点之外，UWB 还具有精确定位和搜索能力。如果汽车使用基于 UWB 的定位和搜索功能的防碰撞与防障碍物雷达，则在车的前方、后方、旁边有障碍物时，雷达将向司机发出预警。利用 UWB 可以建立智能交通管理系统，由若干个站台设备和一些车载设备组成无线通信网，在设备之间通过 UWB 进行通信，实现不停车自动收费、汽车定位、速度测量、道路信息获取、行驶建议等功能。
- 传感器联网。UWB 是一个低成本、低功耗的无线通信技术。这点使得 UWB 适用于无线传感网。在大多数应用中，传感器被用在特定的局部范围内。传感器之间通过 UWB 无线通信来组网。由于 UWB 通信是低功耗的，可避免传感器节点频繁更换电池，延长无线传感网生存时间，降低系统维护的工作量与成本。因此，UWB 是无线传感网通信技术的合适候选者。
- 成像应用。由于具有良好的穿透墙和楼层的能力，UWB 信号可以应用于成像系统。利用 UWB 技术可以制造穿墙雷达和穿地雷达。基于 UWB 的穿墙雷达可用于战场和警察的防暴行动，协助定位墙后和角落的敌人。基于 UWB 的穿地雷达可用于探测矿产，以及在地震或其他灾难后搜寻幸存者。基于 UWB 信号的这种特点，也可以研究具有与 X 射线同等功能的新型医学成像系统。
- 军事应用。在军事方面，UWB 已应用于实现超保密的通信系统，构建实战传感网来接入和定位每个战士。另外，基于 UWB 的穿地雷达能够进行地雷探测。

显然，由于 UWB 具有安全性高、无线信号穿透能力强、数据传输速率快、系统容量大、抗干扰能力强、定位精确、功耗低、成本低等优点，在物联网及其接入中有广阔的应用前景，被评价为下一代无线通信的关键技术之一，具有很高的研究价值。

习题

一、选择题（单选）

1. 以下不属于蓝牙 MESH 增加功能的是

A）代理　　B）转发

C）路由　　D）低功耗

2. 以下不属于 NFC 规定的基本应用类型的是

A）接触移动　　B）接触连接

C）接触通过　　D）接触浏览

3. 以下不属于 UWB 通信技术特点的是

A）安全性高　　B）系统容量大

C）定位精确　　D）只适合室内

4. 在 IEEE 802.15.4 定义的设备中，通常用作协调器的是

A）RFD　　B）FFD

C）Browser　　D）Agent

5. 以下属于 WPAN 范围的无线通信标准是

A）IEEE 802.11　　B）IEEE 802.16

C）IEEE 802.3　　D）IEEE 802.15.4

6. 以下关于蓝牙标准特点的描述中，错误的是

A）4.0 版本之后蓝牙技术向物联网低功耗接入方向发展

B）4.1 版本仅支持 IPv4 协议

C）4.2 版本支持 6LoWPAN 协议，增强安全性

D）5.0 版本的数据传输速率为 2Mbps，传输距离达到 300m

7. 以下关于 ZigBee 技术特点的描述中，错误的是

A）基于 IEEE 802.15.4 标准

B）数据传输速率为 10～250kbps

C）发射信号功率超过 10mW

D）设备接入信道的时延约为 15ms

8. 以下关于 6LoWPAN 层次结构特点的描述中，错误的是

A）物理层采用 IEEE 802.15.4 物理层协议

B）MAC 层采用 IEEE 802.15.4MAC 协议

C）6LoWPAN 作为数据链路层与网络层之间的适配层

D）传输层采用传统的 TCP/UDP

9. 以下关于 ZigBee 节点类型的描述中，错误的是

A）协调器选择一个信道和一个 PAN ID 建立网络，接受其他节点加入

B）路由器节点发现和接受连接的终端设备入网，负责终端设备之间的路由和数据转发

C）ZigBee 网络采用 RIP 路由算法

D）终端设备节点发送和接收数据，不能够转发数据

10. 以下关于 NFC 技术特点的描述中，错误的是

A）工作在 13.56MHz 频段

B）支持有源和无源传输模式

C）数据传输速率为 106kbps～6780kbps

D）数据传输之前选定一种通信模式和数据传输速率，在数据传输过程中可以随时改变

11. 以下关于 UWB 通信技术的描述中，错误的是

A）输出功率远高于普通设备的噪声

B）将微弱的脉冲信号分散到宽阔的频带上

C）提供很高的数据传输速率，从几千万比特每秒到几亿比特每秒

D）UWB 是一种无载波通信技术

12. 以下关于 ZigBee 网络参数的描述中，错误的是

A）PAN ID 数值范围在 0～0x3FF

B）MAC 地址长度为 32 位

C）网络地址长度为 16 位

D）协调器的网络地址为 0x0000

二、问答题

1. 请设计一种适用 ZigBee 接入的物联网应用系统。
2. 请设计一种适用蓝牙 MESH 接入的物联网应用系统。
3. 请设计一种适用 IEEE 802.15.6 接入的物联网应用系统。
4. 请举例说明 WPAN 与 WBAN 技术的相似点与区别。
5. 如何理解 6LoWPAN 技术的研究背景？
6. 为什么说 UWB 技术在物联网接入中具有很高的研究价值？

第5章　Wi-Fi接入技术

Wi-Fi已经广泛应用于社会的各个方面，也是物联网的主要接入技术之一。本章将在介绍无线局域网概念的基础上，系统地讨论IEEE 802.11协议的发展过程、协议不同版本的特点、Wi-Fi网络的工作原理，以及Wi-Fi在物联网接入中的应用。

5.1　Wi-Fi的基本概念

5.1.1　Wi-Fi研究背景

无线局域网（Wireless LAN，WLAN）又称为无线以太网，它是支撑移动计算与物联网发展的关键技术之一。WLAN以微波、激光与红外等无线信道作为传输介质，代替传统局域网中的同轴电缆、双绞线与光纤，实现WLAN的物理层与MAC子层功能。

1997年，IEEE公布了WLAN标准——IEEE 802.11。由于标准在实现的技术细节上不可能规定得很周全，因此不同厂商设计和生产的WLAN产品出现了不兼容的问题。针对这个问题，1999年8月，350家业界主要成员（如Cisco、Intel、Apple等）成立了致力于推广IEEE 802.11标准的Wi-Fi联盟（Wi-Fi Alliance，WFA）。其中，术语“Wi-Fi”或“WiFi”（Wireless Fidelity）具有“无线兼容性认证”的含义。

Wi-Fi联盟是一个非营利的组织，授权在8个国家建立了14个独立的测试实验室，对不同厂商生产的IEEE 802.11标准的网络设备，以及采用IEEE 802.11无线接口的笔记本计算机、Pad、智能手机、照相机、电视、RFID读写器进行互操作性测试，以解决不同厂商设备之间的兼容性问题。凡是通过测试的网络设备都可以打上“Wi-Fi CERTIFIED”标记。尽管“Wi-Fi”只是厂商联盟在推广IEEE 802.11标准时使用的标记，但是人们已经习惯将“Wi-Fi”作为IEEE 802.11无线局域网的名称，将Wi-Fi“接入点”（Access

Point，AP）设备称为无线基站（base station）或无线“热点”（hot spot），将由多个无线热点覆盖的区域称为“热区”（hot zone）。

接入 WLAN 的节点称为无线工作站或无线主机（wireless host）。无线主机可以是移动的，也可以是固定的；可以是台式计算机、笔记本计算机、Pad，也可以是智能手机、家用电器、可穿戴计算设备、智能机器人或物联网移动终端等设备。当前，如图 5-1 所示的“Wi-Fi”或“Wi-Fi Free”标识随处可见。

图 5-1　各种 Wi-Fi 标识与图标

人们自然会提出一个问题：既然有覆盖范围广泛的 3G/4G/5G 蜂窝移动通信网，为什么还要发展无线局域网 Wi-Fi 呢？回答很简单：电信业为了获得移动通信网服务的资质，需要花费大笔的资金购买 3G/4G/5G 频段的使用权，移动通信运营商必然要采取收费的商业运营模式。由于 Wi-Fi 选用的是免于批准的 ISM 频段，因此它可能成为供广大网民以移动方式免费接入互联网的重要信息基础设施。

目前，很多农村网络基础设施的建设中都采用了“光缆到村、无线到户”的方式，Wi-Fi 为农民提供方便、快捷、低成本的宽带入户方式，有效地推进了农村信息化的建设。因此，有人认为：Wi-Fi 已经成为与“水、电、气、路”相提并论的“第五类社会公共设施”。Wi-Fi 的覆盖范围已经成为我国“无线城市”与“智慧城市”建设的重要考核指标之一，自然也是物联网无线接入的主要技术手段。

5.1.2　IEEE 802.11 协议标准

1997 年 6 月，IEEE 公布了第一个 WLAN 标准（IEEE 802.11-1997），之后出现的其他 WLAN 标准都是以它为基础修订的。IEEE 802.11 标准定义了 ISM 的 2.4GHz 频段、数据传输速率为 2Mbps 的无线局域网物理层与 MAC 层协议。

1. IEEE 802.11a/b/g 标准

之后，IEEE 陆续成立了新任务组，对 802.11 标准做补充和扩展。1999 年出现了 IEEE 802.11a 标准，采用 5GHz 频段，数据传输速率为 54Mbps；出现了 IEEE 802.11b 标准，采用2.4GHz频段，数据传输速率为11Mbps。由于802.11a的产品造价比802.11b高出很多，同时802.11a与802.11b产品不兼容，因此2003年IEEE公布了802.11g标准。IEEE 802.11g标准采用与802.11b相同的2.4GHz频段，将数据传输速率提高到54Mbps。当用户从IEEE 802.11b过渡到802.11g时，只需要购买802.11g的接入点设备，原有的802.11b无线网卡仍然可以使用。由于IEEE 802.11g与802.11b兼容，又能够提供与802.11a相同的数据传输速率，并且造价比802.11a低，这就迫使802.11a的产品逐渐退出市场。

2. IEEE 802.11n标准

尽管从802.11b过渡到802.11g已经是Wi-Fi带宽的“升级”，但是Wi-Fi仍然需要解决带宽不够、覆盖范围小、漫游不便、网管不强、安全性不高等问题。2009年发布的IEEE 802.11n标准对于Wi-Fi来说是一次“换代”。

IEEE 802.11n标准具有以下几个特点。

- IEEE 802.11n工作在2.4GHz与5GHz两个频段，数据传输速率最高可达到600Mbps。
- IEEE 802.11n采用了智能天线技术，通过多组独立的天线组成天线阵列，可以动态地调整天线的方向图，达到减少噪声干扰、提高无线信号的稳定性、扩大覆盖范围的目的。一台802.11n接入点的覆盖范围可以达到几平方公里。
- IEEE 802.11n采取了软件无线电技术，解决了不同的工作频段、信号调制方式带来的系统不兼容问题。IEEE 802.11n不但能与802.11a/b/g标准兼容，而且能实现与无线城域网IEEE 802.16标准的兼容。

正是由于IEEE 802.11n具有以上特点，因此它已经成为“无线城市”建设中的首选技术，并且大量应用于家庭与办公室环境中。

3. IEEE 802.11ac与802.11ad标准

IEEE 802.11ac与802.11ad修正草案被称为“千兆Wi-Fi标准”。其中，2011年发布的802.11ac草案是工作频段为5GHz、数据传输速率为1Gbps的Wi-Fi标准。2012年发布的802.11ad草案抛弃了拥挤的2.4GHz与5GHz频段，定义了工作频段在60GHz、数据传输速率为7Gbps的Wi-Fi标准。这些技术都考虑了与802.11a/b/g/n标准兼容的问题。由于IEEE 802.11ad使用的工作频段在60GHz，因此其信号覆盖范围较小，更适用于家庭高速互联网接入应用。

千兆Wi-Fi标准802.11ac与802.11ad正在研发过程中，更多关于802.11ac/ad的研究进展信息可以从无线千兆联盟Wi-Gig的网站（http://wirelessgigabitalliance.org）获取。

表5-1给出了几个主要的IEEE 802.11标准（或草案）的名称、工作频段、数据传输速率等数据。

表 5-1 几个主要的 IEEE 802.11 协议标准

IEEE 标准	工作频段	数据传输速率 (Mbps)
802.11	2.4GHz	1、2
802.11a	5GHz	6、9、12、18、24、36、48、54
802.11b	2.4GHz	1、2、5.5、11
802.11g	2.4GHz	6、9、12、18、24、36、48、54
802.11n	2.4GHz 或 5GHz（可选）	600
802.11ac	5GHz	1000
802.11ad	60GHz	7000

5.1.3 动态速率调整机制

在研究 IEEE 802.11 物理层协议时会发现一种情况，那就是每种 802.11 协议标准都会规定多个数据传输速率，例如 802.11b 规定了 11Mbps、5.5Mbps、2Mbps 与 1Mbps 这 4 种数据传输速率。无线网络的实际数据传输速率与接入点的覆盖范围紧密相关。当无线主机在移动过程中与接入点的距离增大时，主机的无线网卡接收的接入点发送的无线信号功率减小，数据传输速率也会随之降低。不同 802.11 协议中都给出了单个接入点覆盖范围与数据传输速率的关系，以供网络工程师在设计无线网络时参考。IEEE 802.11b 协议给出的单个接入点覆盖范围与数据传输速率的关系如表 5-2 所示。“接收灵敏度”可以理解为：调整主机与接入点的距离，主机网卡能够按不同数据传输速率接收到接入点发射信号的最小功率值，并且室内、室外是不相同的。

表 5-2 接入点覆盖范围与数据传输速率的关系

数据传输速率（Mbps）	接收灵敏度（dBm）	室外覆盖范围（m）	室内覆盖范围（m）
11	－79	250	111
5.5	－83	277	130
2	－84	287	136
1	－87	290	140

从表 5-2 中可以看出：室外的无线主机距离接入点 250m 时，主机网卡能够接收到的接入点所发送信号的功率需要大于－79dBm，接入点与网卡直接可用的数据传输速率为 11Mbps；当距离增加到 277m 时，能够接收到的信号功率降到－83dBm，数据传输速率降低为 5.5Mbps；当距离增加到 287m 时，能够接收到的信号功率降到－84dBm，数据传输速率降低为 2Mbps；当距离达到 290m，能够接收到的信号功率降到－87dBm，可用的数据传输速率只能达到 1Mbps。当距离超过 290m，接入点所发送信号的功率经过空间传播衰减至小于－87dBm（低于主机网卡的接收灵敏度）时，网卡已经不能正确地接收接入点

发送的数据帧。图 5-2 给出了接入点覆盖范围与数据传输速率的关系。

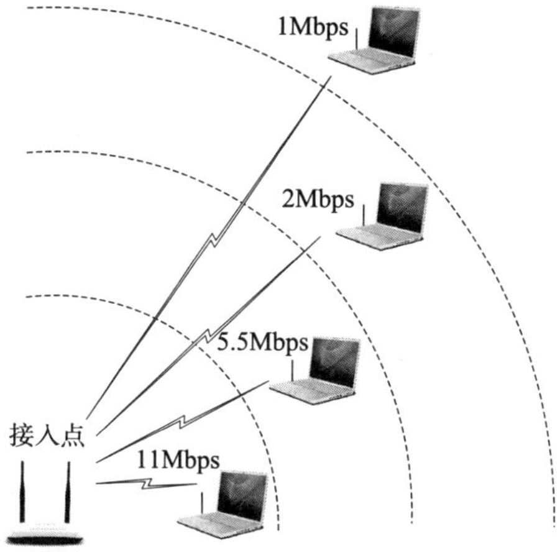

图 5-2　接入点覆盖范围与数据传输速率关系示意图

这就要求符合 802.11b 标准的接入点允许主机的无线网卡在接入接入点时首先与之建立关联，或者主机在接入点覆盖范围内移动的过程中，需要根据实时情况来协商选择合适的数据传输速率，以保证无线数据传输的正常进行，这个过程称为动态速率调整（Dynamic Rate Switching，DRS）。

理解 DRS 机制，需要注意以下几个问题。

- DRS 是移动主机中的无线网卡发送数据的速率随着接收到接入点所发送信号质量的下降而下调的一种反馈控制机制。设计 DRS 的目的是通过协调传输距离与数据传输速率的矛盾，保证无线主机与无线接入点之间数据帧的传输质量。但是，IEEE 802.11 协议并没有对 DRS 算法做具体的规定，而是交由无线网络设备生产厂商自行定义。多数无线网络厂商的 DRS 机制是根据主机的无线网卡接收信号的功率、信噪比与帧传输错误率调整数据传输速率的。
- 单个接入点能够接入的用户终端数是有限制的。例如，IEEE 802.11 协议限制每个接入点最多可以接入的用户终端数为 2016 个。但是，“接入”与“关联”是不同的概念。接入数量是接入点能够识别的用户终端数。实际上，每个接入点可以建立关联的用户数远远小于协议允许接入的用户终端数，可以建立关联并能够提供支持服务的用户终端数受每个接入点最大连续吞吐量的限制。例如，IEEE 802.11b 协议标称的速率为 11Mbps，理论估算的每个接入点的最大连续吞吐量可以达到 6Mbps。如果为每个用户终端提供 1Mbps 的数据传输速率，那么每个接入点最多可以服务 6 个用户终端。但是，网络流量具有突发性的特点，一般估算时采用 2 ∶ 1 至 3 ∶ 1 的比例是合适的，因此单个接入点最多能够服务的用户终端数为 12～18 个。
- 用不同的数据传输速率发送相同长度的数据帧，占用信道所需的时间是不同的。例如，发送一个长度为 1500B 的数据帧，采用 11Mbps 的速率占用信道的时间约为

300ms，而采用 1Mbps 就可能需要 3300ms。如果一个无线网络中多数无线主机网卡采用的是低速率，那么采用高速率的无线主机的等待时间必然增大，这就会大大降低无线网络的带宽利用率。这是在设计 Wi-Fi 网络与 DSR 机制时需要注意的问题。

5.1.4 IEEE 802.11 标准体系

1999 年至 2006 年是无线网络（特别是无线局域网）发展最快的阶段。表 5-3 按字母顺序列出了 IEEE 802.11 标准的主要内容与发布时间。IEEE 还成立了多个工作组，对 IEEE 802.11 的服务质量、互联与安全性方面的标准加以补充和完善，推出了包括 IEEE 802.11c～802.11x 在内的多个 Wi-Fi 协议标准与草案。

表 5-3 IEEE 802.11 标准体系

标准名称	标准描述	发布时间
IEEE 802.11	无线局域网物理层与 MAC 层规范	1997 年
IEEE 802.11a	传输标准，5GHz 频段，数据传输速率 54Mbps	1999 年
IEEE 802.11b	传输标准，2.4GHz 频段，数据传输速率 11Mbps	1999 年
IEEE 802.11d	多国漫游的特殊要求	2001 年
IEEE 802.11e	服务质量（QoS）	2005 年
IEEE 802.11f	接入点第二层（MAC 层）漫游	2003 年
IEEE 802.11g	传输标准，2.4GHz 频段，数据传输速率 54Mbps	2003 年
IEEE 802.11h	物理层动态频率选择与传输功率控制	2003 年
IEEE 802.11i	增强无线通信安全的规范	2004 年
IEEE 802.11j	4.9 ～ 5GHz 频段传输标准	2004 年
IEEE 802.11k	无线电频率资源管理	2002 年
IEEE 802.11m	对 IEEE 802.11 规范的改进	1999 年
IEEE 802.11n	传输标准，5GHz 频段，数据传输速率 100Mbps	2006 年
IEEE 802.11o	VoWLAN	未完成
IEEE 802.11p	车载环境中的无线通信	2010 年
IEEE 802.11q	VLAN 的支持机制	未完成
IEEE 802.11r	快速漫游	2006 年
IEEE 802.11s	接入点无线 Mesh 网络	2006 年
IEEE 802.11t	无线网络性能预测	未完成
IEEE 802.11u	与其他网络的交互性	未完成
IEEE 802.11v	无线网络管理	未完成
IEEE 802.11x	无线安全认证	2001 年

5.1.5　无线信道划分与复用方法

1. 适用于 2.4GHz 频段的信道划分与复用方法

（1）2.4GHz 频段的信道划分

理解 IEEE 802.11 物理层标准的特点，应先学习 802.11 协议划分信道的基本方法。图 5-3 给出了 802.11 协议将 2.4GHz 频段划分为 14 个独立信道的频率分配情况。

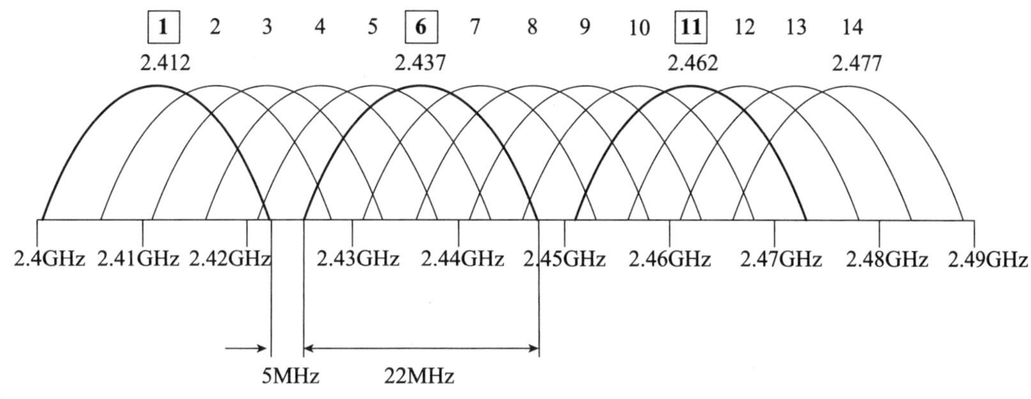

图 5-3　IEEE 802.11 协议对 2.4GHz 频段的划分

下面基于图 5-3 进行分析。

- 已知条件：每个信道的带宽均为 22MHz，相邻 2 个信道之间的频率间隔为 5MHz。
- 计算：每个信道的中心频率与频率范围。

信道 1：中心频率f_{c_1}=2.412GHz，频率范围是 2.401～2.423GHz。

信道 2：中心频率f_{c_2}=2.417GHz，频率范围是 2.406～2.428GHz。

信道 3：中心频率f_{c_3}=2.422GHz，频率范围是 2.411～2.433GHz。

信道 4：中心频率f_{c_4}=2.427GHz，频率范围是 2.416～2.438GHz。

信道 5：中心频率f_{c_5}=2.432GHz，频率范围是 2.421～2.443GHz。

信道 6：中心频率f_{c_6}=2.437GHz，频率范围是 2.426～2.448GHz。

……

信道 13：中心频率$f_{c_{13}}$=2.472GHz，频率范围是 2.461～2.483GHz。

信道 14：中心频率$f_{c_{14}}$=2.477GHz，频率范围是 2.466～2.488GHz。

- 分析：信道 1 的频率范围是 2.401～2.423GHz，信道 2 的频率范围是 2.406～2.428GHz，两者有重叠的部分，如果同时选用信道 1 与信道 2 就会产生干扰。
- 结论：从信道 1 到信道 14，相邻信道之间的频率范围都有重叠部分，都存在干扰问题。

（2）2.4GHz 频段的信道复用

为了降低因相邻信道频率范围重叠造成的信号干扰，IEEE 的原则是相隔 5 个信道选择 1 个信道。若按照这个原则从以上 14 个信道中选出 3 个信道，那么只能是图中用粗线标出的信道 1、信道 6 与信道 11。

采用信道 1、6、11 发送数据信号，相邻信道之间的信号干扰可以降低到最小。美国、加拿大和大多数无线网络制造商采用了信道 1、6、11。

信道 14 也可以提供一个非重叠信道，但是大部分国家不使用。当然，有些国家使用的是信道 1、6、12，甚至也有使用信道 1～13 的。

图 5-4 给出了一个对 2.4GHz 的信道 1、信道 6 与信道 11 这 3 个信道进行复用的蜂窝结构示意图。Wi-Fi 的信道复用也称为多信道结构。Wi-Fi 信道复用结构与电信移动通信网的蜂窝通信网工作原理与组网方法有类似之处。

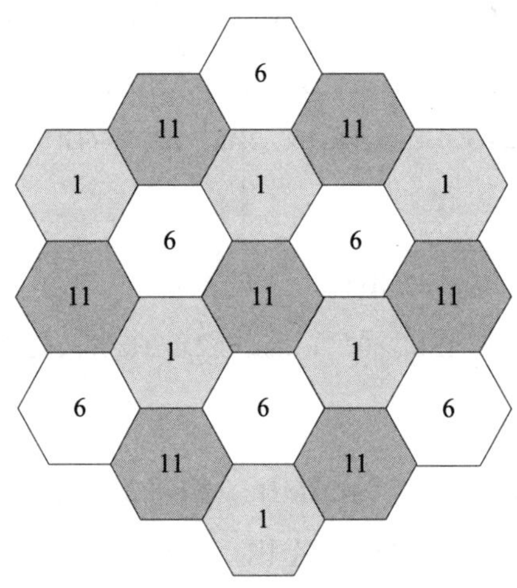

图 5-4　2.4GHz 信道复用规划方法示意图

2. 适用于 5GHz 频段的信道划分与复用方法

（1）5GHz 频段的信道划分

IEEE 802.11 在频率为 5GHz 的无须许可的国家信息基础设施（Unlicensed National Information Infrastructure，UNII）频段中定义了 23 个可用信道，在 ISM 频段中定义了 165 个信道。其中，IEEE 802.11a 修正案定义了 3 个 5GHz 频段用于数据传输，这 3 个频段称为 UNII 频段，分别为 UNII-1（低）、UNII-2（中）和 UNII-3（高），每个频段包括 4 个信道。

- UNII-1 属于 UNII 低频段，频率范围是 5.150～5.250GHz，宽度为 100MHz。UNII-1 频段一般用于室内通信，最大输出功率为 40mW。
- UNII-2 属于 UNII 中频段，频率范围是 5.250～5.350GHz，宽度为 100MHz。UNII-2 频段一般用于室内或室外通信，最大输出功率为 200mW。
- UNII-3 属于 UNII 高频段，频率范围是 5.725～5.825GHz，宽度为 100MHz。UNII-3 频段一般用于室外点对点的桥接，但美国等一些国家也允许在室内无线局域网中使用该频段。UNII-3 频段的最大输出功率为 800mW。

表 5-4 给出了 IEEE 802.11a 规划的 12 个信道的编号与使用频率。早期的网卡不支持编号在 149 以上的信道的高频率，在出现这种情况时，并不需要更换网卡，而是只用信道 36、40、44、48、52、56、60、64 这 8 个信道。

表 5-4 IEEE 802.11a 的信道编号与使用频率

信道编号	使用频率 f / GHz	信道编号	使用频率 f / GHz
36	5.180	60	5.300
40	5.200	64	5.320
44	5.220	149	5.745
48	5.240	153	5.765
52	5.260	157	5.785
56	5.280	161	5.805

（2）5GHz 频段的信道复用

无论是 2.4GHz 的 3 个信道，还是 5GHz 的 8 个或 12 个信道，对于二维空间的 Wi-Fi 信道复用规划已经够用。

图 5-5 给出了一种在 IEEE 802.11 无线网状网（Mesh 网络）中实现信道复用的例子。其中，3 个 2.4GHz 信道用于无线主机接入接入点，5 个 5GHz 信道用于网状结构中接入点之间通信。信道 1 表示 2.4GHz 的信道 1（2.412GHz），C48 表示 5GHz 的信道 48（5.240GHz）。无线 Mesh 网络中的接入点称为 Mesh 接入点。

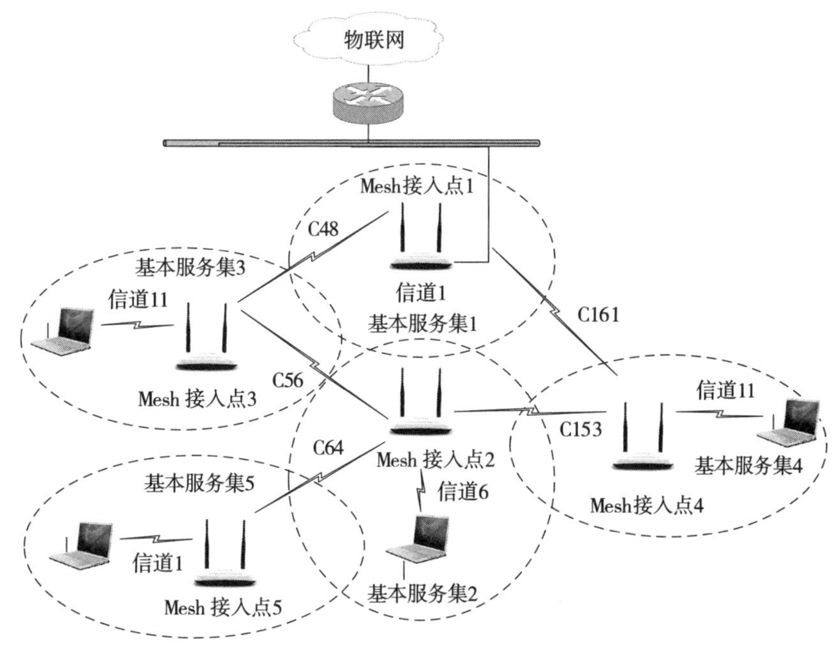

图 5-5 无线 Mesh 网络中实现信道复用的例子

由于 IEEE 802.11 协议种类繁多、涉及问题比较复杂，协议在实现技术上为 Wi-Fi 设备制造商与软件开发商留有很大的灵活性，因此不同厂商提供的 Wi-Fi 硬件与软件在性能、使用方法上差异较大。

5.2 IEEE 802.11 组网方法

5.2.1 网络拓扑类型

IEEE 802.11-2007 标准定义了两类组网模式：基础设施模式（Infrastructure Mode）与独立模式（Independent Mode）。基础设施模式也称为“基础结构型”。基础设施模式可以进一步分为基本服务集（Basic Service Set，BSS）与扩展服务集（Extended Service Set，ESS）。独立模式下对应的是独立基本服务集（Independent BSS，IBSS），独立基本服务集主要是指无线自组网（Ad hoc）。2011 年的修正案 IEEE 802.11s-2011 增加了第 3 种模式——混合模式，该模式下对应的是 Mesh 基本服务集（MBSS）。图 5-6 给出了 IEEE 802.11 网络拓扑分类。

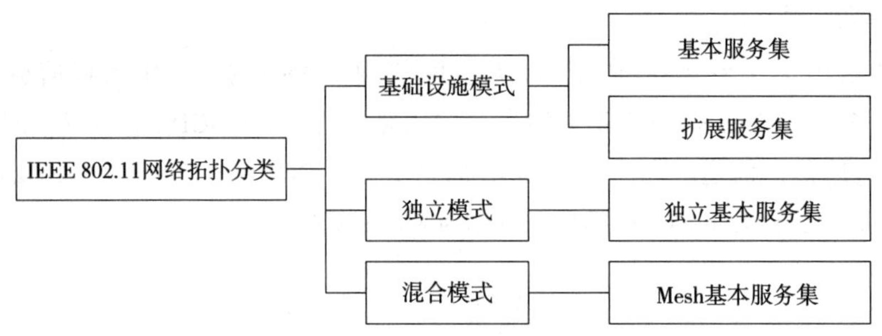

图 5-6 IEEE 802.11 网络拓扑分类

5.2.2 基本服务集

基础设施模式与独立模式的主要区别是：

- 基础设施模式的 Wi-Fi 网络需要无线基站（接入点），通过接入点实现网络中无线主机之间的通信；
- 独立模式的 Wi-Fi 网络不需要无线基站，网络中的无线主机通过对等的方式完成数据交互。

IEEE 802.11 规定 Wi-Fi 网络的基本构建单元是基本服务集。图 5-7 给出了基本服务集的结构示意图。基本服务集由一个接入点与若干在逻辑上彼此关联的无线主机组成。基本服务集的覆盖范围称为基本服务区（BSA）。一个基本服务集的覆盖范围的一般在几十米到几百米，可以覆盖一个实验室、教室与家庭。为了保证 Wi-Fi 网络覆盖的用户活动范围，可使所有无线主机在 BSA 范围内自由移动，需要事先对接入点设备进行勘察、选址与安装。基本服务集中所有主机通过接入点来交换数据，形成了一个以接入点为中心节点的星形拓扑。

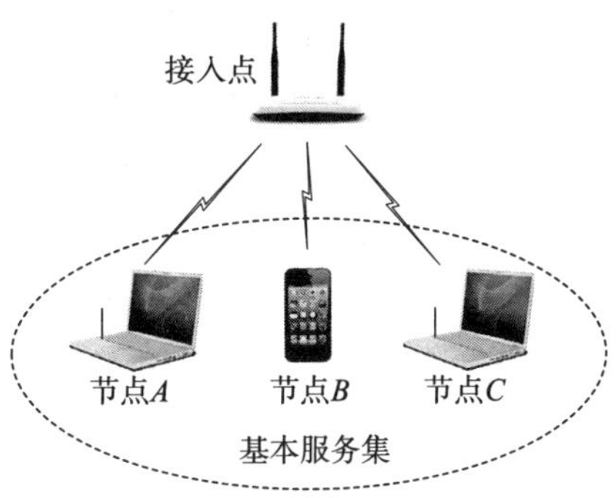

图 5-7　典型的基本服务集结构示意图

5.2.3　扩展服务集

为了扩大无线局域网的覆盖范围，可以通过交换机将多个基本服务集互联，构成一个扩展服务集，并且通过路由器接入物联网。典型的扩展服务集结构可以覆盖一座教学楼、一家公司，或者一个校园的教室、阅览室、宿舍、运动场。所有的无线主机可以自由地在扩展服务集中移动。图 5-8 给出了由两个基本服务集组成的扩展服务集的结构。

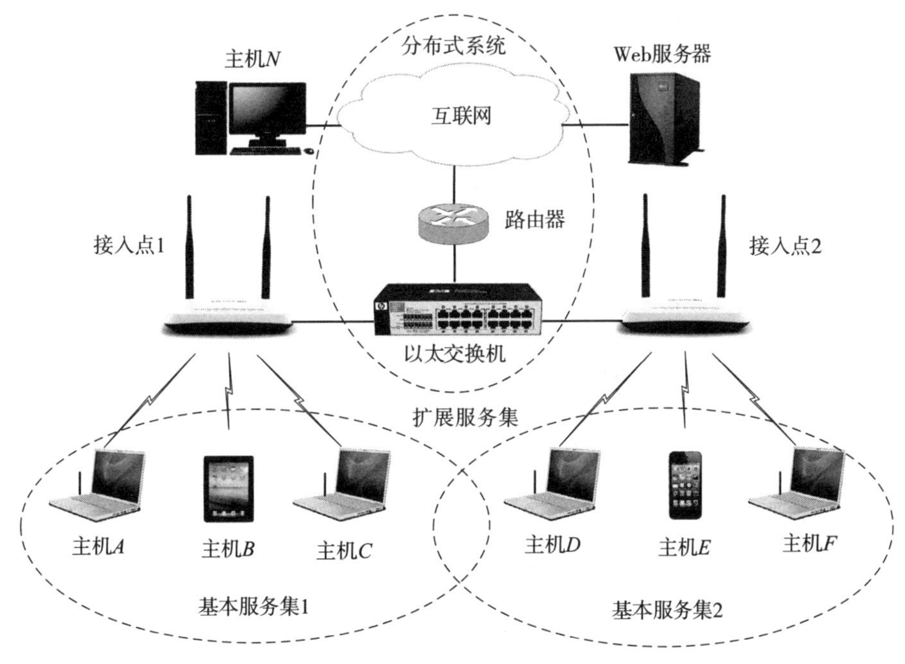

图 5-8　典型的扩展服务集结构示意图

扩展服务集中的无线主机 A 可以通过接入点 1、以太交换机、接入点 2 与扩展服务集中的任何一台无线主机通信；也可以通过接入点 1、以太交换机与路由器接入主干网，访问物联网中的 Web 服务器或主机 N，这样就构成了一个更大的分布式系统（Distribution

System，DS）。

理解扩展服务集结构的基本概念，需要注意两个问题。

- 由于以太网应用非常广泛，因此一般是用以太网去连接多个基本服务集，但是也可以通过无线网桥、无线路由器将多个基本服务集连接起来，构成无线分布式系统（Wireless DS，WDS）。在扩展服务集结构中，接入点的角色就是一种使无线主机接入分布式系统的设备。从这个角度出发，我们将802.11-2007协议中帧交互过程描述里的"无线主机向接入点发送的数据帧"定义为"去往分布式系统的数据帧"，将"接入点向无线主机发送的数据帧"定义为"来自分布式系统的数据帧"。
- 扩展服务集由多个基本服务集构成，为了保证主机在扩展服务集覆盖范围内能无缝地漫游，相邻基本服务集覆盖的区域之间必然要有重叠。大部分厂商的建议是：基本服务集覆盖的区域之间的重叠面积至少保持在15%～20%。相邻基本服务集之间的信号干扰问题需要采用信道复用的方法解决。

5.2.4 独立基本服务集

IEEE 802.11支持以自组网方式构成一个独立基本服务集（IBSS），从而形成一个移动的无线自组网（Ad hoc）。图5-9给出了典型的独立基本服务集的结构。无线自组网中没有无线基站，无线主机之间采用对等的"点－点"方式通信。不相邻无线主机之间的通信，需要采用多跳方式（通过相邻的无线主机转发）完成。无线自组网具有自组织与自修复、多跳路由与动态拓扑等特点。

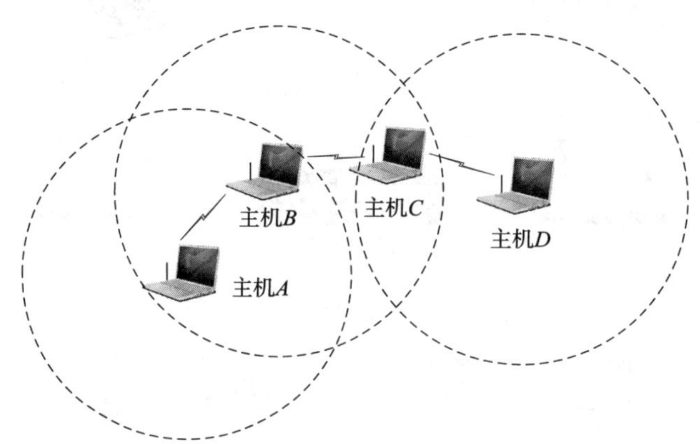

图5-9 典型的独立基本服务集的结构示意图

5.2.5 Mesh基本服务集

Mesh基本服务集（MBSS）又称为"无线Mesh网络"（Wireless Mesh Network，WMN）或"无线网状网"。典型的Mesh基本服务集网络结构如图5-10所示。

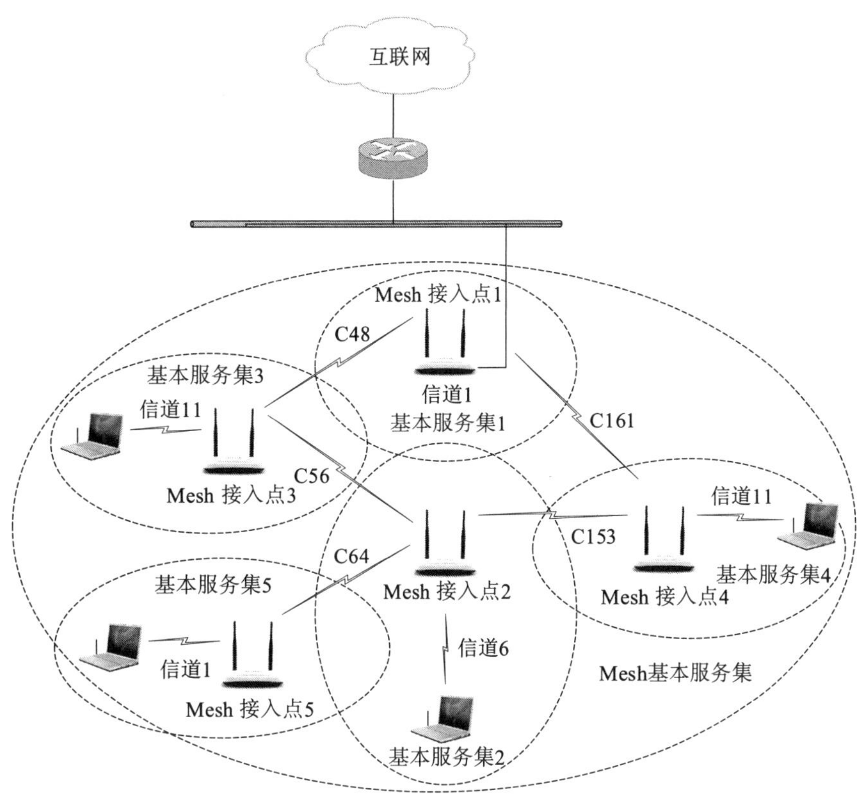

图 5-10　典型的 Mesh 基本服务集网络结构示意图

Mesh 基本服务集的特点可以归纳为以下几点。

- Mesh 基本服务集由一组呈网状分布的无线接入点组成，接入点之间通过点 – 点无线信道连接，形成具有“自组织”“自修复”特点的“多跳”网络。
- 从接入的角度看，每个无线接入点都可以形成自己的基本服务集；从多跳网络结构的角度看，接入点又具有接收、转发相邻接入点发送的帧的功能。与传统的接入点相比，由于 Mesh 基本服务集中的接入点增加了 MAC 层路由选择与自组织的功能，因此 Mesh 基本服务集中的接入点又称为“Mesh 接入点”。
- Mesh 接入点可以形成自己的基本服务集，实现主机的接入功能，这点与基本服务集、扩展服务集相同；从“自组织”与“多跳”的角度出发，这与无线自组网相同。因此，我们将 Mesh 基本服务集归纳为混合型的网络。
- Mesh 基本服务集与无线自组网的区别在于：前者是通过 Mesh 接入点之间的点 – 点连接形成的网状网结构，而后者是直接由无线主机之间的点 – 点连接形成的网状网。因此，Mesh 基本服务集主要适用于大面积、快速与灵活组网的应用需求；而无线自组网适用于多主机在移动状态下自主组网的应用需求。

5.2.6 基于 Wi-Fi 的物联网应用系统

图 5-11 给出了根据计算机网络体系结构与层次结构模型分析的基于 Wi-Fi 组网的物联网应用系统的网络结构组成与工作原理。

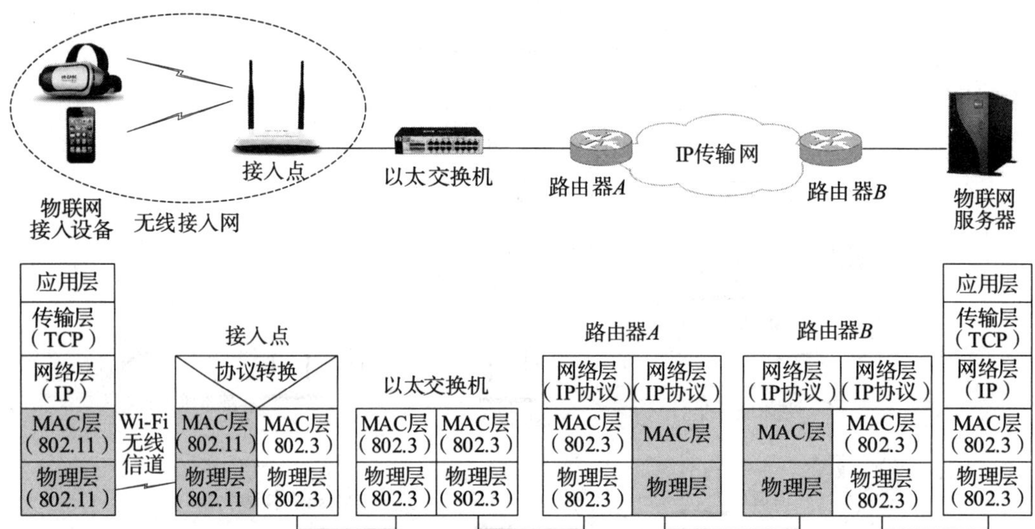

图 5-11　基于 Wi-Fi 组网的物联网应用系统的网络结构组成与工作原理

理解基于 Wi-Fi 的物联网应用系统的层次结构与基本工作原理，需要注意以下几个问题。

- 从图 5-11 可以看出，无线接入网由 Wi-Fi 接入点设备与物联网接入设备组成。无线接入网的一端连接物联网接入设备，另一端与核心交换网连接。
- 以太交换机在无线接入网与核心交换网之间充当网桥的作用。物联网接入设备通过无线网卡与无线信道，接入 Wi-Fi 接入点；接入点通过 RJ45 双绞线有线连接到以太交换机，以太交换机与路由器 A 连接；路由器 A 接入 IP 传输网。物联网接入设备的无线网卡与接入点与之连接一端的无线网卡使用 IEEE 802.11 协议通信；接入点的另一端通过以太网卡与以太交换机的一个端口使用 IEEE 802.3 协议通信。因此，接入点实际上起到了网桥的功能，实现了 IEEE 802.11 协议与 802.3 协议的转换。
- 在这样的一个网络结构中，接入物联网应用系统的终端设备利用传输层 TCP/UDP 协议实现应用层软件进程的通信功能，访问物联网的各种网络应用。
- 无论有多少个 Wi-Fi 网络接入核心交换网，也不管核心交换网内部拓扑如何复杂，只要保证直接连接的设备（如接入设备、无线接入点、以太交换机设备以及路由器设备）之间物理层与 MAC 层的协议相同，接入设备就可以通过 Wi-Fi 网络实现对物联网服务器的访问。

5.3　IEEE 802.11 漫游管理

5.3.1　SSID 与 BSSID

无线局域网中必须解决接入点设备与接入主机的识别问题。IEEE 802.11 协议定义了接入点的服务集标识符（Service Set Identifier，SSID）与基本服务集标识符（Basic SSID，BSSID）的概念。

1. SSID

当网络管理员安装接入点设备时，首先要为这个接入点分配一个 SSID 与通信信道（如图 5-12 所示）。

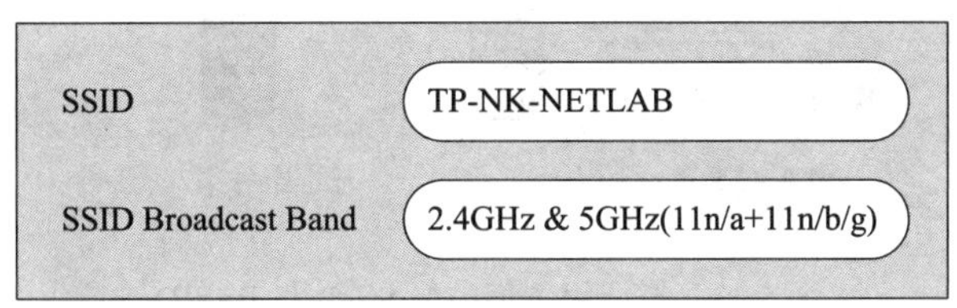

图 5-12　为接入点分配 SSID 与通信信道

SSID 用来表示以接入点作为基站的基本服务集的逻辑名，它与 Windows 的工作组名类似。按照 802.11 协议规定，接入点设备的 SSID 最长为 32 个字符，并且区分字符的大小写。例如，南开网络实验室的教师办公室接入点 1 的 SSID 名为“TP-NK-NETLAB”。那么，由这个接入点 1 组成的基本服务集 1 的 SSID 名就是“TP-NK-NETLAB”。

2. BSSID

如果说 SSID 是接入点的一层标识符，那么 BSSID 就是接入点的二层标识符。接入点与无线主机是通过无线网卡来通信的。大部分情况下，BSSID 就是接入点无线网卡的 MAC 地址。但是，有些设备生产商也允许使用虚拟 BSSID。

IEEE 802.11 规定的无线网卡 BSSID 与以太网卡的 MAC 地址很相似，长度都是 6 字节（48 位）。不同之处在于：IEEE 802.11 规定无线网卡 BSSID 的第 1 字节的最低位为 0、倒数第 2 位为 1，其余 46 位按一定的算法随机产生，这样可以大概率保证产生的 MAC 地址是唯一的。因此，SSID 是用户为接入点配置的基本服务集的逻辑名；BSSID 是设备生产商为接入点配置的二层标识符。例如，教师办公室接入点 1 的 SSID 为“TP-NK-NETLAB”，对应的 MAC 地址为“00:0C:25:60:A2:1D”。BSSID 作为接入点设备唯一的二层标识符，在无线主机的漫游中起到了重要作用。

SSID 与 BSSID 的区别和联系在扩展服务集中可以看得清楚。如图 5-13 所示，南开网络实验室的扩展服务集由教师办公室的基本服务集 1 与学生工作室的基本服务集 2 组成。其中，扩展服务集中的接入点 1 与接入点 2 的 SSID 是相同的，都是“TP-NK-

NETLAB”，但是接入点 1 的 BSSID 是“00:0C:24:6B:D2:1A”，接入点 2 的 BSSID 是“00:1C:00:0B:AB:20”。另外，接入点 1 使用的是 2.4GHz 频段的信道 1，接入点 2 使用的是信道 6。

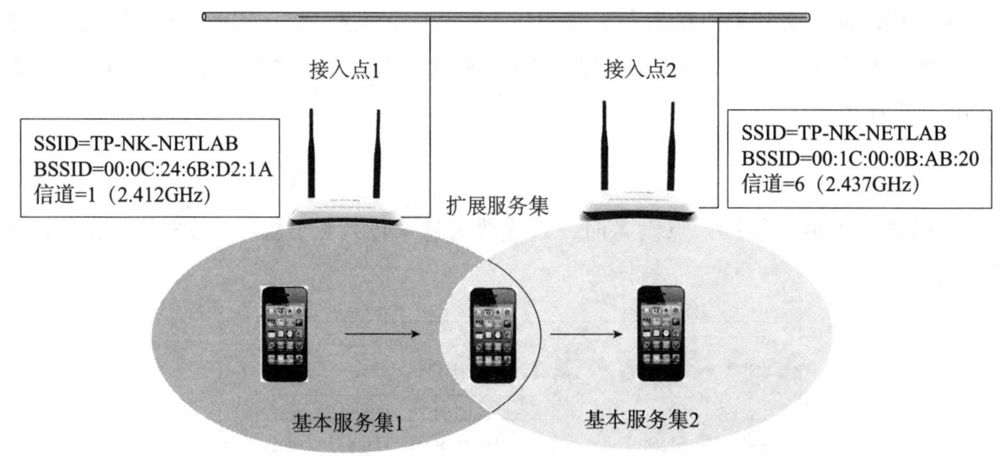

图 5-13 扩展服务集中的 SSID 与 BSSID

5.3.2 管理帧与漫游管理

传统 IEEE 802.3 协议的以太网仅定义了一种数据帧结构，而 IEEE 802.11 协议定义了 3 种帧结构：管理帧、控制帧与数据帧。

IEEE 802.11 的 MAC 协议定义了 14 种用于无线主机与无线接入点之间关联的管理帧，如信标（beacon）帧、探测（probe）帧、关联（association）帧和认证（authentication）帧等。

1. 信标帧

信标帧是无线局域网的“心跳”。在基本服务集模式中，接入点以 0.01～0.1s 的时间间隔周期性广播信标帧。信标帧在无线主机与接入点关联过程中的作用主要表现在 3 个方面。

- 无线主机从接收到的信标帧中可以发现可用的接入点。
- 信标帧为无线主机接入接入点提供了必要的配置信息。
- 无线主机从所接收信标帧的时间戳中提取接入点的时钟，使自己与接入点保持时钟同步。

图 5-14 给出了一个信标帧的示例。信标帧中包含接入点 1 的主要信息：SSID 为“NK-NETLAB”,BSSID 为“00:02:6A:60:B2:85”，模式为“基本服务集的接入点”，使用的信道为 2.4GHz 频段的信道 6（2.437GHz），主机接收到的接入点信号强度为－28dBm，信噪比为－256dBm，使用 WPAv.1 协议加密，数据传输速率范围为 1Mbps 到 54Mbps。

```
接入点 1 Beacon:
        SSID: "NK-NETLAB"
        BSSID: 00:02:6A:60:B2:85
        Mode: Master
        Channel:6
        Frequency:2.437GHz
        Signal level= -28dBm Noise Level= -256dBm
        Encryption key: on
        IE:WPA Version 1
        Bit Rates: 1Mbps; 2Mbps; 5.5Mbps; 11Mbps;
                   6Mbps; 12Mbps;
                   24Mbps;36Mbps;9Mbps;
                   18Mbps; 48Mbps;54Mbps
```

图 5-14　信标帧信息

在基本服务集模式中，由接入点发送信标帧；只有在无线自组网模式中，是无线主机发送信标帧。802.11 协议允许接入点管理员通过设置来改变 Beacon 帧广播周期，但是不能禁用 Beacon 帧。

无线主机在接入接入点之前，可以通过被动扫描或主动扫描的方式来发现接入点。图 5-15 给出了被动扫描与主动扫描过程示意图。

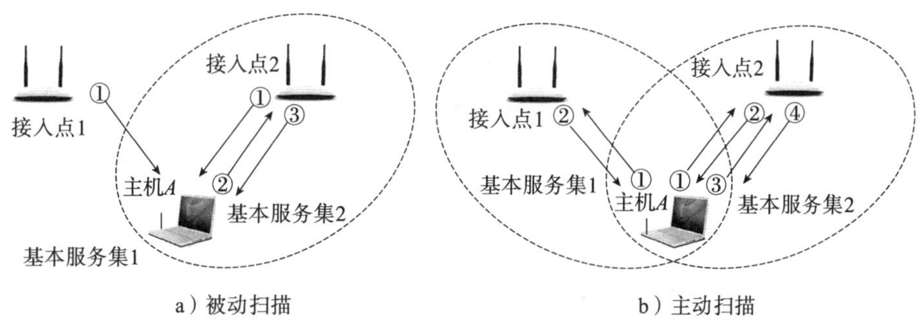

a）被动扫描　　b）主动扫描

图 5-15　被动扫描与主动扫描过程示意图

下面按图描述两种扫描过程。

- 被动扫描（passive scanning）：无线主机被动扫描信道与监听信标帧的过程。如图 5-15a 所示，在被动扫描状态下，接入点 1 与接入点 2 向主机 A 发送信标帧①。主机 A 选择接入点 2，并向接入点 2 发送关联请求帧②。接入点 2 向主机 A 发送关联应答帧③。
- 主动扫描（active scanning）：无线主机通过向覆盖范围内的所有接入点广播探测帧，以便实现主动扫描。如图 5-15b 所示，在主动扫描状态下，主机 A 广播信标帧①。接收到信标帧的接入点 1 与接入点 2 都给主机 A 发送探测应答帧②。主机 A 选择接入点 2，向接入点 2 发送关联请求帧③。接入点 2 向主机 A 返回关联应答帧④。

2. 无线主机与接入点之间的关联过程

由于无线信道的开放性，因此在信号覆盖范围内的所有无线主机都可以接收接入点发送的帧，从提高安全性的角度出发，无线主机只有通过链路认证才能够接入基本服务集，只有接入基本服务集才能够发送数据帧。图 5-16 给出了无线主机与接入点之间利用管理帧实现关联的过程。

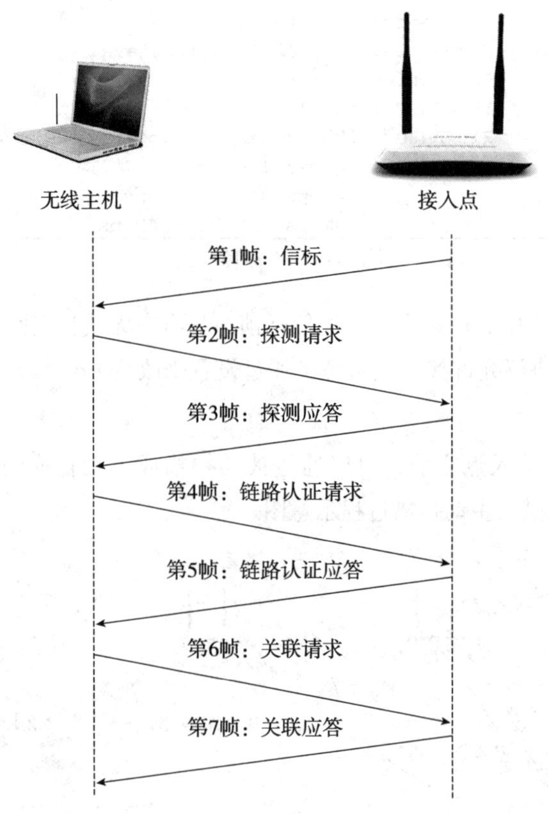

图 5-16 无线主机与接入点之间的关联过程

3. 链路认证

IEEE 802.11 协议支持两种级别的链路认证：开放系统认证与共享密钥认证。

- 开放系统认证。开放系统认证是默认的 Wi-Fi 设置方式。无线主机与接入点简单地交换一次“链路认证请求帧”与“链路认证应答帧”。无线主机将自己的 MAC 地址通报给接入点。接入点与无线主机之间不进行任何身份信息的识别，所有发出请求的无线主机网卡都可以通过认证。因此，只有在“Wi-Fi Free”这样的公开、免费使用 Wi-Fi 的状态，才使用开放系统认证。只要用户对无线主机网卡有控制需求，就不能使用开放系统认证。
- 共享密钥认证。共享密钥认证采用的是 WEP 或 WPA 协议。实践证明，有线等效保密（Wired Equivalent Privacy，WEP）协议安全性较差。IEEE 802.11i 工作组采用了安全性高的 Wi-Fi 保护访问（Wi-Fi Protected Access，WPA）协议。无线主机要接入无线局域网，必须要与特定的接入点建立关联。当无线主机通过指定的 SSID（例如SSID=TP-LINK_WU）选择网络，并通过链路认证之后，就要向指定的接入点发送“关联请求帧”。“关联请求帧”包含无线主机的数据传输速率等能力、聆听间隔、SSID与支持速率。接入点根据“关联请求帧”携带的信息，决定是否接受关联。如果接入点接受关联，则发送“关联应答帧”。

在讨论管理帧功能时，需要注意以下问题。

第一，关联只能由无线主机发起，并且一个时刻一台无线主机只能与一个接入点关联。关联属于一种记录保持的过程，帮助分布式系统记录每台主机的位置，以保证将帧传送到目的主机。当无线主机从原接入点的覆盖范围移动到新接入点的覆盖范围时，需要执行“重关联”的过程。接入点与无线主机都可以通过发送“解除关联帧”，断开当前的关联。无线主机离开无线网络时应该主动执行解除关联的操作。如果接入点发现关联的无线主机信号消失，那么接入点将采取超时机制来解除与该无线主机的关联。在IEEE 802.11中，“解除关联”“解除认证”是一种通告，而不是请求。如果相关联的无线主机和接入点有一方发送“解除关联帧”与“解除认证帧”，那么另一方不能拒绝，除非启用了管理帧保护功能。

第二，IEEE 802.11协议并没有规定主机选择接入点进行关联的条件，而是由接入点设备的生产商来决定。比较常用的方法是考虑两个主要因素。一是从“关联请求帧”了解无线主机是否具有以基本速率与接入点通信的能力。例如，接入点可以要求无线主机必须能够以1Mbps、2Mbps的基本低速率通信，也可以用较高的4.5Mbps、11Mbps的高速率。二是接入点能否为申请关联的无线主机提供所需的缓冲空间。这是因为当一台主机关联一个接入点时，主机将向接入点通告自己选作之后接收和发送数据时的模式（主动模式或节能模式）。当选择节能模式的主机处于休眠状态时，所有发往这个主机的数据帧都要先缓存在接入点。“聆听间隔”（listen interval）是接入点为关联的无线主机缓冲数据的最短时间。因此，接入点在关联时需要根据“关联请求帧”中的“聆听间隔”，预测无线主机需要的缓存大小。如果接入点能够提供足够的缓存，则接受关联；否则拒绝。满足以上基本条件，则同意与该无线主机建立关联，接入点回送一个“关联应答帧”。

5.3.3 漫游与重关联

1. 漫游与重关联的基本概念

“漫游”（roaming）是指：无线主机在不中断通信的前提下，在不同接入点的覆盖范围之间移动的过程。扩展服务集结构对于支持无线主机的漫游至关重要。

IEEE 802.11标准中并没有用到“漫游”这个术语。人们对这种现象的解释是：“不论何时何地，是否漫游都是客户端的自由”。从MAC层看，“漫游”就是无线主机转换接入点的过程。从网络层及以上高层看，“漫游”就是在转换接入点的同时仍然维持原有网络连接的过程。IEEE 802.11将是否支持“漫游”的问题交给了Wi-Fi网络软硬件厂商去自行决定。当然，在设计无线网络拓扑时一定要考虑无线主机无缝漫游的问题。无线网卡和接入点设备有两种基本的设计思路，一种是一旦关联到一个接入点之后就一直坚持，直到完全接收的信号质量很差时才考虑转换接入点；另一种是一旦找到信号最强的新接入点就立即转换。无线主机通过发送“重关联请求帧”来启动漫游的过程。

2. 无线主机启动“重关联”的过程

如图 5-17 所示，假设当无线主机在扩展服务集中移动，并且逐渐远离已经关联的接入点 1 从 *A* 点到达 *B* 点时，信道 1 的信号强度为－85dBm，已经低于信号阈值；当它继续移动到 *C* 点时，无线主机接收到接入点 2 信道 6 的信号强度为－65dBm，它将尝试与接入点 2 关联。这时，无线主机需要启动与接入点 2 的“重关联”过程。

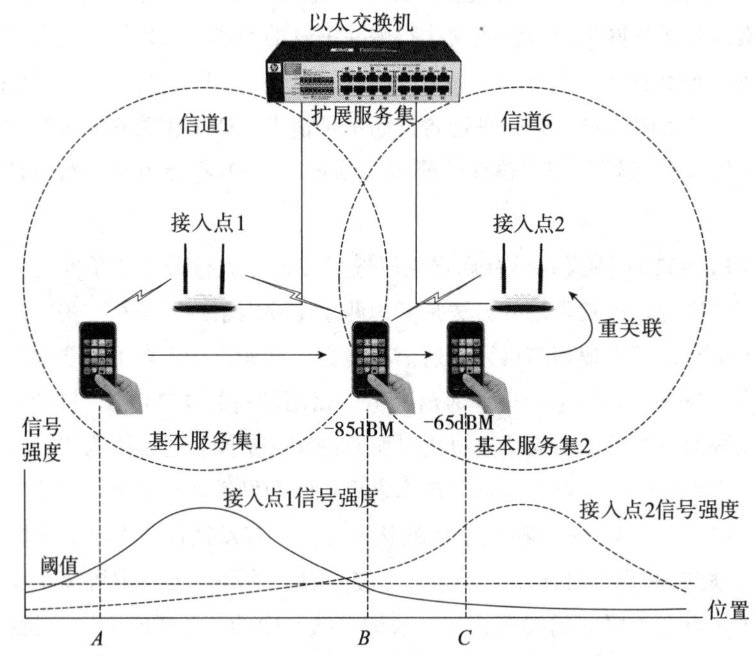

图 5-17　无线主机启动“重关联”的过程示意图

重关联过程分为六步。

- 第一步，无线主机通过无线信道 6 向新的接入点——接入点 2 发送“重关联请求帧”。重关联请求帧包含原接入点——接入点 1 的 MAC 地址。
- 第二步，接入点 2 接收到重关联请求帧之后，通过无线信道 6 向无线主机发送“ACK 帧”（ACK 帧是一种控制帧）。
- 第三步，接入点 2 通过分布式系统，向接入点 1 发送“重关联确认帧”，通知接入点 1：主机正在漫游，将缓存在接入点 1 的主机数据发送给接入点 2。
- 第四步，接入点 1 通过分布式系统，将缓存的无线主机的数据帧发送给接入点 2。
- 第五步，接入点 2 通过无线信道 6 向无线主机发送“重关联应答帧”，表示主机已经关联到新的基本服务集。

- 第六步，无线主机接收到应答帧后，通过无线信道 6 向接入点 2 发送“ACK 帧”。

至此，无线主机的重关联过程结束，接入点 2 将通过无线信道 6 将缓存的数据发送给无线主机。

重关联的过程如图 5-18 所示。

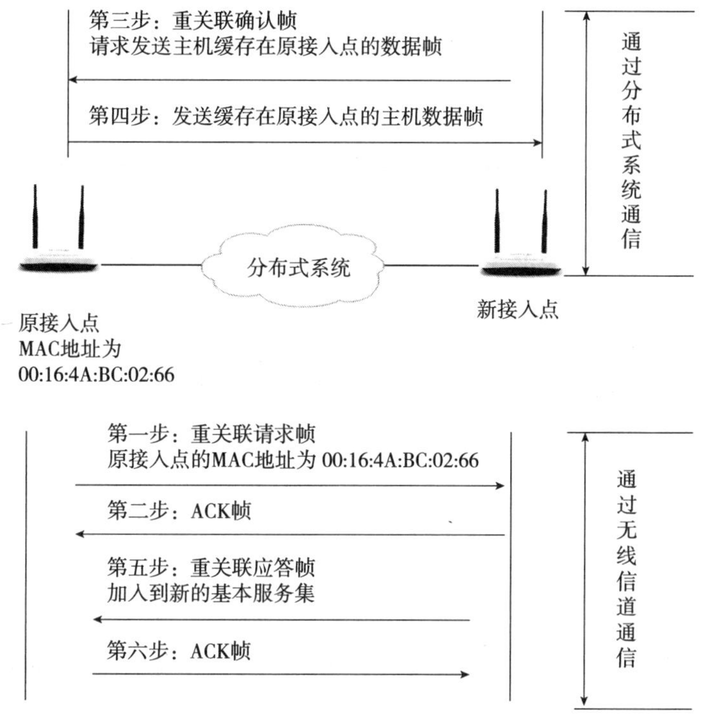

图 5-18　重关联过程示意图

理解“重关联”的过程，需要注意以下几个问题。

- 漫游的决定权由无线主机掌握，IEEE 802.11 协议并没有对主机在什么情况下启动漫游做出明确规定。无线主机是否漫游的规则是由无线网卡制造商制定的。无线网卡一般根据信号质量来决定是否启动漫游和重关联的过程。这里的信号质量主要是指：信号强度、信噪比与信号传输的误码率。
- 无线网卡在通信过程中每隔几秒就在其他信道上发送探测帧。通过持续的主动扫描，无线主机可以维护和更新已知的接入点列表，以便在漫游时使用。无线主机可以与多个接入点认证，但只和一个接入点关联。
- 通过重关联过程的讨论可以看出，由于原接入点与新接入点通过连接它们的分布式系统交换了漫游主机的信息，因此不需要发送“解除关联帧”。
- 由于无线主机在扩展服务集中从一个接入点漫游到另一个信道接入点的过程仅涉及第二层的 MAC 地址的寻址问题，因此它又称为“二层漫游”。跨网络（涉及 IP 地址与路由选择）的无线主机漫游称为“三层漫游”。

5.4 IEEE 802.11 接入设备

随着无线网络技术的发展，出现了很多种无线局域网设备。无线局域网设备主要包括：无线网卡、无线接入点、无线网桥、无线路由器与无线局域网控制器 WLC 等。本节主要讨论无线网卡、无线接入点与无线局域网控制器 WLC。

5.4.1 无线网卡

1. 无线网卡结构

IEEE 802.11 无线网卡的设计方法、基本结构与以太网卡相同，它覆盖了 MAC 层与物理层的主要功能。IEEE 802.11 无线网卡同样由三部分组成：网卡与无线信道的接口、MAC 控制器、网卡与主机的接口（如图 5-19 所示）。

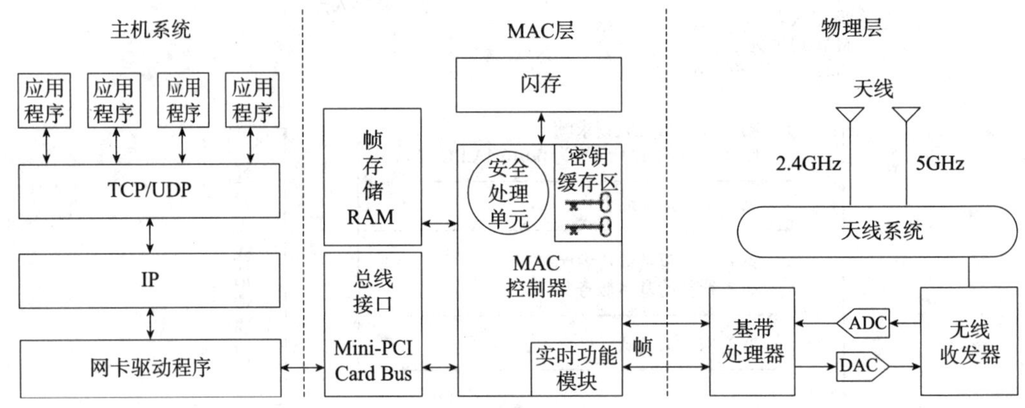

图 5-19 无线网卡结构示意图

在主机系统中，应用层的应用程序由主机的操作系统控制。当应用程序要向网络中其他的主机发送数据时，首先经过传输层的 TCP 或 UDP 协议与网络层的 IP 协议的处理，然后通过网卡驱动程序与 MAC 层的总线接口，将数据传送给无线网卡。大多数的无线网卡采用 Card Bus 接口标准，也有些采用 Mini-PCI 接口标准。由于无线网卡可能需要同时处理多个数据帧，因此网卡可以设置 RAM 缓存区来存储正在处理的数据帧。

MAC 控制器是无线网卡的核心，负责将接收的主机数据封装成帧，同时根据 CSMA/CA 算法，确定什么时候通过基带处理器和 DAC（数字模拟转换器），将计算机产生的数字信号转化成适合无线信道发送的信号，然后通过无线收发器、天线发送出去。

除了发送和接收主机需要的数据帧之外，MAC 控制器芯片还设置了实时功能模块，能够自动生成和处理各种 IEEE 802.11 协议自身需要的控制与管理帧。

为了快速实现无线通信中的安全功能，MAC 控制器中设置了安全处理单元与密钥缓存区，以及存储不断更新的加密算法与加密程序的闪存。

当网卡处于接收状态时，天线将接收到的信号通过 ADC（模拟数字变换器）和基带处理器，交给 MAC 控制器处理。MAC 控制器判断接收的数据帧正确之后，将其存储在 RAM 中，同时通过与主机总线的接口，通知主机读取数据。

从以上的讨论中可以看出：无线网卡能够独立于主机操作系统，自主完成 IEEE 802.11 协议规定的 MAC 层、物理层与无线通信安全等功能。

2. 无线网卡分类

IEEE 802.11 无线网卡的分类主要有两种方法：一种是按网卡支持的协议分类，另一种是按照网卡的接口类型分类。

按照无线局域网协议进行分类，无线网卡可以分为 IEEE 802.11a、802.11b、802.11g 与 802.11n 等几种基本类型。

按照接口类型进行分类，无线网卡可以分为三种主要类型：外置、内置与内嵌的无线网卡。接下来，基于这种分类结果讨论不同无线网卡的特点。

（1）外置的无线网卡

外置无线网卡可以进一步分为：PCI 网卡、PAMCIA 与 USB 网卡。其中，PCI 网卡适用于台式计算机，可以直接插在 PC 主板的扩展槽中。PAMCIA 网卡适用于笔记本计算机。USB 网卡适用于笔记本计算机或台式计算机。外置无线网卡支持热拔插，可以方便地实现无线局域网接入。外置无线网卡如图 5-20 所示。

图 5-20　外置无线网卡

需要注意的是：为了将各种 PDA，包括基于微软的 Windows Mobile 操作系统的 PDA（Pocket PC）通过外置的无线网卡接入 IEEE 802.11 无线网络中，市场上曾经出现过一些利用 PDA 的 SD 插槽研发的 SD 无线网卡。传统的 SD 插槽只能插入存储卡。典型的 SD 无线网卡尺寸为 40mm×24mm×2.1mm，支持 IEEE 802.11b 标准，数据传输速率可达 11Mbps。SD 无线网卡比普通的 SD 存储卡长 6mm，长出的部分作为天线。尽管 SD 无线网卡的传输距离一般限制在 10m 以内，但是它的出现为移动终端接入 Wi-Fi 提供了一种便捷的解决方法。

（2）移动终端设备内嵌的无线网卡

随着物联网智能终端、Pad、RFID读写器、智能眼镜等可穿戴技术设备、电冰箱等智能家居设备和智能机器人大量使用IEEE 802.11技术，推动了支持802.11的片上系统SoC的研究与芯片的问世，促进了内嵌无线网卡的发展。图5-21给出了智能手机、Pad主板内嵌Wi-Fi网卡芯片的示意图。随着Wi-Fi芯片功能更强、体积更小、价格更低与应用软件更丰富，802.11在各种小型移动终端设备中的应用将会呈现出持续大规模增长的趋势。

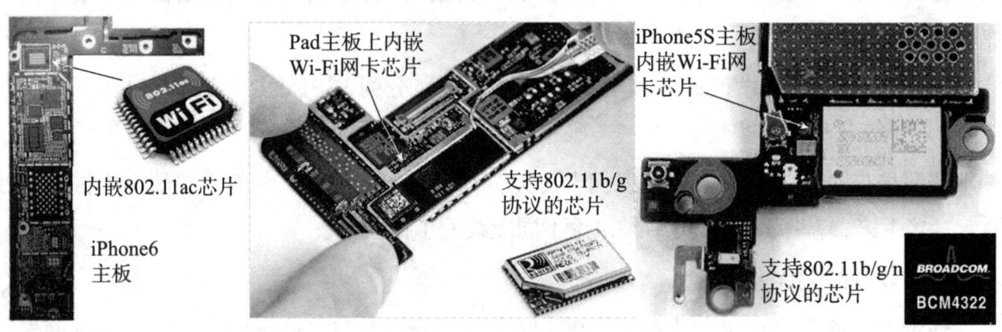

图5-21 主板内嵌Wi-Fi网卡芯片结构示意图

和传统的以太网一样，支持802.11协议的芯片组对于无线网卡的性能影响很大。IEEE 802.11协议处于不断发展的状态，早期支持802.11a/b/g的芯片组不支持802.11n。另外，一些芯片组只支持2.4GHz频段，一些芯片组只支持5GHz频段，也有一些芯片组同时支持2.4GHz与5GHz两个频段。

关于新的802.11芯片组的信息可以通过“www.qualcomm.com”“www.broadcom.com”或“www.intel.com”等网站查询。

5.4.2 无线接入点

1. 无线接入点的发展

第一代的无线接入点相当于传统以太网的集线器。接入点设备通过无线信道与一组无线主机关联，作为基本服务集的中心节点执行CSMA/CA的MAC算法，以便实现无线主机之间的通信功能。

第二代的无线接入点将无线接入功能与无线局域网管理功能结合到以太网交换机中，构成了扩展服务集无线网络。

第三代的无线接入点与无线局域网控制器相结合，构建更大规模、集中管理的统一无线网络系统。

这里需要注意两点：

- 无线接入点也可以作为无线网桥，通过无线信道在MAC层实现两个或两个以上的无线局域网，或无线局域网与有线以太网的无线桥接与中继功能；

- 为了方便地接入更多的计算机与手机，可以利用一台接入以太网的主机，下载一种应用软件，将一块无线网卡改造成一个虚拟接入点，为其他无线主机或无线终端设备提供接入服务。

2. “双频多模”接入点的研究

IEEE 802.11a、802.11b 与 802.11g 等物理层标准不同，导致了不同标准的无线设备之间存在兼容性问题。IEEE 802.11a 工作在 5GHz，而 802.11b、802.11g 工作在 2.4GHz；IEEE 802.11a 与 802.11b 发送信号采用的调制方式也不同。那么，一台无线主机漫游到不同物理层标准的基本服务集区域时必须使用不同的无线网卡，这显然是不合适的。为了解决这个问题，无线接入点设备正在向“双频多模”（dual band and multimode）的方向发展。其中，“双频”是指可以支持 2.4GHz 与 5GHz 两种频率；“多模”是指可以自动识别和支持 IEEE 802.11a、802.11b 与 802.11g 等多种物理层标准。图 5-22 给出了一种“双频双模”（IEEE 802.11a 与 802.11g）接入点的结构示意图。

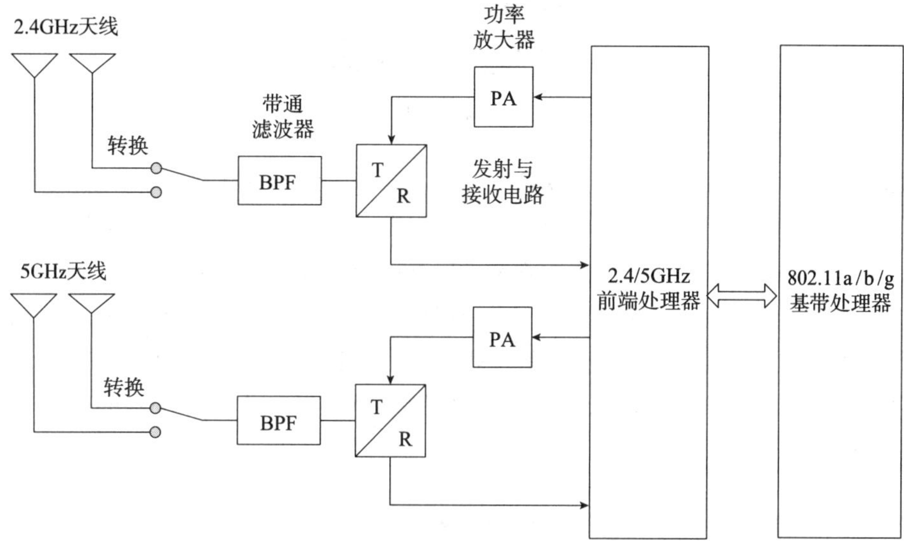

图 5-22　“双频双模”接入点的结构示意图

随着 IEEE 802.11 协议标准的不断完善，“双频多模”成为无线接入点的发展方向，它可以适应多种工作环境，最大限度发挥 Wi-Fi 的优势与特点，有效解决无线主机的无缝漫游问题。

3. 动态 VLAN

第一代接入点是将所有接入的无线主机连接到同一无线局域网中，不能为不同需求的用户提供区分服务。“动态 VLAN”是将以太网的 VLAN 技术引入 Wi-Fi 中，结合无线局域网的身份认证机制，在一个基本服务集中为不同需求的用户提供区分服务。图 5-23 给出了动态 VLAN 的逻辑结构。IEEE 802.1x 协议是实现动态 VLAN 的基础。

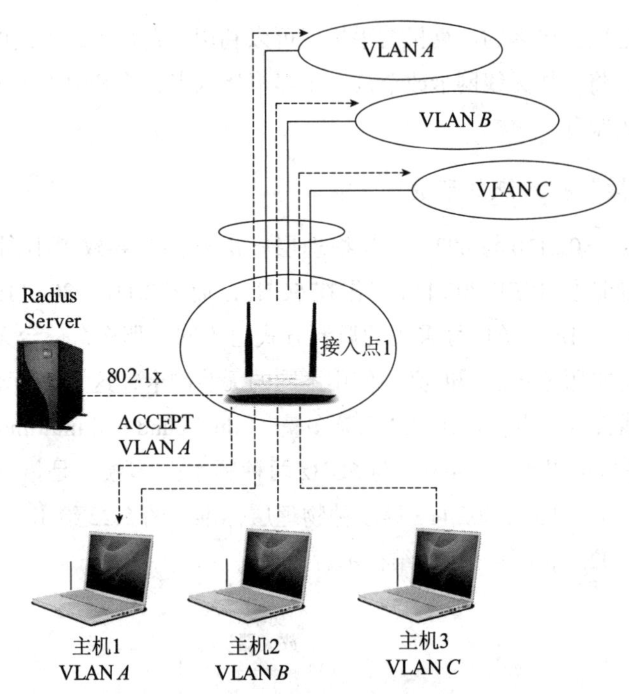

图 5-23　动态 VLAN 的逻辑结构示意图

IEEE 802.1x 协议在 MAC 层实现基于 C/S 的访问控制和认证协议。无线主机访问接入点之前，按照 802.1x 的规定进行用户 / 设备的认证。无线主机 1 接入接入点之前首先向身份认证服务器 Radius Server 发出认证请求。Radius Server 通过对无线主机 1 的身份认证之后，在向接入点与主机 1 发回的 access accept 帧中为无线主机 1 指定 VLAN *A*。属于同一 VLAN 的无线主机都会获得相同的密钥。此后，无线主机 1 发送的数据帧到达接入点时，接入点可以自动将它转发到 VLAN *A*。属于不同 VLAN 的无线主机经过 Radius Server 的认证之后，将会被分配到不同的 VLAN 中。

5.4.3　统一无线网络与无线局域网控制器

1. 统一无线网络的概念

随着 Wi-Fi 从初期的家庭、小型办公室的应用不断扩大到覆盖一个校园、一家医院、一个科技园区，从几个接入点扩展为由数百个接入点组成的大型无线网络，Wi-Fi 网络结构也从初期以接入点为中心的基本服务集，发展到通过以太网交换机互联的由多个基本服务集构成的扩展服务集，直到以太网交换机变换为无线局域网控制器（Wireless LAN Controller，WLC）后，出现了集中管理的大型无线网络结构。Cisco 将这种集中管理的无线网络结构命名为“Cisco 统一无线网络”（Cisco Unified Wireless Network，CUWN）。一个 CUWN 的中心就是 WLC。目前，CUWN 的概念已经被很多无线网络设备制造商接受。典型的 WLC 集中式管理的无线网络结构如图 5-24 所示。

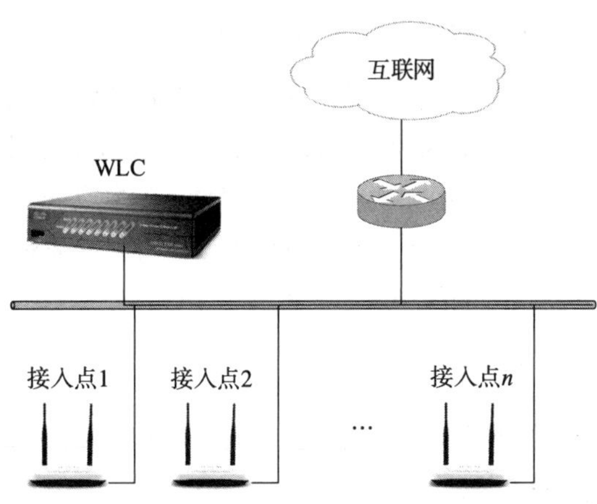

图 5-24　典型的 WLC 集中式管理的无线网络结构

推动 Wi-Fi 结构由自治方式转变到集中方式的动力主要来自大型无线网络运行、维护与网络管理的压力。集中式管理的统一无线网络的特点主要表现在以下几个方面。

- 自治接入点设备中有很多参数需要配置。在一个大型的扩展服务集系统中，为了简化配置与维护的工作量，网络管理员一般将所有接入点的参数配置成相同值。即便是这样，网络管理员也要对每个接入点设备进行配置。而在集中管理的统一无线网络中，网络管理员可以通过 WLC 的控制界面，快捷完成所有接入点的参数配置。对于同样规模的无线网络，更新和修改多个接入点的参数配置可能需要几小时甚至几天，而对于 WLC 可能仅需几秒钟。在统一无线网络中增加一个新的接入点，它能够根据 WLC 已定义的参数进行自我配置。
- 在实际运行的系统中，很难保证所有自治接入点运行相同版本的软件，网络管理员需要为每个接入点单独更新现有版本的升级软件、补丁，以及添加新的功能。而在集中式管理的统一无线网络系统中，所有接入点运行相同软件的镜像。网络管理人员可以方便地更新所有接入点的软件。
- 在设计一个大型的无线网络结构时，技术人员需要实地勘察无线网络的工作环境、覆盖范围、用户数量，以便确定接入点的数量与位置，并且从减少干扰的角度完成接入点信道复用规划，为不同位置的接入点配置不同发射功率。这就需要技术人员有很好的无线通信知识，以及无线网络的安装、配置、运维经验。在日常运行过程中，技术人员需要根据外部环境的变化（建筑物中新增墙体、设备或家具），建筑物中用户人数的变化，确定接入点设备数量的增减；根据周边环境中出现的新干扰信号，如无线局域网、蓝牙设备、微波炉或视频设备产生的相同或相近频率的信号干扰，决定接入点安装位置的变化，或者选择新的信道频率、功率，保证网络系统的正常运行。很多移动计算应用需要无线网络保证无线主机的无缝漫游。自治接入点系统的解决方法只能是不断通过人工方式去调整和部署冗余的基础设施，增大基本服务集之间重叠的面积。完成上述网络系统维护任务的工作量很大，需要使用无线测量设备，并且对网络管理人员的技术水平要求很高。

为了解决这些问题，统一无线网络增加了“无线资源管理”（Radio Resource Management，RRM）功能。RRM 又称为“Auto-RF”。Auto-RF 通过连续采集和监测来自多个接入点无线信道的数据，利用无线资源管理算法，分析无线通信系统状态，通过协调多个接入点的信道频率与功率设置，提高信号传输质量，增强对无缝漫游的支持能力。Auto-RF 可以降低无线网络系统的维护难度，提高了无线网络运行的可靠性与可用性。

2. 统一无线网络的结构特点

在出现统一无线网络的概念之后，不使用 WLC 的接入点被称为“自治”或“基于 IOS（Internetwork Operating System，IOS）的”接入点。所谓“自治”是指：传统接入点的操作系统与配置文件存储在设备的存储器中，可以作为一个完整的系统独立工作。自治接入点系统的功能通过两类进程（实时进程与管理进程）来实现。实时进程的功能主要包括：无线信号的发送与接收、MAC 协议工作过程的控制与管理、加密。管理进程的功能主要包括：无线信道频率与发射功率的管理、关联与漫游的管理、客户端认证、安全与 QoS 管理。

WLC 采用无线接入点控制与配置（Control And Provisioning of Wireless Access Point，CAPWAP）协议，对大量接入点的管理进程实现集中管理。因此，人们将统一无线网络中的接入点称为“瘦接入点”或“轻量级接入点”（LAP），将自治接入点称为“胖接入点”或“分离 MAC 架构”（split MAC architecture）。图 5-25 给出了自治接入点与轻量级接入点的功能区别。

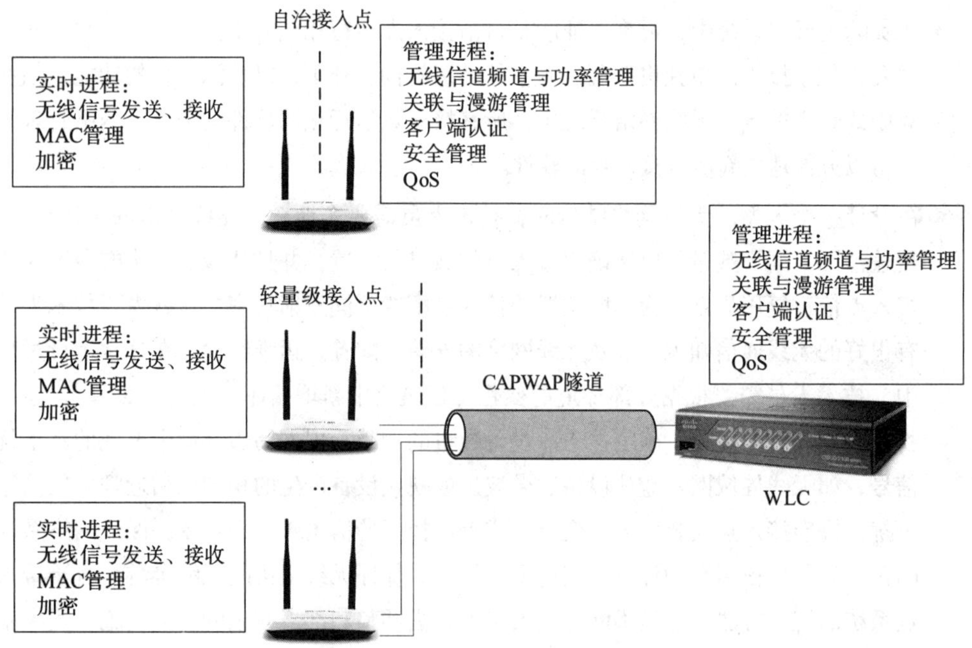

图 5-25 自治接入点与轻量级接入点的功能区别

在统一无线网络中，WLC 与轻量级接入点是通过 CAPWAP 隧道来连接的。CAPWAP 隧道分为数据隧道与控制信息隧道（如图 5-26 所示）。

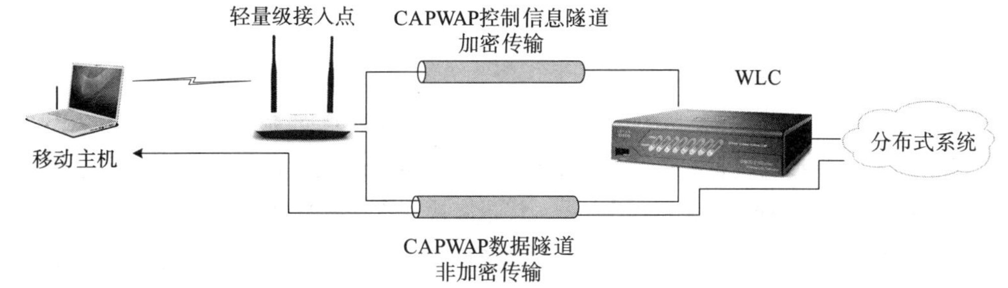

图 5-26 通过 CAPWAP 隧道连接的轻量级接入点与 WLC

CAPWAP 数据隧道用来封装传输与轻量级接入点相关联的无线主机的数据帧。数据隧道不采用加密传输，而控制信息隧道采用加密传输。控制信息隧道实现的主要功能是：

- 轻量级接入点通过控制信息隧道发现 WLC；
- 在轻量级接入点和 WLC 之间建立信任关系；
- 轻量级接入点通过控制信息隧道下载固件与配置文件；
- WLC 通过控制信息隧道收集轻量级接入点的各项统计数据；
- 完成移动主机的移动和漫游；
- 轻量级接入点向 WLC 发送通知与告警信息。

3. WLC 的主要功能

WLC 的主要功能可以概括为以下几点。

（1）动态分配信道与优化发射功率

在一个 WLC 管理多个轻量级接入点的结构中，WLC 可以为每个轻量级接入点选择并配置无线信道频率与发射功率。当某一个轻量级接入点出现故障时，WLC 将自动调高周围轻量级接入点的发射功率。在由多个 WLC 组成的大型无线网络中，按照 802.11a/b/g/n 的不同信道，WLC 动态地形成多个无线组。每个无线组都要“选举”一个“组长”。无线组以一定的时间间隔（通常是 600s），由担任组长的 WLC 向组成员发送信标帧，组成员得通过应答帧，向组长报告信道频率、发射功率、干扰、噪声、接收到的轻量级接入点信号功率，以及恶意轻量级接入点信号等信息。组长 WLC 根据远程采集的信息，使用 RRM 算法来制定无线信道与发射功率的调整方案。WLC 通过动态调整轻量级接入点的信道频率与发射功率，提高无线通信质量，增强无线网络的可用性与可靠性。

（2）支持移动主机的二层和三层漫游

由于 WLC 以集中方式管理多个轻量级接入点，并建立与各个轻量级接入点关联的移动主机列表，因此可以方便地实现一个 WLC 管理多个轻量级接入点关联客户的漫游。在大型的无线网络中，移动主机可以在一个 IP 子网中的多个 WLC 之间实现二层漫游，也可以在多个 IP 子网的 WLC 之间实现三层漫游，整个漫游过程对于移动主机是透明的。

（3）动态均衡客户端的负载

CAPWAP 协议支持动态冗余和负载均衡。轻量级接入点向所有 WLC 发送 CAPWAP 发现请求，WLC 返回的应答中包含：当前已经接入的轻量级接入点数、最多能承受的轻量级接入点接入数，以及已经关联的用户数。轻量级接入点尝试与最空闲的 WLC 建立关联，以便均衡负载。在轻量级接入点已经与一个 WLC 建立关联之后，它将周期性（默认值为 30s）发送 CAPWAP 信标帧，WLC 采用单播方式发送应答帧。如果轻量级接入点丢失了 1 个应答帧，它将以 1s 为间隔连续发送 5 个信标帧，如果 5s 之内没有收到应答帧，则说明原 WLC 处于"忙"状态。轻量级接入点重新启动 WLC 发现过程。

（4）有效的安全性管理

每台设备在出厂之前通常预安装了一个 X.509 证书，轻量级接入点和 WLC 使用数字证书来完成双方的认证，以防止假冒的轻量级接入点与 WLC 侵入统一无线网络中，提高系统的安全性。

4. 无线局域网阵列

针对大型会议、展览、物流园区、机场、港口等用户密集、流动性大、不易管理，而又需要较强的无线接入能力的应用领域，技术人员研究了一种称为"无线局域网阵列"（WLAN array）的设备（如图 5-27 所示）。

图 5-27 无线局域网阵列

无线局域网阵列是将 WLC 与多个接入点集成在一个硬件设备中，典型的产品包括 1 个嵌入式 WLC 与 16 个接入点射频模块。对于包括 16 个接入点射频模块的无线局域网阵列，可以有 4 个 2.4GHz 的射频卡与 12 个 5GHz 的射频卡，其中一个射频卡嵌入 WLC 中，专用于无线入侵检测。

无线局域网阵列要求每个接入点的天线呈扇形的方向图。无线局域网阵列安装在大型会议场所的房顶，多个接入点天线合成就能覆盖 360° 的范围。显然，无线局域网阵列的应用可以大大减少无线设备部署的工作量，能够满足高密度用户接入的需求。

5. 虚拟接入点

早期的机场考虑到乘客有上网、在线购物与支付的需求，为乘客接入互联网组建了专门的 Wi-Fi 网络，而很多其他应用（如登机口的航空检票设施、零售柜台）也要使用 Wi-Fi 接入，解决的办法只能是另建一个 Wi-Fi 网络。因此，传统的方法不能在由一个接入点构成的基本服务集中为不同用户提供区分服务，需要分别构建和管理多个物理网络。这种解决方案导致无线网络建设上存在重复投资，增加了网络管理人员的维护工作量，给接入点设备的位置、供电、无线频率配置等带来了困难。针对这个问题，技术人员研究了一种用一个（组）物理的网络基础设施去构建多重逻辑网络的虚拟接入点（virtual AP）技术。图 5-28 给出了用虚拟接入点方法构建的无线网络逻辑子网结构。

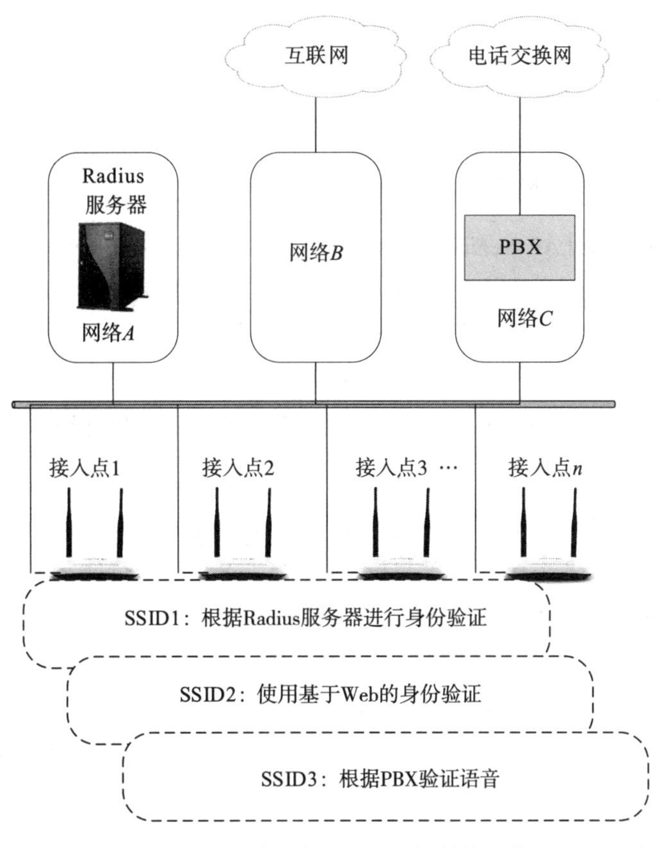

图 5-28　虚拟接入点组网的逻辑结构示意图

虚拟接入点技术允许网络管理员在一组接入点设备上，设置和控制多个动态 VLAN。图中显示该无线网络设置了 3 个虚拟网络。其中，网络 A（SSID1）是一个公司的内部网络。如果用户需要访问该网络，必须在公司网络的 Radius 服务器上有账户。网络 B（SSID2）是一家无线互联网接入服务提供商（WISP）。WISP 使用基于 Web 的身份认证系统，为注册的合法用户提供物联网接入服务。网络 *C*（SSID3）用于提供 IP 语音服务，并且配备了 IP 用户级电话交换机（PBX）。虚拟接入点为对应 SSID1 的网络 *A*、对应 SSID2 的网络 *B* 与对应 SSID3 的网络 *C* 分别分配一个虚拟 MAC 地址 BSSID *A*、BSSID *B* 与 BSSID *C*。

接入点 1～接入点 *n* 可以使用虚拟的 MAC 地址 BSSID *A*、BSSID *B* 与 BSSID *C* 广播信标帧；无线主机可以接入任何一台接入点，进而访问网络 *A*、网络 *B* 与网络 *C*。对于网络 *A* 的用户来说，仅知道无线主机接入"服务集标识符为 SSID1、MAC 地址为 BSSID *A*"的接入点即可，无须知道具体接入哪个接入点，也无须知道可能在多个接入点之间漫游。

由于在共享无线基础设施的前提下，虚拟接入点组网方案可以为不同用户提供区别服务，而共享的无线基础设施由一个机构建设和管理，因此这种组网方案既节约建设资金，避免重复投资，又可以免于频率之争，便于统一管理与运营。由于虚拟接入点组网方案具有上述优点，因此它引起了用户越来越多的关注。

5.5 空中 Wi-Fi 与无人机网

5.5.1 无人机网的基本概念

无人机（Unmanned Air Vehicle，UAV）或无人机系统（Unmanned Air System，UAS）的用途非常广泛，不论是在军事领域还是民用领域，无人机都发挥了重要的作用。以民用领域为例，无人机搭载各种传感器与执行器，在航拍摄影、农业植保、电力巡检、森林防火、高空灭火、应急通信、灾难救援、安全防护、观察野生动物、监控传染病、地形测绘、新闻报道和无人机物流等多方面有成熟的应用范例。无人机已经成为将传感器、执行器接入物联网的重要技术手段之一。

无人机系统的分类有多种方法，例如按照飞行器类型、尺寸、重量、任务范围、飞行高度、航程等分类，每种分类都代表了无人机系统的某个典型特征。无人机系统常规的分类方法，包括高空长航时无人机、中空长航时无人机、战术无人机、垂直起降无人机，以及小型和微型无人机。小型无人机可以分为固定翼、扑翼与旋翼，以及这三种基本类型任意两种组合的无人机。目前，无人机正朝着小型化和集群化方向发展。

无人机在空中可以作为一台无线信号中继器（空中基站），扩展无线通信的覆盖范围，如图 5-29a 所示。两架无人机在空中可以组成简单的中继器网络，进一步扩展无线通信的覆盖范围，如图 5-29b 所示。

出于经济性的目的，研发小型、微型无人机系统能节省大量资金。对于特定的监视、拍摄或识别任务，小型、微型无人机更具竞争优势。如果要开展大规模监控与识别任务，必须由多架无人机组成无人机集群。如图 5-29c 所示，多架无人机可以在空中组成 Ad hoc，以便实现更多的功能。

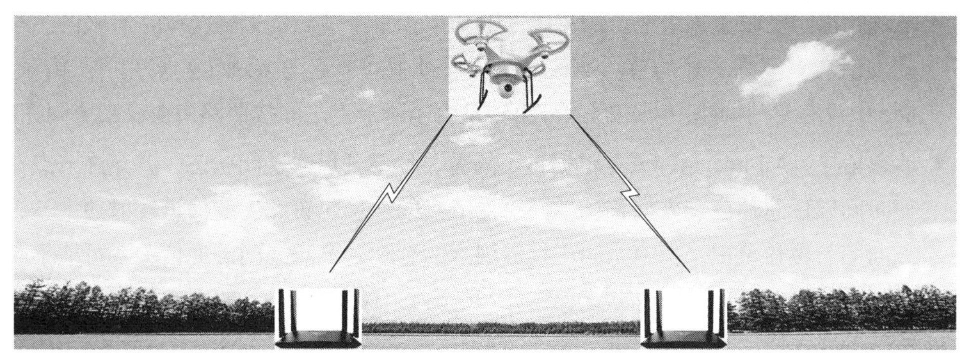

a）一架无人机可以作为中继器，扩展无线通信的范围

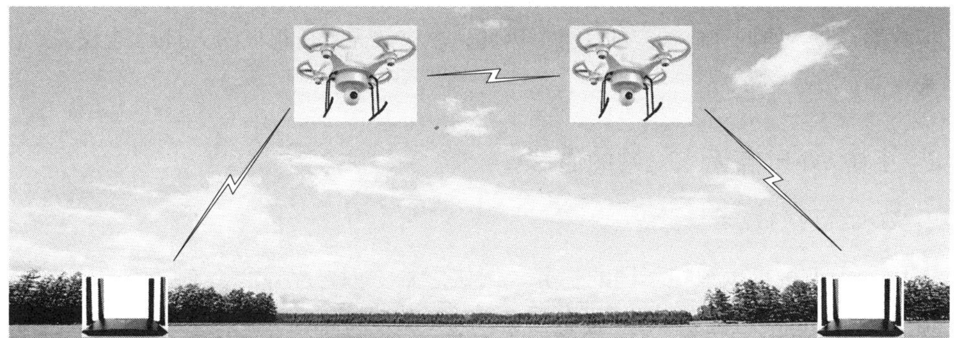

b）两架无人机可以作为简单的中继器网络，进一步扩展无线通信的范围

c）多架无人机可以组成空中移动Ad hoc网络

图 5-29　无人机组成的空中 Ad hoc 示意图

传统的方法是一个操作员操作一架无人机。当多架无人机组成 Ad hoc 时，每架无人机就是 Ad hoc 中的一个节点。空中 Ad hoc 应该具备以下几个特性。

- 自组织与独立组网。Ad hoc 无须预先架设基站等无线通信基础设施，所有节点通过分层的协议体系与分布式算法，协调每个节点各自的行为，节点可以快速、独立和自主地组网。
- 无中心。Ad hoc 是一种对等结构的网络。网络中所有节点的地位平等，没有专门用于路由与分组转发的路由器。任何节点可以随时加入或离开网络，节点故障不会影响整个网络。

- 多跳路由。受限于每个节点的无线发射功率，每个节点的覆盖范围是有限的。与有效发射功率范围之外的节点通信，必须通过中间节点的多跳转发来完成。由于 Ad hoc 中没有专门的路由器，因此分组转发由多跳节点之间按照路由协议来协同完成。
- 动态拓扑。Ad hoc 允许节点根据自己的需要处于开启或关闭状态，并允许节点在任何时间以任意速度和方向移动，同时受节点的地理位置、无线信道发射功率、天线方向图与覆盖范围、信道之间干扰等因素的影响，节点之间的通信关系可能不断变化，造成 Ad hoc 拓扑的动态改变。因此，为了保证 Ad hoc 的正常工作，必须采取特殊的路由协议与实现方法。

由于空中 Ad hoc 的无人机具有很强的独立、自主性，多架无人机通过无线信道来互相交换数据，并且协同完成预定的任务。因此，由多架无人机组成的 Ad hoc 也仅需一位操作员来控制。

5.5.2　空中 Wi-Fi 与无人机网的通信

1. 无人机网的应用场景

不同的无人机可以承担不同的任务。例如，需要垂直起降的（室内 / 室外）观测任务，需要长航时的（近程 / 远程）监视任务，以及其他特定任务（投送物资、监控包括风电机组、核电站等特定设施）。

对于不同的应用，无人机网的节点数量可能从几架到几百架，飞行距离可能从几十米到几十千米（如图 5-30 所示）。

图 5-30　无人机数量与飞行距离

2. 空中网络通信技术

无线通信不仅是向无人机提供网络的必要条件，也是成功部署由多个无人机组成的网络的关键因素。对于需要满足特定 QoS 要求的数据传输应用（如监视某些区域）可能需要高性能的通信链路和三维空间中的连通性。采用哪种无线技术能够满足空中网络“空对空”和“空对地”的链路需求，在飞行高度和方向发生变化时都能够传输数据，满足在多种链路上的 QoS 和节点移动性要求，为地面网络开发的网络协议是否能够在无人机网上部署，这些问题都还有待研究。

IEEE 802.15.4、IEEE 802.11、蜂窝移动通信 LTE 和红外等无线技术可以应用于无人机网的通信。由于 IEEE 802.11 支持 Ad hoc 组网方式，并且 802.11p 可以支持数据密集型应用，因此大量空中网络通信技术研究是基于 802.11p 协议的。

2010 年 7 月，IEEE 发布了 802.11p 标准。IEEE 802.11p 被用于车载专用短距离通信（Dedicated Short Range Communications，DSRC）。IEEE 802.11p 对传统的无线短距离网络技术加以扩展，在车载网的规定频率上实现“车 – 车”“车 – 路边基础设施”之间的通信。

3. 空中网络的特点

空中无人机网不同于移动自组网（MANET）、车载自组网（VANET）和无线传感网（WSN），它的特点主要表现在以下几个方面。

（1）无人机平台类型对通信范围的影响

无人机的大小与负载能力影响网络覆盖范围和联网无人机数量。具有专用无线电收发器的大型无人机通常工作在单个链路上，以提供更长的连接距离。小型、微型无人机通常使用 Wi-Fi 无线通信设备，并且负载能力受限，不能搭载重的通信设备与电池。在这种情况下，机载天线不仅应该是轻型的，还要能够提供全向覆盖。这些因素限制着无人机网的覆盖范围与续航时间。

（2）3D 属性

空中网络的另一个重要特点是它的 3D 属性。空中网络中的设备在 3D 空间的移动能力，使其在必须绕过障碍物的情况下，如在城市环境或地震等灾害场景中，依然能够提供有效的网络连接。在其他场景中，如对大片高海拔区域进行监视和绘图或野外飞行，空中网络的 3D 属性依然需要保持有效。在使用多架无人机执行任务时，需要利用高度差来避免无人机之间发生碰撞。

空中网络的 3D 属性支持各种类型的链路。空中网络中的链路可分为空对空（Air-to-Air，A2A）、空对地（Air-to-Ground，A2G）、地对空（Ground-to-Air，G2A）与地对地（Ground-to-Ground，G2G）。由于这些链路具有不同的信道特性，因此必须对这些链路分别进行建模。链路模型将会影响可支持网络的相关 QoS，从而影响每种链路上的可持续流量。另外，无线信道还受无人机飞过的地形及空间中障碍物的影响。

（3）移动性

在很多应用场景中，无人机感知的环境信息具有高度的灵活性和时效性。例如，在搜索和救援中可使用无人机进行灵活的观测和搜寻。空间的移动性使空中网络不同于 MANET 和 WSN 等网络。无人机经过的地形可能会频繁变化，如在单次飞行中可能经过森林、湖泊和建筑物。地形引起的盲区不仅会影响无线信道，也会造成多个设备（无人机、地面用户、基站）之间连接的网络拓扑的频繁变化。VANET 也具有高移动性，但是车辆必须在道路上行驶，VANET 移动模型受 2D 路径的约束，而无人机是在 3D 空间中移动。因此，不仅无人机飞行经过的平面区域频繁变化，飞行高度也会因躲避障碍而改变。由于无人机的 3D 移动特点，空中网络的通信协议不仅为快速移动的无人机提供联网支持，在移动性建模方面也比 VANET 协议更加灵活。

（4）有效载荷与飞行时间约束

无人机的有效载荷与飞行时间之间成反比关系。这就存在着一个矛盾，用户希望使用造价低廉的小型或微型无人机，但是这类无人机的有效载荷较低，它们无法搭载更多的电池，因此续航时间受限。这就意味着需要研究多架无人机协同工作，减少每架无人机的能力消耗，以便延长无人机的飞行时间。

2018 年，中国信息通信研究院发布的《5G 无人机应用白皮书》指出：5G 具有高带宽、低时延、高可靠性、广覆盖、大连接等技术特点，与网络切片、边缘计算等能力结合，进一步拓展无人机的应用场景。5G 在无人机网中的应用将成为下一阶段的研究重点。

习题

一、选择题（单选）

1. 以下不属于空中网络特有属性的是

A）鲁棒性　　B）3D 属性

C）移动性　　D）有效载荷与飞行时间

2. 以下不属于空中网络通信 3D 属性的是

A）空对空（A2A）　　B）空对地（A2G）

C）地对空（G2A）　　D）地对云（G2C）

3. 以下关于 IEEE 802.11 网络拓扑的描述中，错误的是

A）基本服务集称为 BSS　　B）扩展服务集称为 ESS

C）独立基本服务集称为 ABSS　　D）Mesh 基本服务集称为 MBSS

4. 以下关于 IEEE 802.11 基本服务集的描述中，错误的是

A）依靠接入点来组建无线局域网

B）覆盖范围一般在几十米到几百米

C）以接入点为中心节点的星形拓扑构型

D）几个接入点与多台无线主机组成一个基本服务区

5. 以下关于 IEEE 802.11 扩展服务集的描述中，错误的是

A）通过以太网交换机将多个基本服务集互联，构成一个扩展服务集

B）连接在不同基本服务集中的无线节点通过基站之间的无线链路来通信

C）扩展服务集可以覆盖一个教学楼、公司、学院、阅览室、学生宿舍或运动场

D）扩展服务集可以通过路由器接入主干网，构成一个分布式系统

6. 以下关于 IEEE 802.11 独立基本服务集的描述中，错误的是

A）支持以 Ad hoc 方式来组网

B）不需要预先设置接入点

C）通过无线基站以对等的"点 – 点"方式通信

D）不相邻的主机之间通信需要通过相邻主机转接

7. 以下关于 Mesh 基本服务集的描述中，错误的是

A）Mesh 基本服务集又称为无线 Mesh 网

B）通过 Mesh 接入点之间的"点 – 点"连接形成网状结构

C）无线 Mesh 接入点形成自己的基本服务集，实现主机的接入功能

D）Mesh 接入点增加了物理层路由选择与自组织功能

8. 以下关于 SSID 与 BSSID 特征的描述中，错误的是

A）网络管理员安装接入点时，首先为接入点分配一个 SSID 与通信信道

B）接入点的 SSID 最长为 32 个字符，可以不区分字符的大小写

C）在大部分情况下，BSSID 是接入点无线网卡的 MAC 地址

D）BSSID 长度通常是 48 位

9. 以下关于信标帧特点的描述中，错误的是

A）无线主机接收信标帧可以发现所有的接入点

B）在基本服务集模式中，接入点周期性地广播信标帧

C）信标帧为无线主机接入接入点提供必要的配置信息

D）无线主机从信标帧时间戳中提取接入点时钟以保持同步

10. 以下关于漫游的描述中，错误的是

A）漫游是指无线主机在不中断通信的前提下，在不同接入点覆盖范围之间移动的过程

B）从 MAC 层来看，漫游是无线主机转换接入点的过程

C）从网络层及高层来看，漫游是在转换接入点同时仍维持原有网络连接的过程

D）IEEE 802.11 对“漫游”过程涉及的通信协议做出明确的规定

11. 以下关于无线网卡特点的描述中，错误的是

A）覆盖了 MAC 层与物理层的主要功能

B）包括网卡与无线信道接口、MAC 控制器、网卡与主机的接口

C）MAC 控制器执行 CSMA/CD 算法

D）自动生成和处理各种 802.11 协议的控制与管理帧

12. 以下关于“双频多模”接入点特点的描述中，错误的是

A）双频是指可以支持 2.4GHz 与 5GHz 两种频率

B）多模是指可以自动识别 802.3、802.11 两种标准

C）目的是适应多种工作环境，最大限度发挥 Wi-Fi 的优势

D）有助于有效解决无线主机的无缝漫游问题

13. 以下关于统一无线网络与 WLC 的描述中，错误的是

A）WLC 以分布方式管理大型的统一无线网络

B）WLC 能够自主完成所有接入点的参数配置

C）WLC 可以实现所有接入点运行相同的镜像软件

D）WLC 协调多个接入点的信道频率与功率设置，增强对移动节点无缝漫游的支持

14. 以下关于虚拟接入点特点的描述中，错误的是

A）虚拟接入点是 VLAN 技术在 Wi-Fi 中的应用

B）用虚拟接入点方法可构建多个无线网络逻辑子网

C）虚拟接入点允许网络管理员在一组接入点设备上，设置和控制多个动态 VLAN

D）虚拟接入点要求无线节点知道自己所接入接入点的 BSSID

15. 以下关于 IEEE 802.11n 标准特点的描述中，错误的是

A）可以工作在 2.4GHz 与 5GHz 两个频段

B）采用了智能天线技术

C）数据传输速率最高可以达到 60Mbps

D）采取了软件无线电技术

16. 以下关于 DRS 机制特点的描述中，错误的是

A）每种 IEEE 802.11 标准都会规定若干个数据传输速率

B）无线网卡根据接收信号的强度、信噪比等自主决定速率

C）目的是保证无线主机与接入点之间的数据帧传输质量

D）IEEE 802.11 协议对 DRS 算法的实现方法有具体规定

二、问答题

1. 为什么 IEEE 802.11b 标称速率为 11Mbps，而接入点实际不能保证节点用到 11Mbps？

2. 为什么 IEEE 802.11 协议在 2.4GHz 只能用 1、6、11 等 3 个信道？

3. 请根据 2.4GHz 信道复用方法，填出下图空白区域的信道号。

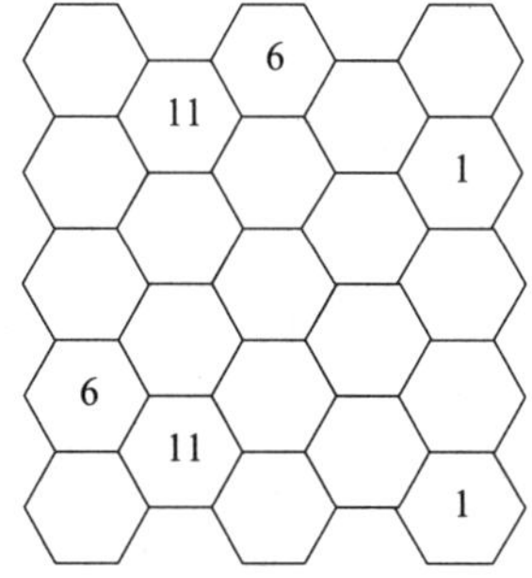

4. 请分析无线主机在接入接入点之前的被动扫描或主动扫描工作过程的区别。

5. 请结合自身使用智能手机的经验，描述手机接入 Wi-Fi 重关联的过程。

6. 请说明 WLC 支持无线主机的二层和三层漫游的区别与联系。

7. 请结合 WLC 功能与应用场景，设计一个基于 WLC 的物联网接入网结构。

8. 请结合无人机网技术特征与应用场景，设计一个基于无人机网的物联网应用系统。

第 6 章 NB-IoT 接入技术

NB-IoT 是一种基于蜂窝移动通信网的物联网专用接入技术，在物联网接入中具有广泛的应用前景。本章在介绍 NB-IoT 研究背景的基础上，系统地讨论 NB-IoT 技术特征，以及它在物联网中的应用。

6.1 NB-IoT 的基本概念

6.1.1 NB-IoT 发展过程

随着物联网应用的发展，需要接入的移动终端数量大幅度上升。如果用现有的移动通信网 LTE 接入海量的物联网终端设备，将会导致网络严重过载。即使物联网终端传输的数据量很小，网络自身的信令流量也会造成网络拥塞。2015 年，电信行业普遍认识到：传统的移动通信网难以满足物联网应用对网络带宽与流量的需求，也不能提供比较低的流量服务费用，因此它不适合物联网的大规模接入需求，有必要研究适合物联网不同行业、不同应用场景的新技术。在基于蜂窝移动通信网的接入技术中，应用规模、运营成本与接入成本将起到决定性的作用。这项新技术必须具备广覆盖、多接入、低功耗、低成本、低速率等特点。在这样的背景下，窄带物联网（Narrow Band IoT，NB-IoT）技术出现。

NB-IoT 的“窄带”定位来源于这项技术仅需使用 200kHz 的授权频段。NB-IoT 的概念很快就引起了电信运营商与通信企业的高度重视。

2015 年 9 月，3GPP 开始 NB-IoT 标准的制定。

2016 年 4 月，3GPP 完成 NB-IoT 物理层标准的制定。

2016 年 6 月，3GPP 完成 NB-IoT 核心标准的制定，并发布在 3GPP Rel-13 中，确认将 NB-IoT 作为标准化的物联网专用协议。

2016 年 9 月，3GPP 完成 NB-IoT 性能标准的制定。

2017 年 1 月，3GPP 完成 NB-IoT 一致性测试工作。

NB-IoT 标准化工作的完成，使物联网移动接入有了专用的国际标准，这标志着 NB-IoT 开始进入商用阶段。

在 NB-IoT 国际标准的制定中，我国企业发挥了重要的作用。2016 年 10 月，中国移动联合华为等厂商进行基于 3GPP 标准的 NB-IoT 商用产品的实验室测试。华为公司将 NB-IoT 定义为“蜂窝物联网”。

6.1.2　NB-IoT 技术特点

NB-IoT 技术特点主要表现在以下几个方面。

- 广覆盖：NB-IoT 与 GPRS、LTE 相比，最大链路预算提升 20dB，即信号强度增大 100 倍，可覆盖地下车库、地下室、地下管道等普通无线信号难以覆盖的区域。
- 海量接入：单个 NB-IoT 扇区可支持超过 5 万个用户终端与核心网的连接，比传统的 2G / 3G / 4G 移动网络的用户容量提高 50～100 倍。
- 低功耗：NB-IoT 允许终端设备永远在线，通过减少不必要的信令、采用更长的寻呼周期与硬件节能机制，某些场景中终端模块的电池供电时间长达 10 年。
- 低成本：低速率与低功耗可以使终端设备结构简单，使用低成本、高性能的 NB-IoT 芯片（如华为 Boudica 芯片），有助于降低用户终端的制造成本。另外，NB-IoT 基于蜂窝网络，可以直接部署于现有的 LTE 网络，无须重新建网，部署、运营与维护成本相对较低。
- 安全：NB-IoT 继承了 4G 网络的安全性，支持双向鉴权和空口加密机制，确保用户终端在发送和接收数据时空口的安全性。

2017 年，我国工业和信息化部发出“关于全面推进移动物联网（NB-IoT）建设发展的通知”，明确提出“加强 NB-IoT 标准与技术研究、打造完整产业体系，推广 NB-IoT 在细分领域的应用、逐步形成规模应用体系，优化 NB-IoT 应用政策环境、创造良好可持续发展条件”等 14 条措施，全面推进 NB-IoT 建设的发展。

6.2　NB-IoT 接入网特点

6.2.1　NB-IoT 网络结构

1. NB-IoT 网络体系结构

NB-IoT 网络体系结构如图 6-1 所示。NB-IoT 无线网络由两部分组成：无线接入网（E-UTRAN）与核心网（Evolved Packet Core，EPC）。E-UTRAN 可以由一个或多个基站（eNodeB，eNB）组成，eNB 基站通过空中接口 Uu 与用户终端 UE 通信。E-UTRAN 与

EPC 之间通过 S1 接口连接。eNB 基站之间通过 X2 接口直接互连，以解决 UE 在不同 eNB 基站之间的切换问题。

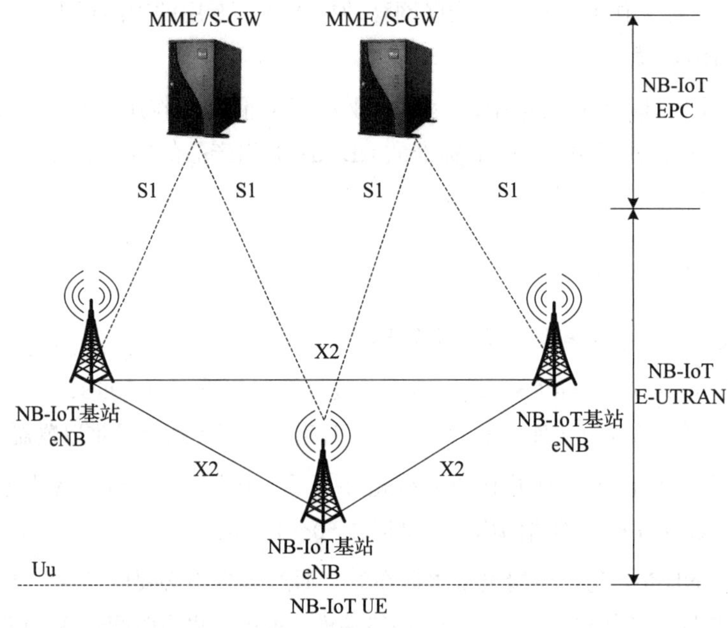

图 6-1 NB-IoT 无线接入网架构示意图

eNB 基站通过 S1-MME 接口连接到移动性管理实体（Mobility Management Entity，MME），通过 S1-U 连接到服务网关（Serving Gateway，S-GW）。S1 接口支持 MME/S-GW 与 eNB 基站之间的多对多连接，即一个 eNB 基站可以与多个 MME/S-GW 连接，多个 eNB 基站也可以同时连接到同一个 MME/S-GW。Uu 接口用于 UE 与 eNB 之间交换数据与控制信令，X2 接口用于 eNB 与 eNB 之间交换数据与控制信令，S1 接口用以在 eNB 与 MME 之间交换控制信令。

NB-IoT 网络体系架构遵循以下一些原则。

- 信令和数据传输在逻辑上是相互独立的。
- E-UTRAN 和 EPC 在功能上实现了分离。
- 无线资源控制（Radio Resource Control，RRC）连接的 MME 完全由 E-UTRAN 控制，核心网对无线资源的处理不可见。
- E-UTRAXT 接口上的功能定义尽量简化，并减少选项。
- 多个逻辑节点可以在一个物理节点上实现。
- S1 和 X2 是开放的逻辑接口，应满足不同厂家设备之间的互联互通。

2. E-UTRAN 与 EPC 之间的功能划分

E-UTRAN 与 EPC 的功能划分如图 6-2 所示。

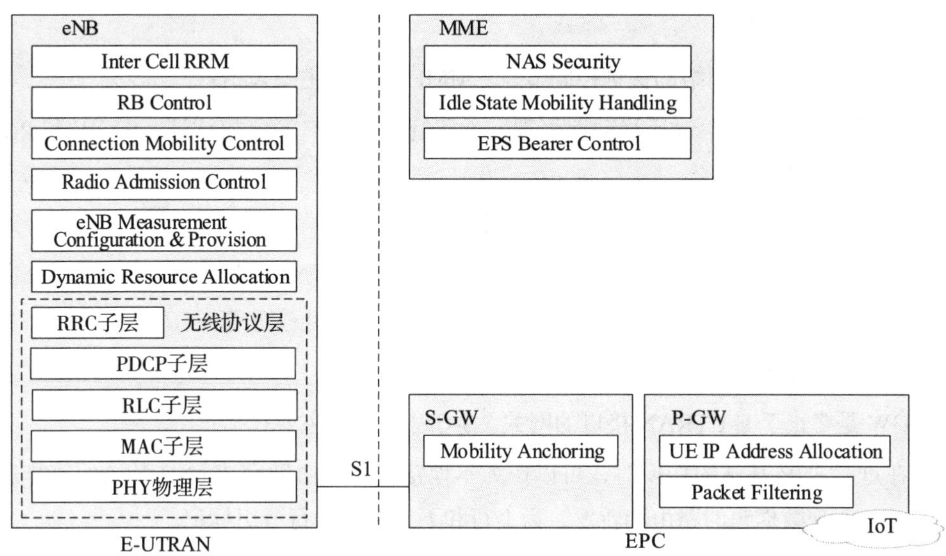

图 6-2　E-UTRAN 与 EPC 的功能划分

在 NB-IoT 网络架构中，E-UTRAN 和 EPC 承担相互独立的功能。E-UTRAN 由多个 eNB 基站功能实体组成，EPC 由 MME、服务网关 S-GW 和分组数据网关（PDN Gateway，P-GW）功能实体组成。S-GW 与 P-GW 可以在一个物理节点或不同物理节点实现。E-UTRAN、MME、S-GW 与 P-GW 是逻辑节点。

RRC（无线资源控制）子层、PDCP（分组数据汇聚协议）子层、RLC（无线链路控制）子层、MAC 子层、PHY 物理层是无线协议层。

（1）eNB 基站的功能

eNB 基站的功能主要包括：

- eNB 的无线资源管理功能包括无线承载控制、无线接入控制、连接移动性控制，以及 UE 上行、下行资源动态分配和调度。
- IP 报头压缩和用户数据流的加密。
- 当 UE 携带的信息不能确定到达某个 MME 的路由时，eNB 为 UE 选择一个 MME。
- 将用户面数据路由到相应的 S-GW。
- MME 发起的寻呼消息的调度和发送。
- MME 或运行和维护管理（Operation & Maintenance，O&M）发起的广播信息调度和发送。
- 在上行链路中传输标记级别的数据包。
- UE 不移动时的 S-GW 迁移。
- 用户面 UP 模式的无线配置与安全配置。

（2）MME 的功能

MME 是 LTE 接入网络的关键控制节点。MME 的功能主要包括：

- 负责信令的处理，包括移动性管理、承载管理、用户的鉴权认证、S-GW 和 P-GW 的选择等功能。
- 支持在法律许可的范围内进行拦截和监听。
- MME 支持 NB-IoT 能力协商、根据 UE 请求不建立 PDN 连接、创建 Non-IP 的 PDN 连接，支持控制面 CP 模式、用户面 UP 模式与移动性管理等。

（3）S-GW 的功能

S-GW 是终止于 E-UTRAN 接口的网关。S-GW 的功能主要包括：

- 在进行 eNB 基站的切换时，可以作为本地锚点，并协助完成 eNB 基站的重排序功能，实现数据包的路由和转发，为上行和下行传输进行分组标记。
- 在空闲状态时，实现下行分组的缓冲和发起网络触发的服务请求功能。
- 用于运营商之间的计费。
- S-GW 引入了支持 NB-IoT 的无线接入技术（RAT）类型，以及转发速率控制信息、S1-U 隧道等。

（4）P-GW 的功能

P-GW 的主要功能包括：

- 作为终结和外部数据网络的 SGi 接口，可以作为 EPC 锚点，同时也是 3GPP 与非 3GPP 网络之间的用户面数据链路的锚点。
- 3GPP 和非 3GPP 网络之间的数据路由管理与移动管理。
- 管理动态主机配置协议 DHCP、策略执行以及计费等功能。如果 UE 访问多个 PDN，则 UE 将对应一个或多个 P-GW。
- P-GW 引入了支持 NB-IoT 的 RAT 类型，以及创建 Non-IP 的 PDN 连接、执行速率控制等。

6.2.2 NB-IoT 业务模型

NB-IoT 作为一种经济、实用的无线接入技术，将会广泛应用于物联网的智慧城市、智能医疗、智能物流、智能工业、智能电网、智能农业、智能电网等领域。但是，物联网应用系统的差异性很大。有的物联网应用系统（如智能物流），覆盖一个地区甚至一个国家，进而辐射到全世界；接入设备的数量大、种类多、分布范围广。有的物联网应用系统（如智能医疗），覆盖一家医院以及周边区域，接入设备主要是医生的计算机、智能终端设备、各种医疗诊断设备、住院病人的监控设备，以及慢性病患者随身携带的健康监控设备、可穿戴计算设备。有些物联网应用系统（如智能家居），接入设备数量较少，位置相对集中，设备的移动性也较小。

根据各种物联网应用系统的特点，大致可以将物联网接入设备分为：固定节点与移动节点。移动节点又进一步分为：低速移动节点与高速移动节点。显然，NB-IoT 更适用于固定节点与低速移动节点。表 6-1 给出了 3GPP TR 45.820 定义的 NB-IoT 业务模型。

表 6-1　NB-IoT 业务模型

业务类型	适应范围	上行数据规模	下行数据规模	发送频率
自动上报 异常上报	烟雾报警、智能仪表电源失效通知、闯入通知	20B	0 B	每个月，甚至每年
自动上报 周期上报	智能水电气热表、智能农业、智能环保	20 ～ 200B，超过 200B 也假设为 200B	50% 的上行数据的确认字符（ACK）为 0	1 天（40%） 2 小时（40%） 1 小时（15%） 30 分钟（5%）
网络命令	开关、触发设备上报数据、请求读表数据	0 ～ 20B，50% 情况请求上行响应	20B	1 天（40%） 2 小时（40%） 1 小时（15%） 30 分钟（5%）
软件升级 重设置模型	软件补丁升级	200 ～ 2000B，超过 2000B 也假设为 2000B	200 ～ 2000B，超过 2000B 也假设为 2000B	180 天

从 NB-IoT 业务模型中的数据可以看出，NB-IoT 的用户数据量远小于 LTE 的数据量。但是，由于每个小区内接入的用户终端数量较多，终端产生的数据需要自动上报、周期上报或异常上报，终端之间需要建立链路、传输数据与拆除链路，需要传送的控制信令比 LTE 多。因此，NB-IoT 的控制面协议的设计与实现较复杂。

6.2.3　NB-IoT 平台架构

基于 NB-IoT 接入的物联网应用系统主要由 5 个部分组成：NB-IoT 终端、NB-IoT 基站、NB-IoT 核心网、IoT 平台与 IoT 垂直行业应用。其结构如图 6-3 所示。

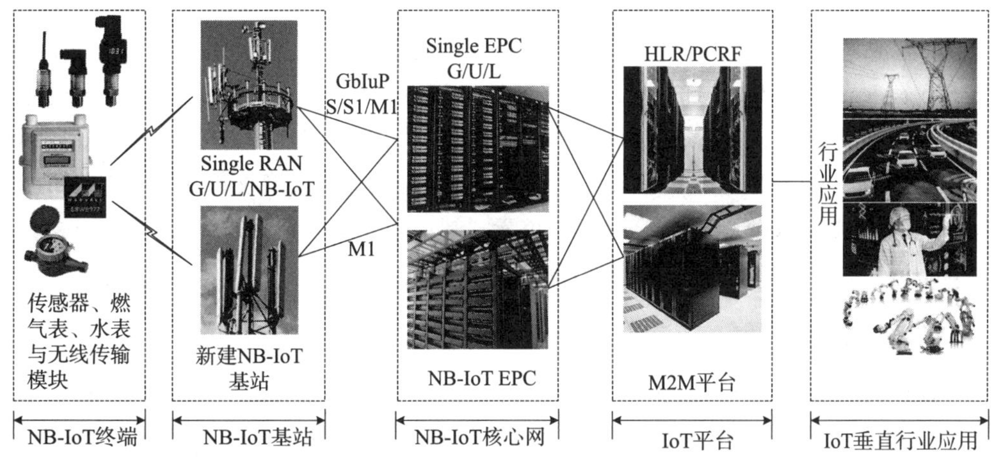

图 6-3　物联网 NB-IoT 接入与应用系统架构

1. NB-IoT 终端

NB-IoT 终端由 NB-IoT 芯片、NB-IoT 模组、NB-IoT UE，接入物联网的各种传感器、远程仪表（电表、水表、燃气表等），以及各种用于远程监控的执行器与设备、资源等组成。

（1）NB-IoT 芯片与模组

华为、中兴微电子、锐迪科、Intel、高通等公司开发了不同型号的 NB-IoT 芯片。其中，2016 年，华为公司推出第一款 NB-IoT 芯片 Boudica 120；2017 年进入量产和推广应用。2018 年，华为公司推出 Boudica 150 芯片。2019 年，Boudica 120 与 Boudica 150 发货总量突破 2000 万片。2020 年，华为公司推出 Boudica 200 芯片，该芯片具有更高的集成度、安全性和开放性，典型场景下的功耗可降低 40% 以上。目前，市场上常见的 NB-IoT 模组使用的芯片以华为与高通为主。

2020 年，国内三大电信运营商的 NB-IoT 基站总数已接近 100 万座，连接的节点数超过 1 亿。NB-IoT 应用的快速增长，必然导致 NB-IoT 芯片与模组的竞争激烈，同时价格降低。目前，国内 NB-IoT 模组集中采购的中标价格已降到 15.5 元。

（2）NB-IoT 用户设备

用户设备（User Equipment，UE）是移动通信网的用户接入设备，通过 NB-IoT Uu 接口与 NB-IoT 基站 eNB 连接，并通过 eNB 基站接入 NB-IoT 的核心网。UE 逻辑结构如图 6-4 所示。

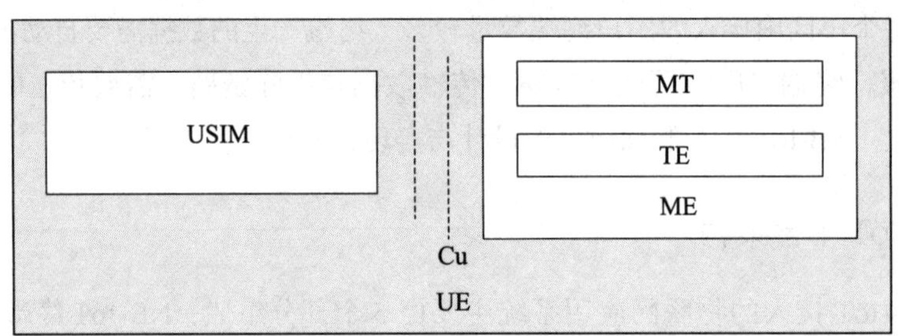

图 6-4 UE 逻辑结构示意图

UE 包括移动设备（Mobile Equipment，ME）与通用用户身份识别模块（University Subscriber Identity Module，USIM），它们通过 Cu 接口来通信。USIM 的物理实体是通用集成电路卡（Universal Integrated Circuit Card，UICC），主要用于 UE 的用户身份识别。ME 在逻辑上可进一步分为更小的单元设备，它们分别是负责无线接收和发送及相关功能的移动终端（Mobile Terminational，MT）、负责“端 – 端”高层应用的终端设备（Terminal Equipment，TE）。MT 和 TE 之间通过有线或无线方式实现连接。

2. NB-IoT 基站

NB-IoT 基站是 LTE 中构成蜂窝小区的基本单元，它主要完成 LTE 与 UE 之间的通信和管理。基站一般由机房、信号处理设备、室外的射频模块、收发信号的天线、GPS 终端还有各种传输线缆等组成。NB-IoT 基站的天线需要根据工作频段与覆盖范围的需求而专门设计。

根据应用环境与覆盖模型，NB-IoT 基站可以分为两类：宏站与室分站。宏站一般指室外大范围的覆盖站点。由于天线难以实现无缝覆盖，因此宏站的天线无法完全覆盖室内，或者在室内信号很差。针对这种情况，需要在楼宇内部信号较差的区域部署室分站。天线是信号的收发单元，天线的形状与安装方式多种多样。宏站需要在室外架设大型天线，室分站的天线一般使用安装在楼道天花板的吸顶天线。

NB-IoT 基站有两种部署方案：无线接入网多制式融合共建方案与独立建站方案。其中，无线接入网多制式融合共建方案在部署基站时，充分利用现有 2G/3G/4G 网络的 LTE 站点资源和设备资源，共站点、共天线馈线、共射频、共通用公共无线接口（Common Public Radio Interface，CPRI）、共传输、共主控与共 O&M，达到快速部署 NB-IoT，节省建网成本的目的。对于在现有基站频率部署区域之外，难以共享现有站点资源的热点区域，在部署时进行升级或新建 NB-IoT 基站是必要的。

3. NB-IoT 核心网

NB-IoT 核心网也有两种建设方案：一种是 EPC 融合共建方案，另一种是独立组建 NB-IoT 核心网方案。

在 EPC 融合共建方案中，NB-IoT 核心网的部署涉及接入物联网业务的 MME、S-GW 与 P-GW，并结合已有网络的升级改造方式，形成支持 NB-IoT 核心网，满足 NB-IoT 业务接入的需求。

这里有两个问题需要考虑。

第一，NB-IoT 核心网采用网络功能虚拟化（NFV）方式建设。NFV 通过使用 x86 等通用性硬件和虚拟化技术，承载很多功能的软件处理，从而降低网络昂贵的设备成本。NB-IoT 核心网可以通过软件、硬件解耦及功能抽象，使网络设备功能不再依赖于专用硬件，实现资源的充分灵活共享，实现新业务的快速开发和部署，并基于实际的业务需求进行自动部署、弹性伸缩、故障隔离和自愈等。运营商可根据业务需求添加虚拟设备，无须改变其硬件系统，应用的开发周期将会大幅缩短。

第二，现有的 2G/3G/4G 核心网和 NB-IoT 核心网属于两套不同的商用核心网，业务和网络规划需要分开考虑。2G/3G/4G 核心网是基于核心网专有硬件建设的，而 NB-IoT 核心网是基于 NFV 技术建设的，在设备形态、组网、协议、业务规划等方面，以及组建、运营与盈利模式上都不相同。

4. IoT 平台

为了适应物联网应用系统的多样性与不同行业的应用需求，NB-IoT 系统技术提供商通常会提供终端系统与应用平台对接的 IoT 平台。一方面，IoT 平台对接入的 NB-IoT 节点进行管理，对接收到的数据进行缓存；另一方面，IoT 平台提供了标准化 API，方便了 IoT 平台与应用平台的对接。通用 IoT 平台的出现，降低了 NB-IoT 应用系统的开发难度，提高了系统的稳定性与可靠性。目前，市场主流的 IoT 平台包括：华为 OceanConnect、中移物联 OneNET 和阿里云物联网套件等。

通用 IoT 平台主要包括以下几种功能。

- 用户账号管理：用户账号分为普通用户与管理员。两种账号具有的权限不同。账号管理提供注册、登录、密码重置等功能。
- 业务信息管理：查询物联网卡业务状态信息，包括卡号、流量、套餐等信息。
- 账单明细管理：查询资费账单的具体明细，统计账单的整体情况。
- 异常状态管理：提供物联网卡的状态管理功能，以及异常访问、IMEI 机卡分离等业务通知。通知可以采取短信、邮件方式。
- 缴费管理：通过 Web、App 提供实时缴费功能，也支持通过多种支付渠道缴费。
- 实时监测管理：监测应用平台的各类应用状态，实现对用户的一键监控。
- 平台接口管理：提供与物联网云平台对接的 API，以及与应用连接的 API。

5. IoT 垂直行业应用平台

由于 IoT 垂直应用领域具有多样性的特点，因此 IoT 业务应用平台有多种可能的组建方式。IoT 平台可以由电信运营商、物联网接入服务提供商、应用服务提供商开发，也可以由物联网应用系统的建设单位来独立开发。

6.3　NB-IoT 应用领域与开发方法

6.3.1　NB-IoT 应用领域

NB-IoT 垂直行业主要集中在智慧城市、智能交通、公共服务、医疗健康、智能物流、智能环保、智能农业、智能楼宇、智能安防、制造行业以及智能家居上。表 6-2 列出了 NB-IoT 应用分类与主要应用场景。

表 6-2　NB-IoT 应用分类与主要应用场景

应用分类	应用场景
智慧城市	智能路灯、智能井盖、城市垃圾桶管理、公共安全 / 报警、文物管理、广告牌管理、施工工地状态监控、重大资产监控
智能交通	停车场与停车位管理、占路停车管理、公共交通管理、公共电子站牌、信号灯管理、交通诱导、共享单车 / 汽车管理、汽车噪声监测、车辆违规鸣笛监测
公共服务	智能计量表（水、燃气、电表）、智能水务（智慧河流、立交积水监控、二次供水监测、智能消防栓管理）、地下管网管理、水气泄漏报警、儿童与老人定位、宠物监管、网约车管理、POS 机监控、自动售货机监控、供热系统监控
医疗健康	药品溯源、远程医疗监控、智能药盒、智能血压计、可穿戴医疗监控设备、居家慢性病患者健康状态监控
智能物流	车队管理（调度与监控）、冷链物流状态跟踪、集装箱运输跟踪、贵重物品快递过程监控、快递员状态监控、无人快递车与无人机监控、智能快递柜监控
智能环保	气象数据采集、空气质量监测、水质监测、噪声监测、污染源溯源

（续）

应用分类	应用场景
智能农业	精准农业（环境参数监测）、温室大棚管理、水产环境管理、畜牧养殖管理、食品安全溯源
智能楼宇	电梯状态监控与故障报警、烟雾 / 火警报警、燃气监控与报警、中央空调状态监控、能耗分项计量
智能安防	智能门禁、家庭安全监控、智能摄像头、智能报警器、人防工事监控、机场 / 车站 / 展区 / 球场 / 剧场安全监控、城市道路危险品运输车辆运行状态监控、市区危险品储存与使用情况监控、消防栓
制造行业	化工企业生产 / 设备状态监控、能源设备 / 燃气锅炉设备监控、厂区安全监控、易燃易爆炸生产区域监控、大型施工设备安全状态监控
智能家居	家庭安全监控、智能冰箱 / 空调 / 照明控制、居家老人与儿童安全监控、智能行李箱

6.3.2　华为 NB-IoT 应用开发模式

面向物联网 NB-IoT 应用，华为提出“1＋2＋1”的解决方案。其中，“1”个开源物联网操作系统是指 Huawei LiteOS，“2”种接入方式包括有线接入（家庭网关、企业智能网关）和无线接入（2G/3G/4G/NB-IoT），“1”个物联网平台是指 IoT 联接管理平台。华为 NB-IoT“1＋2＋1”解决方案如图 6-5 所示。

图 6-5　华为 NB-IoT“1＋2＋1”解决方案

OceanConnect 是华为云核心网推出的以 IoT 联接管理平台（IoT Connection Management Platform）为核心的 IoT 生态圈。基于统一的 IoT 联接管理平台，通过开放 API 和系列化 Agent 实现与上下游产品能力的无缝联接，给客户提供“端－端”的高价值行业应用。因此，“1＋2＋1”解决方案也可以看成华为 NB-IoT 应用开发模式。

华为 IoT 联接管理平台的功能结构如图 6-6 所示。

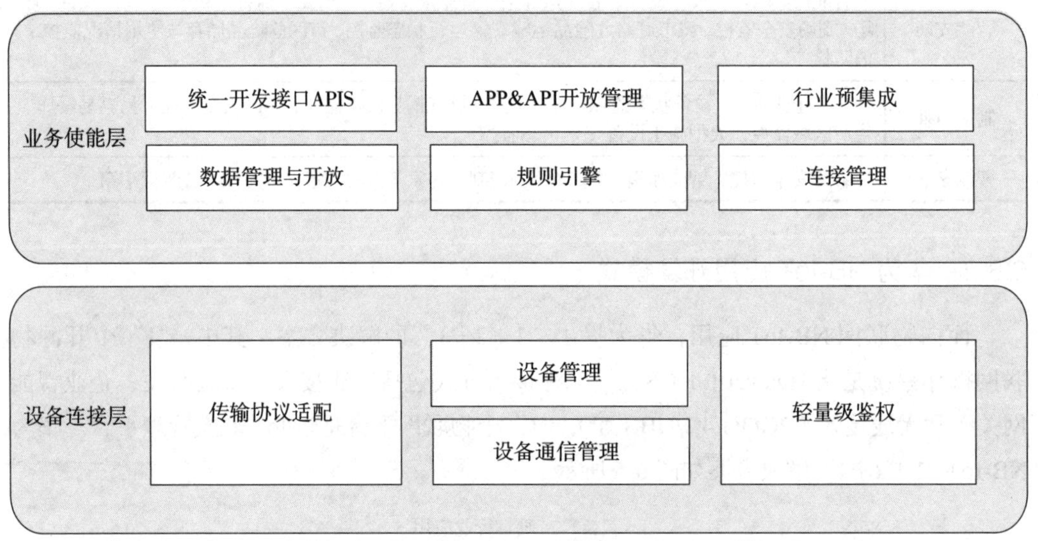

图 6-6　华为 IoT 联接管理平台的功能结构示意图

2020 年，华为公司推出 Boudica 200，该款芯片支持 3GPP R15，具有更高的集成度与开放性，安全性能也得到进一步提升。华为公司推动 NB-IoT 从协议到芯片、物联网操作系统 Huawei LiteOS、NB-IoT 组件、华为云到华为 IoT 联接管理平台，以及“1＋2＋1”的解决方案为构建以 OceanConnect 为核心的 IoT 生态圈打下了坚实的基础。

6.3.3　典型 NB-IoT 应用系统分析

NB-IoT 已经开始应用于物联网的智慧城市、智能医疗、智能物流、智能工业、智能电网和智能农业等领域。我们将以智慧城市应用为例，分析基于 NB-IoT 的物联网应用系统的设计与实现方法。

智慧城市（Smart City）建设必须依靠物联网、云计算、大数据等技术，但是首先要解决分布在城市各地的、大量的、各种类型的设备与物品的接入问题，显然 NB-IoT 是首选的接入技术。目前，在智慧城市应用中，通过 NB-IoT 接入的有路灯、窨井盖、智能仪表、垃圾桶、广告牌、地下管网、消防栓、停车场等，它们涉及城市安全与服务，与每位市民的生活息息相关。

1. 智能路灯

路灯遍布于城市的各条街道，是人们夜间出行时借助的照明手段，也是人们最关心的问题之一，自然也成为智慧城市建设中首先想到用 NB-IoT 技术改造的系统。通过物联网等技术改造的路灯系统可以对每盏路灯的开关状态、照明亮度进行精准控制；根据不同的气象条件、车流、人流等实际情况，例如在深夜车流稀少时调整路灯亮度；可以对整个城市中的所有照明设备，包括变压器、照明配电箱、节电器、单灯控制器等进行全面的联网监控和可视化管理，真正做到“按需照明”，节约能源，提升城市运行效率。

智能路灯系统由中心管理系统、通信传输系统和单灯控制器组成，其结构如图 6-7 所示。

图 6-7 智能路灯系统结构示意图

单灯控制器可以控制路灯开关、调节亮度、采集电流 / 电压、计算功率等，也可以增加采集温度、监测灯杆倾斜等功能。单灯控制器内嵌 NB-IoT 模块，通过无线通信方式向 NB-IoT 基站发送单灯的状态信息，接收和执行控制指令。

中心管理系统是整个智能路灯系统的核心，它由通信服务器、数据库服务器、工作站和网络设备组成。中心管理系统的功能主要包括：数据分析与汇总、控制命令发布，以及路灯巡检、设备管理、运行维护管理、运行报表等。

目前，我国多家智能路灯系统生成商在路灯无线控制的基础上，在电灯杆上增加了微基站、环境监测、LED 广告屏、电动车充电、手机充电等多种增值服务。

2. 远程抄表服务

能否实现居民家庭中的电表、水表、燃气表的远程抄表与网上缴费，是评价一个智慧城市建设水平的指标之一。常用的民用仪表包括水表、电表、燃气表、热量表等。这些仪表的特点通常是固定安装、分布面广、功能简单，一般仅提供计量的数据。传统的人工“抄表 – 计费 – 收费 – 催费”的管理模式经常出现漏查、拖欠、错报与分摊困难的现象。远传抄表是智能仪表的主要功能之一，智能仪表又称为高级计量体系（Advanced Metering Infrastructure，AMI）。AMI 为用户与后台服务器之间提供双向通信功能，不仅可以测量、收集、存储、分析用户对水、电、气、热等能源的使用情况，也可以向用户提供分时计价信息或远程切断供应。用户根据智能仪表提供的实时信息（如低峰时期的优惠），改变能源消费习惯。智能仪表可以实现能源阶梯定价、平抑能源消费高峰，将用户和公共事业服务公司紧密相连。利用智能仪表的远程抄表功能，可以对消费者使用的水、电、气、热等数据进行分析，便于政府职能部门和运营企业掌握数据曲线，根据实际使用情况，进行科学规划和调度，提高服务质量与实现节能减排。典型的应用 NB-IoT 接入的远传抄表系统结构如图 6-8 所示。

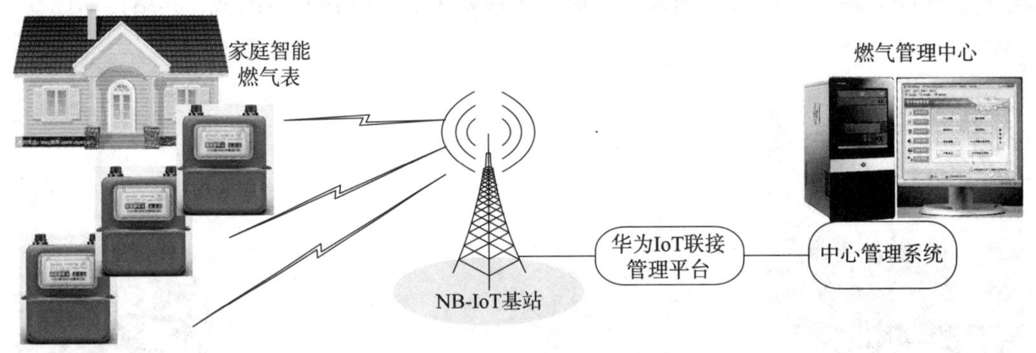

图 6-8　远传抄表系统结构示意图

借助于 NB-IoT 技术，智能仪表在数据传输方面无须任何中间环节，仪表测量的数据直接被传送到中心管理系统的数据库中，所有计算与控制命令都由后台服务器完成。

物联网技术的应用带动了智能仪表的发展，智能仪表的应用又为物联网拓展出更多的应用与市场，创造出更大的经济价值与社会效益。

3. 智慧水务

由于水务管理是城市管理中的一个常见问题，因此智慧水务是智慧城市建设的重要内容之一。

智慧水务是现代信息技术与水务过程控制、内部管理系统融合的一种业务新形态。通过挖掘和运用水务信息资源，提升管理效率，从而科学地管理城市供水、用水、排水、污水处理、再生水利用等。智慧水务是一项基本的民生工程，包括水资源调度、水环境治理、饮用水安全监测、防汛抗旱、管网维护、污水排放监测、地下水监测、山洪灾害监测等。为了实现水资源、水环境、水安全的系统化管理，每个城市都需要利用物联网、互联网、云计算、大数据等技术来实施智慧水务系统。

为了适应复杂、多样的检测水资源、水环境的传感器、执行器与终端设备的接入网，具备低功耗、广覆盖、大连接等特点的 NB-IoT，成为智慧水务解决方案中接入网的最佳选择。自来水管爆裂造成水漫道路、交通堵塞是常见情况，由于地下管道锈蚀的情况差异大，造成水管爆裂的情况具有很大的随机性。图 6-9 给出了基于 NB-IoT 的地下管道监测系统结构。这种物联网系统已经应用在国内多个智慧城市建设中。

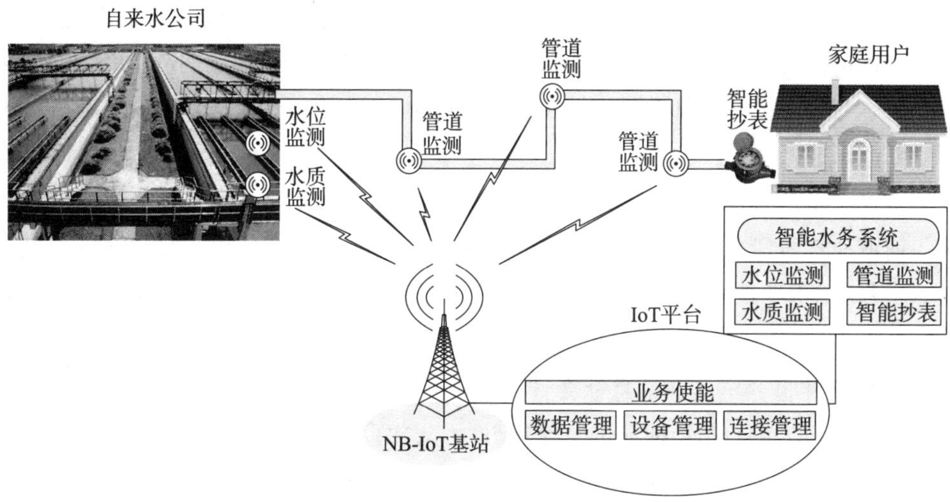

图 6-9　基于 NB-IoT 的地下管道监测系统结构

6.3.4　NB-IoT 商业模式

物联网垂直应用领域的多样性，导致 NB-IoT 商业模式存在多种可能的选择。NB-IoT 产业链中的电信运营商、物联网接入服务提供商、设备制造商、应用系统开发商、应用服务提供商等都在对 NB-IoT 商业模式进行探索与创新。目前，可能存在的 NB-IoT 商业模式主要包括以下几种。

- NB-IoT 通信管道模式。在 NB-IoT 通信管道模式的商业运行中，电信运营商占主导地位，从业务开发与推广到平台的建设与维护，都是以电信运营商为主。但是，这里存在一个问题，在有些物联网应用（如远程抄表、资产跟踪等）中，仅在抄表或跟踪上报时才产生流量。如果这类业务按传统方式根据流量收费，那么对电信运营商是不合理的。可行的办法是根据连接的设备数量，向设备所有者与服务受益者收费，这是比较合理的解决方法。
- NB-IoT 用户主导模式。NB-IoT 用户主导模式由最终用户承担物联网平台的全部费用和整个服务体系的搭建，这种模式常见于政府或企业主导的项目，电信运营商、软件开发商、系统集成商与设备提供商都属于配合的单位。用户购买软件系统、硬件设备，电信运营商提供通道与相关服务，由客户自身进行系统的管理。
- NB-IoT 云平台模式。NB-IoT 云平台模式建立在云计算平台的基础上，以用户服务为中心，根据已有的运营平台与服务能力，针对目标市场整合内外部资源，形成了用户、厂家、其他参与者共同创造价值的网络商业模式。这种商业模式可以基于分段的收费模式，即设备与云平台、云平台与垂直应用分别收费，它将带动云平台、大数据、移动互联网等产业链规范发展。
- NB-IoT 应用市场模式。NB-IoT 应用市场模式类似苹果或安卓的应用市场方式，电信运营商建立物联网应用市场，向用户收费，与应用开发者分成，实现利益共享。电信运营商通过将自身硬件制造或软件开发的优势整合，通过创造应用软件开发平台、与应用提供商和软件开发商等合作，形成一个良好的生态环境，促进物联网产业的发展。

随着产业链的逐渐成熟，NB-IoT 在应用落地方面取得不少成绩，已经从政策驱动阶段进入商业驱动阶段。但是，5G 业务三大场景之一的 mMTC 是面向大连接应用场景的，在这点上与 NB-IoT 技术方向有重叠。人们担心的是：运营商现阶段对 NB-IoT 的大量投入，能否在 5G 时代得到延续和保护。

在“2019 年世界电信和信息社会日大会”上，与会代表普遍认为：NB-IoT 是 5G 先行者，将向 5G 的 mMTC 长期演进。等到 5G 大规模商用之后，随着 NB-IoT 技术与标准的成熟，以及 NB-IoT 芯片与模组的性价比提升，NB-IoT 将成为支撑 5G、面向大连接场景应用中最合适的技术。

习题

一、选择题（单选）

1. 以下不属于 NB-IoT 技术特点的是

A）广覆盖　　B）海量接入

C）低速率　　D）低成本

2. 以下不属于 NB-IoT 基站多制式融合共建方案的是

A）共天线　　B）共站点

C）共射频　　D）共天线馈线

3. 通用用户身份识别模块的英文缩写是

A）CPRI　　B）USIM

C）CMIS　　D）HTTP

4. 以下节点不适合接入 NB-IoT 的是

A）固定节点　　B）自动上报数据的节点

C）高速移动节点　　D）周期性上报数据的节点

5. 以下不属于 IoT 平台基本功能的是

A）用户账号管理　　B）业务信息管理

C）异常状态管理　　D）行业应用管理

6. 以下不属于 NB-IoT 终端组成的是

A）NB-IoT 芯片　　B）IoT 平台

C）NB-IoT UE　　D）接入物联网的各种传感器

7. 以下不属于 NB-IoT 商业模式的是

A）硬件主导模式　　B）应用市场模式

C）云平台模式　　D）通信管道模式

8. 以下关于 NB-IoT 接入网结构的描述中，错误的是

A）E-UTRAN 可以由一个或多个 eNB 基站组成

B）eNB 基站通过空中接口与用户终端通信

C）E-UTRAN 与 EPC 之间通过 S1 接口进行连接

D）S1 接口用于 eNB 基站之间交换数据与控制信令

9. 以下关于 NB-IoT 云平台模式的描述中，错误的是

A）以用户服务为中心

B）以云计算平台为基础

C）用户承担构建云平台的费用

D）充分发挥云计算平台的技术优势

10. 以下关于 NB-IoT 网络体系架构原则的描述中，错误的是

A）信令和数据传输在逻辑上相互独立

B）E-UTRAN 和 EPC 在功能上分离

C）E-UTRAXT 接口的功能定义尽量简化

D）S1 和 X2 可以由设备生产商自己定义

11. 以下关于 NB-IoT UE 的描述中，错误的是

A）UE 是移动通信网的用户接入设备

B）UE 包括 E-UTRAN 与 USIM

C）通过 eNB 基站接入 NB-IoT 的核心网

D）通过 NB-IoT 空中接口与 eNB 基站连接

12. 以下关于 NB-IoT 基站的描述中，错误的是

A）NB-IoT 基站是构成蜂窝小区的基本单元

B）基站可以分为两类：宏站与室分站

C）应用环境与覆盖模型是常用的分类方法

D）室分站需要在室外环境中架设大型天线

二、问答题

1. 如何理解 NB-IoT 的主要技术特点?

2. 请举例说明对 NB-IoT 接入与物联网应用系统架构的理解。

3. 华为提出的面向物联网 NB-IoT 应用的“1+2+1”解决方案包括哪些内容?

4. 为什么 NB-IoT 云平台模式能够形成用户、厂家、参与者共同创造价值的局面?

5. 请根据 NB-IoT 业务模型中感兴趣的业务,设计一个基于 NB-IoT 的物联网应用系统。

第 7 章　5G 云无线接入网技术

5G 作为物联网的核心网络技术，不仅在移动网络的关键指标上有提升，而且要在无线接入网架构上实现“通信与计算”融合，研究新型的无线接入网体系。本章将在介绍 5G 基本概念、技术特征的基础上，系统地讨论 5G 云无线接入网 C-RAN、异构云无线接入网 H-CRAN，以及雾无线接入网 F-RAN 技术。

7.1　5G 的基本概念

7.1.1　5G 技术指标

5G 的典型应用场景是人们居住、工作、休闲与交通的区域，特别是人口密集的居住区、办公区、体育场、地铁、高铁、高速公路等，以及智能工业、智能农业、智能医疗、智能交通、智能电网、智能安防等应用领域。有数以千亿计的感知与控制节点、智能机器人、可穿戴计算设备、智能网联汽车、无人机接入物联网。大量物联网节点将部署在实时性、安全性要求极高的工业生产环境中，也有很多节点可能部署在大楼内部、地下室、地铁、隧道中，以及山区、森林、水域等偏僻地区。物联网的感知数据和控制指令的传输，对网络提出高带宽、低时延、高可靠性的需求。4G 网络难以达到要求，只能寄希望于 5G 网络。

为了满足实际应用的需求，5G 研发的技术指标包括：用户体验速率、流量密度、连接密度、时延、移动性和峰值速率等。具体的技术指标如表 7-1 所示。

表 7-1 5G 技术指标

名称	定义	单位	指标
峰值速率	在理想条件下可以实现的数据传输速率的最大值	Gbps	常规情况为 10Gbps 特定场景为 20Gbps
用户体验速率	在真实网络环境和有业务加载的情况下，用户实际可以获得的数据传输速率	Gbps	0.1 ～ 1Gbps
时延	包括空口时延与端 – 端时延	ms	空口时延低于 1ms
移动性	在特定的移动环境中，用户可以获得体验速率的最大移动速度	km/h	500km/h
流量密度	单位面积的平均流量	$Mbps/m^2$	$10Mbps/m^2$
连接密度	单位面积可支持的各类设备数量	个 $/km^2$	1×10^6 个 $/km^2$

如下为有关各技术指标的更多描述。

- 峰值速率（peak data rate）。峰值速率是指在理想信道条件下单用户能达到的最大数据传输速率，单位是 Gbps。5G 的单用户峰值速率在一般情况下为 10Gbps，特定条件下能够达到 20Gbps。
- 用户体验速率（user experienced data rate）。用户体验速率是指在实际网络负荷下能保证的数据传输速率，单位是 bps。在实际的网络使用中，用户能够使用的速率与无线环境、接入用户数、用户位置等因素相关，因此一般用 95% 的比例进行统计评估。用户体验速率首次作为衡量移动通信网的核心指标被引入。在不同的应用场景下，5G 支持不同的用户体验速率，在连续广覆盖场景中需要达到 0.1Gbps，在热点高热量场景中希望能够达到 1Gbps。
- 时延（latency）。端 – 端时延是指对应特定的可靠性前提下，包括空口时延在内的端 – 端时延，单位是 ms。5G 的空口时延低于 1ms。
- 移动性（mobility）。移动性是指在满足特定的 QoS 与无缝移动切换条件的前提下，可以支持的用户设备的最大移动速率。该指标针对地铁、高铁、高速公路等特殊场景，单位是 km/h。在特定的移动场景中，5G 支持的最大移动速度为 500km/h。
- 流量密度（area traffic capacity）。流量密度是指在系统繁忙时测量的典型区域单位面积上的总业务吞吐量，单位是 $Mbps/m^2$。流量密度是衡量典型区域覆盖范围内数据传输能力的重要指标，如大型体育场、露天会场等局部热点区域的覆盖需求，具体与网络拓扑、用户分布、传输模型等密切相关。5G 的流量密度为 $10Mbps/m^2$。
- 连接密度（connection density）。连接密度是指单位面积上可支持的在线终端总数。在线是指终端正在以特定的 QoS 进行通信，单位是个 / km^2。5G 的连接密度为 1×10^6 个 / km^2。

7.1.2　5G 应用场景

1. 5G 愿景与应用场景

WPSD 是国际电信联盟无线电通信部门（ITU-R）的工作组，专门研究和制定 5G 标准。2015 年 6 月，在 WPSD 的第 22 次会议上，正式命名 5G 为 IMT-2020，并确定 5G 的愿景、应用场景、时间表等重要内容。

ITU 明确了 5G 的三大应用场景：增强的移动宽带服务、大规模机器类通信与超高可靠性低时延通信（如图 7-1 所示）。

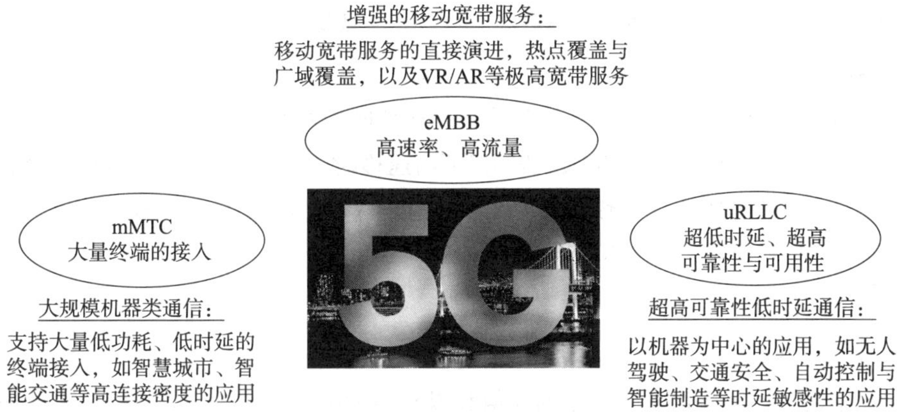

增强的移动宽带服务：
移动宽带服务的直接演进，热点覆盖与广域覆盖，以及VR/AR等极高宽带服务
eMBB
高速率、高流量
mMTC
大量终端的接入
大规模机器类通信：
支持大量低功耗、低时延的终端接入，如智慧城市、智能交通等高连接密度的应用
5G
uRLLC
超低时延、超高可靠性与可用性
超高可靠性低时延通信：
以机器为中心的应用，如无人驾驶、交通安全、自动控制与智能制造等时延敏感性的应用

图 7-1　5G 的三大应用场景

根据 5G 业务性能需求与信息交互对象划分，WPSD 进一步明确了 5G 的主要应用场景（如图 7-2 所示）。

eMBB
增强的移动宽带服务
Gbps
3D视频
超高清电视
云计算
智能家居
虚拟现实/增强现实
语音
工业自动化
关键任务App
智慧城市
自动驾驶
mMTC
大规模机器类通信
uRLLC
超高可靠性低时延通信

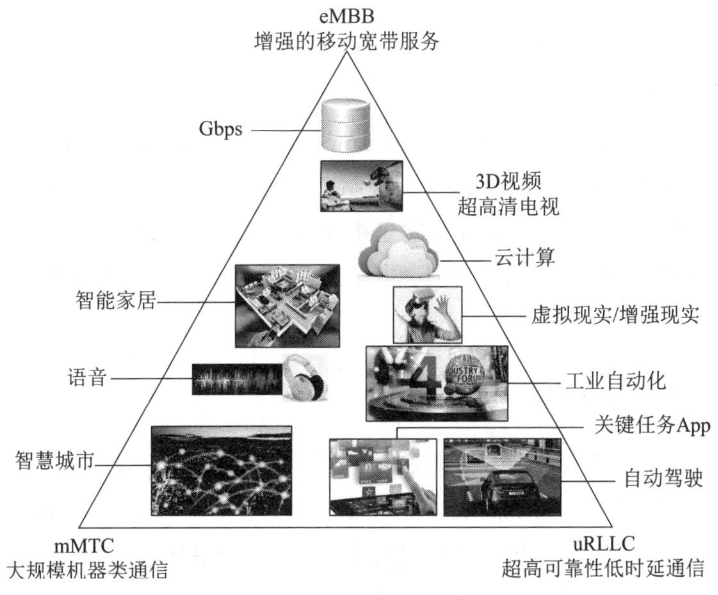

图 7-2　5G 的主要应用场景

2. 5G 三大应用场景

（1）增强的移动宽带服务

使用3G/4G移动通信网的主要驱动力来自移动宽带。对于5G，移动宽带仍然是最重要的应用场景。不断增长的新应用和新需求对增大移动宽带提出了更高要求。增强的移动宽带（enhance Mobile Broadband, eMBB）服务主要满足未来的移动互联网应用的业务需求。

IMT-2020工作组进一步将eMBB场景划分为连续广覆盖场景和热点高容量场景。其中，连续广覆盖场景是移动通信的基本覆盖方式，主要为移动用户提供高速体验速率，致力于提供移动性、无缝用户体验；热点高容量场景主要满足局部热点区域的用户高速数据传输需求，致力于提供高速率、高用户密度和高容量。

在eMBB应用场景中，除了关注传统移动通信网的峰值速率之外，5G还需要解决新的性能需求。在连续广覆盖场景中，需要保证高速移动环境下良好的用户体验速率；在高密度高容量场景中，需要保证热点覆盖区域的用户有Gbps量级的高速体验速率。增强移动宽带通信主要针对以人为中心的通信。

（2）大规模机器类通信

大规模机器类通信（massive Machine Type of Communication，mMTC）是5G新拓展的应用场景之一，涵盖以人为中心的通信和以机器为中心的通信。以人为中心的通信如3D游戏和“触觉互联网”等，这类应用的特点是低时延与超高数据传输速率。

以机器为中心的通信主要面向智慧城市、环境监测、智慧农业等应用，为海量、小数据包、低成本、低功耗的设备提供有效连接方式。例如，有安全要求的车辆之间的通信、工业设备的无线控制、远程手术，以及智能电网中的分布式自动化。mMTC关注的是移动通信网可连接的设备数量、覆盖范围、能耗、终端部署成本等。

（3）超高可靠性低时延通信

超高可靠性低时延通信（ultra-Reliable Low Latency Communication，uRLLC）是，以机器为中心的应用主要满足车联网、工业控制、移动医疗等行业的特殊应用对超高可靠、超低时延通信场景的需求。其中，超低时延指标极为重要。例如，在车联网中传感器监测到危险时，消息传送的“端–端”时延过长，极可能导致车辆不能及时做出制动等动作，酿成重大交通事故。

7.1.3 无线接入网技术发展

随着大量的物联网节点部署在实时性、安全性要求极高的工业生产环境，以及智能工业、智能农业、智能医疗、智能交通、智能电网、智能安防等应用的快速发展，无线接入网的数据业务量按指数规律递增，并呈现突发、局部、热点化的特征。由于在地域上分布得不均匀，节点大量聚集的部分热点区域的数据量剧增，造成基站与接入网的负载过重，导致网络过载、时延过长，甚至接入网系统瘫痪。

传统无线网络中的接入网在部署、建设与运维中存在潮汐效应、高能耗、高成本与带宽不足的矛盾，这些问题只能通过在无线接入网架构上实现“通信与计算”技术融合，研究新的无线接入网体系来解决。

1G/2G/3G 大多采用非协作型小区基站结构，如图 7-3a 所示。4G 移动通信网开始将微基站、微微基站、中继、家庭基站（Femto Access Point，FAP）、分布式天线系统（Distributed Antenna System，DAS）等各种低功率节点（Low Power Node，LPN）部署在宏基站（Macro Base Station，MBS）的覆盖范围内，组建分层的异构无线网络（Heterogeneous Network，HetNet）。图 7-3b 给出了 HetNet 协作型小区基站结构。传统的宏基站负责基本通信需求，而低功率节点满足盲区覆盖和热点区域的高速率传输需求。

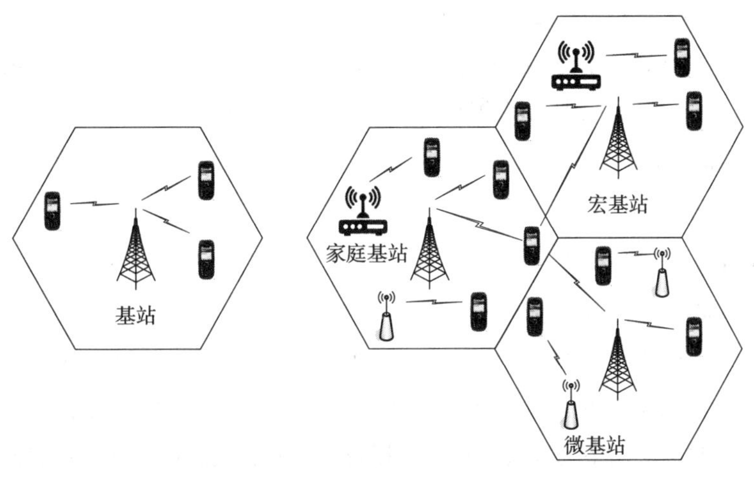

a）非协作型小区基站结构　　b）协作型小区基站结构

图 7-3　小区基站结构的演变过程

理解小区基站的演变，需要注意以下几个问题。

第一，从广义的角度来看，符合 IEEE 802.11 标准的 Wi-Fi 工作在非授权的 ISM 频段，并且 Wi-Fi 网络不一定由电信运营商或网络服务提供商组建和管理，但是它们也可以归属在小小区的范畴内。目前，LTE 网络的小小区中通常也包含一些 Wi-Fi 网络。

第二，住宅中部署的小小区（small cell）可以用发射功率很低的小区基站，提供等同于一个 3G 网络扇区的容量，还有助于增加现有手机电池的使用时间。公司 / 办公室部署的微小区可以提供一个更方便、低成本的方案，代替传统的楼内部署方案，提供高质量的移动服务，更好的楼内覆盖与更高的数据传输速率。在地铁热点区域中，小小区有利于改善区域覆盖范围，增加容量，分流宏蜂窝网络业务。由于小小区的组建成本较低、便于部署，因此可以大规模部署在城市的远郊区域。

第三，未来 5G 工作的频段很高，传统的建设宏基站和组网的方法覆盖效果不佳。小基站部署灵活、组建简单，成本低、效率高、贴近用户。在 5G 的深度和广度覆盖上，小基站将发挥重要的作用。因此，小基站将在5G时代迎来巨大发展机遇，预计中国市场5G微基站的数量将达到数千万量级。

在传统的1G/2G/3G移动通信网中，可以通过静态频率划分或码分多址（CDMA）的载波调制技术来抑制小区之间的干扰，因此必须采取小区之间的协作信号处理。4G的载波调制技术在相邻小区之间干扰严重，部署HetNet时必须进行小区间与层间的协作信号处理。在HetNet中使用超密集的天线，并不能大幅提升网络的频谱效率和能量效率，相邻节点之间干扰问题的解决难度大，网络规划及优化也很复杂。

5G面对eMBB的连续广覆盖场景和热点高容量场景，mMTC的海量、小数据包、低成本、低功耗的设备连接需求，以及uRLLC的物联网行业应用对超高可靠、超低延时通信场景的需求，必须从无线接入网的系统架构，甚至天线、基站、接入设备方面都做出重大的改革，才能够适应物联网越来越高的应用需求。

2009年，中国移动提出云无线接入网（Cloud Radio Access Network，C-RAN）架构的方案。研究人员在设计系统架构时就重视C-RAN的四重内涵。

- Clean（节能减排）
- Centralized（集中处理）
- Cooperative（协作式无线电）
- Cloud（应用云技术的软硬件平台）

随着5G技术的成熟与推广应用，研究人员认识到：只有采用网络功能虚拟化（NFV）与软件定义网络（SDN）的基本思路，将无线接入与云计算、边缘计算相融合，才能够解决5G面对物联网应用中的大规模接入，以及低时延、低能耗、高可扩展性的需求。中国移动又进一步在C-RAN的基础上，提出了异构云无线接入网（Heterogeneous CRAN，H-CRAN）的组网方法。

7.2 云无线接入网 C-RAN

云无线接入网（C-RAN）体现了采用软件定义网络/网络功能虚拟化（SDN/NFV）技术与云计算的概念，来改造无线接入网体系架构的技术路线。

7.2.1 C-RAN 基站结构演变

1. 基站结构的演变

基站是接入网的重要组成部分，由基带处理单元（Base band Unit，BBU）、射频拉远单元（Remote Radio Unit，RRU）与天线组成。每个基站连接多个扇区的天线，每个天线覆盖一片区域。

随着移动通信网从1G发展到5G，基站的结构也随之变化（如图7-4所示）。

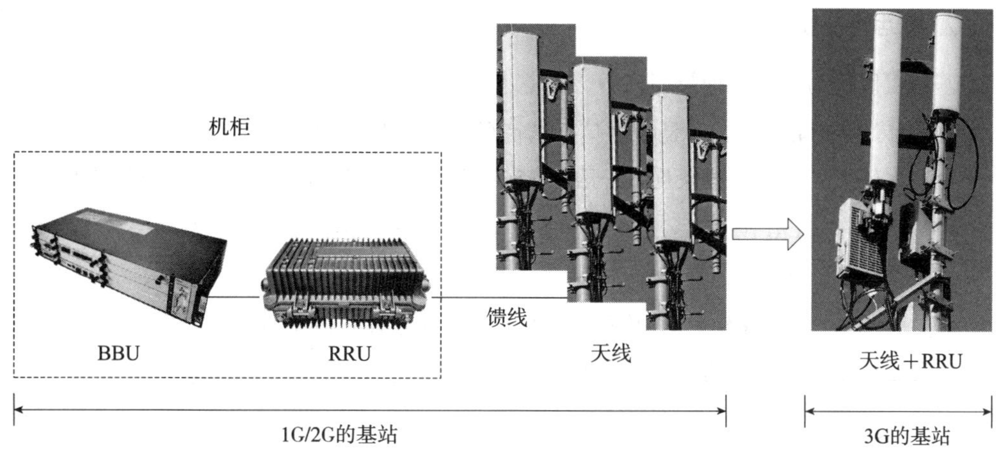

图 7-4 基站结构的变化

在 1G 和 2G 时代，BBU、RRU 和供电单元等设备安装在一个柜子中，通过馈线与天线连接。每个基站仅能处理本小区收发信号，当有大量移动用户接入时，受到基站容量的限制，用户接入时延增大，通信质量下降。到 3G 时代，出于性能、节能与成本的考虑，RRU 被移出机柜，直接安装在天线旁，将传统的无线接入网变成了分布式无线接入网（Distributed RAN，D-RAN）。这样做的好处是：缩短 RRU 和天线之间的馈线长度，可以减少信号损耗，同时使网络规划更灵活。

随着物联网应用的发展，大量的传感器、执行器、智能终端与可穿戴计算设备接入，无线分组数据量呈指数递增。同时，物联网应用具有“突发、局部、热点化”等特征，业务及应用在地域上分布得不均匀，在用户聚集的部分热点区域，容易出现基站之间的干扰，导致接入网负载过大、服务时延增加，用户体验质量下降。

为了摆脱无线接入网面临的困境，4G 网络开始将小基站部署在宏基站（MBS）的覆盖范围内，组建分层的异构无线网络。其中，传统的宏基站负责基本通信覆盖，而低功率节点满足盲区覆盖和热点区域高速率的需求。但是，在异构无线网络中，低功率节点之间或中继与基站之间的回传链路（backhaul）容量受限，难以应对数据传输的“潮汐”效应与动态组网需求。同时，大量部署各种基站会造成频谱利用率低、电量消耗大的问题。

随着移动通信网的广泛应用与业务的指数量级增长，需要更多的频谱、更高的小小区（或微小区）连接密度，小小区被认作一种提供局部通信资源、填补覆盖空洞与维持服务质量的有效手段。

在讨论小区时，人们经常将蜂窝通信网、小区与基站分别称为宏蜂窝网络、宏小区与宏基站，而将小小区（或微小区）的基站称为小基站。小基站由电信运营商建设和管理，并且小小区支持多种标准。在 3G 网络中，小基站被视为分流技术；在 4G 网络中，引入了异构网络（HetNet）的概念。

2. 基站的分类

基站可以分为以下几种类型。

- 宏基站（Macro BS）：是指通信运营商的无线信号发射基站，信号全向覆盖，发射功率较大，传输距离较远，一般在 35km 左右，适用于郊区等业务比较分散的地区。
- 微基站（Micro BS）：多用于市区热点区域，信号定向覆盖，发射功率较小，传输距离较近，一般为 1～2km。
- 微微基站（Pico BS）：多用于填补市区热点区域存在的盲区，信号定向覆盖，发射功率很小，传输距离很近，一般小于 500m。

3. 小基站的特点

从严格意义上来说，“小小区”是指工作在授权频段上的低功率无线接入点小基站的覆盖区域，它不仅可以改善家庭或企业的无线通信网覆盖、容量和用户体验，也可以改善城市与郊区的网络性能。

从尺寸到发射功率等方面，小基站都远小于普通蜂窝通信网的基站。小基站的类型多种多样，从尺寸与发射功率最小的家庭基站（FAP）到最大的小基站等，它们的部署区域、支持的用户数与功率大小如表 7-2 所示。

表 7-2 小基站的类型

类型	典型的部署区域	同时支持的用户数	典型的功率大小		覆盖的区域
			室内	室外	
Femto	主要是住宅与公司	家庭：4～8 个用户 公司：16～32 个用户	10～100mW	0.2～1W	数十米
Pico	公共区域（室内 / 室外：机场、购物中心、火车站）	64～128 个用户	100～250mW	1～5W	数十米
Micro	填补宏蜂窝覆盖空洞的城市区域	128～256 个用户	—	5～10W	几百米
Metro	填补宏蜂窝覆盖空洞的城市区域	>250 个用户	—	10～20W	数百米
Wi-Fi	住宅、办公室、公司环境	<50 个用户	20～100mW	0.2～1W	小于数十米

7.2.2 C-RAN 架构的设计思路

1. 传统网络硬件设备存在的问题

网络运营商与网络设备制造商的传统思路是用硬件设备实现特定的网络功能，这样做的优点是组网简单，缺点是硬件设备的功能与支持的协议固定，缺乏灵活性，使得网络新功能、新协议的试验与标准化过程漫长，导致网络服务永远滞后于网络应用的发展。

为了改变这种情况，2007 年出现了软件定义网络（SDN）与网络功能虚拟化（NFV）技术。随着 SDN/NFV 技术的发展与应用，产业界已经认识到：SDN/NFV 与云计算技术能够为传统 IT 服务提供新的服务模式和解决方案。

SDN/NFV 与云计算技术的融合可以对传统 IT 进行“软件定义”，为 IT 带来设计、部署、运维和业务服务模式的变革。产业界认为：云计算与 SDN/NFV 技术是网络重构的“一个中心、双轮驱动”。“一个中心”是指以云计算为中心，“双轮驱动”是指 SDN 与 NFV 两项技术的相互促进。这也是 C-RAN 系统架构的设计思路。

2. 云计算与网络资源虚拟化

虚拟化（virtualization）是计算机领域的一项传统技术，起源于 20 世纪 60 年代。如果不使用虚拟化技术，应用程序直接运行在 PC 或服务器上，每台主机每次又只能运行一个操作系统，这样应用程序开发者必须针对不同操作系统编写不同的程序代码。为了支持多种操作系统，有效的方法是硬件虚拟化（hardware virtualization）。虚拟化技术通过软件将计算机资源分割成多个独立和相互隔离的实体——虚拟机（Virtual Machine，VM），每个虚拟机都具有特定的操作系统特征，这样一台主机可以同时运行多个操作系统或一个操作系统的多个会话。一台运行虚拟化软件的主机能够在一个硬件平台上同时承载多个应用程序，这些程序可以运行在不同的操作系统上。

云计算就是建立在虚拟化技术的基础上。云计算的特征主要表现在：泛在接入、快速部署、按需服务、资源池化。云计算系统在服务器端集中配置大量服务器，通过虚拟化技术将服务器虚拟化为大量的虚拟机，构成计算、存储与网络资源池，为更多用户提供相互隔离、安全与可信的服务。

C-RAN 借鉴了云计算虚拟化技术，采用具有高性能计算与存储能力的计算机系统构成虚拟基站集群，实现无线接入网的重构。云计算为 SDN/NFV 重构网络提供了容器和资源池。同时，重构后的网络性能提升也为云计算的快速、灵活的用户接入，广泛的应用与服务，提供了更好的运行环境。

C-RAN 系统的设计思想是：通过无线通信实现各类基站的灵活部署与协同工作，利用云计算与 SDN/NFV 技术的协同与融合，为虚拟化的基站集群提供计算、存储与网络服务，构建一个开放与可扩展的无线接入网架构。

7.2.3　C-RAN 网络架构

1. C-RAN 的网络组成与架构

5G 的云接入网（C-RAN）由三部分组成：分布协作式无线网、光纤传输网以及基于实时云架构的基带池。图 7-5 给出了 C-RAN 网络架构。

理解 C-RAN 网络架构，需要注意以下几个问题。

- 分布协作式无线网由远端小功率的无线射频单元（RRH）与天线组成，它可以提供一个高容量、广覆盖的无线网络。由于 RRH 轻便和安装维护方便，因此它可以大范围、高密度部署。

- 光纤传输网通过高带宽、低时延的光纤链路，将 RRH 与虚拟基站池连接起来。
- 基于实时云架构的基带池由虚拟基站集群组成。基带池由多台具有高性能计算与存储能力的计算机系统通过虚拟化技术构成。集中式的基带池可以按需为虚拟基站提供所需的通信处理能力。

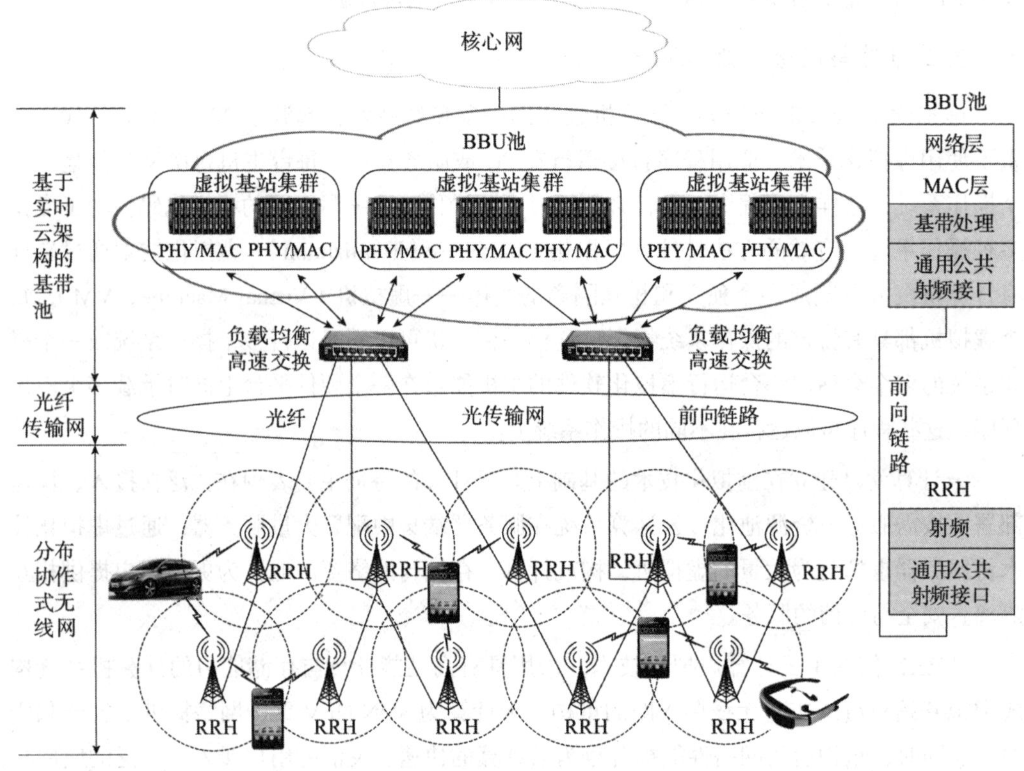

图 7-5　C-RAN 网络架构示意图

在 C-RAN 架构中，每个 RRH 发送与接收信号不再仅由一个 BBU 实体处理，而是根据 RRU 的实际需求由实时基带池分配计算与存储资源来完成，从而实现物理资源的集中使用与优化调度。

7.2.4　C-RAN 技术特点

从电信运营商的角度看，采用 C-RAN 架构的优点表现在以下几方面。

- 当需要扩大网络覆盖范围时，运营商仅需在基带池中增加新的 RRH，就可以便捷地实现。
- 当网络负载增加时，运营商仅需在基带池中增加新的通用处理器，就可以迅速部署，实现网络扩容与升级。
- 当空中接口标准需要更新时，通过软件升级方式就可以实现。
- 通过密集部署 RRU，缩短 RRU 到用户的距离，从而降低网络侧和用户侧的发射功率，节约用户设备的能耗，延长用户设备的使用时间。

- 基带池中的计算资源被所有虚拟基站共享，通过动态调用方式来解决移动通信网中的“潮汐”效应，使得通信网络容量的利用率达到最优。

节能是 5G 技术研发的一个重要指标。在传统的移动通信网中，基站的能耗占比大约为 72%，而机房空调的能耗占比大约为 46%。在 C-RAN 结构中，RRU 安装在天线附近，仅需将基带池统一安装在中心机房，其节能效果非常显著。因此，C-RAN 具有绿色节能、降低成本、提高网络容量、资源自适应分配等优势。

自 2009 年中国移动首次提出 C-RAN 概念之后，中国移动及产业界的多个组织一直致力于 C-RAN 研发。为了更好地适应未来 5G 的多种业务和应用场景，中国移动联合华为、中兴等公司于 2016 年 11 月发布白皮书《迈向 5G C-RAN：需求、架构和挑战》，详细阐述了 C-RAN 与 5G 融合发展的各种需求、关键技术以及研发方向。

7.3　异构云无线接入网 H-CRAN

7.3.1　H-CRAN 的基本概念

随着近年智能技术与物联网应用的快速发展，接入移动通信网的智能终端数大幅增加，导致宏基站无法满足快速发展的接入需求，这就给小基站的发展带来新的机遇。4G 时代将微基站、基站、中继、家庭基站、分布式天线系统等各种类型的低功率节点部署在宏基站的覆盖范围内，构成了分层异构无线网络（HetNet）。其中，传统的宏基站负责基本通信覆盖，而低功率节点满足盲区覆盖和热点区域的高速率传输需求。

小基站的特点是可以改善室内深度覆盖，增加网络容量，提升用户体验。其中，针对覆盖盲区、热点等应用场景，小基站具有部署快速灵活、性价比高的综合优势。但是，小基站的大量应用在改变传统网络结构的同时，也带来了一系列新的问题，如基站之间的干扰、同步、切换与回传带宽受限。解决这些问题的思路是将 HetNet 与 C-RAN 相结合，构成异构云无线接入网（H-CRAN）。

7.3.2　H-CRAN 技术特点

理解 H-CRAN 的特点，需要注意以下几个问题。

1. 4G 与 5G 接入网的结构区别

在 4G 网络中，每个基站有一个 BBU，并通过 BBU 接入 EPC 核心网。在 5G 网络中，接入网不再由 BBU、RRU 与天线组成，而是被重构为 3 个功能实体：集中单元（Central Unit，CU），分布单元（Distribution Unit，DU）与有源天线单元（Active Antenna Unit，AAU）。4G 的 RRU 和天线合并成 AAU，BBU 分离成 CU 与 DU，并将 DU 下沉到 AAU 位置，一个 CU 可以连接多个 DU。

4G 仅有前传和回传两个部分，5G 网络则变为三个部分：AAU 连接 DU 的部分称为前传（front haul），DU 连接 CU 的部分称为中传（middle haul），CU 与核心网之间的通信称为回传（back haul）。图 7-6 给出了 4G 与 5G 接入网的结构区别。

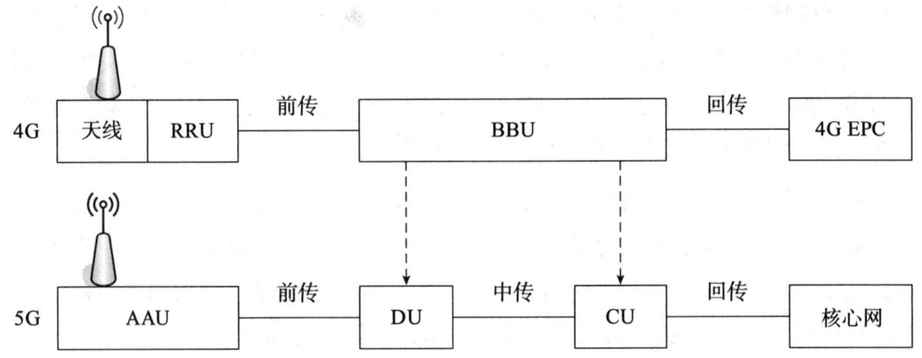

图 7-6　4G 与 5G 接入网的结构区别示意图

2. C-RAN 与 H-CRAN 的区别

在 C-RAN 中，RRH 作为中继节点，将接收到的信号通过有线或无线的前传链路传输给集中化的基带池，在基带池实现联合解压缩和解码策略。事实上，为了保证与现存蜂窝移动通信网的兼容，高功率基站（High Power Node，HPN）在 C-RAN 架构中发挥着关键作用。RRH 仅部署在特殊区域以提高容量，系统的覆盖率难以保证，而高功率基站的无缝覆盖可弥补这个短板。在高功率基站的帮助下，C-RAN 覆盖了多个异构网络，系统的控制指令也可以通过高功率基站传输。因此，将高功率基站融入 C-RAN 中，提出了新的 H-CRAN 网络架构，它兼具异构网络和 C-RAN 的优点，更好地提高了网络性能。

与传统的 C-RAN 相似，H-CRAN 部署大量的低功率 RRH，在集中化的 BBU 池中进行协作传输来获得较高的协作增益。RRH 仅保留无线射频和简单信号处理功能，其他的基带处理和上层处理都在 BBU 池中协作完成。这样仅物理层的部分功能需要在 RRH 实现。与 C-RAN 不同的是，H-CRAN 中的 BBU 池和高功率基站仅需对接，通过基于云计算的协作处理来消除无线射频端和高功率节点之间的干扰。

与传统的 C-RAN 架构比较，H-CRAN 架构中由于有宏基站的参与，因此减轻了前传链路的容量要求，其中的控制信号和数据信号是分离的。所有的控制信号和系统广播数据都通过高功率基站传输给用户，这样可以减轻连接 RRH 和 BBU 池的前传链路的带宽和时延限制，也使 RRH 可以有效地降低系统能耗。同时，高功率基站可以有效地支持一些小数据量的突发业务与即时信息服务。

7.3.3　H-CRAN 网络架构

图 7-7 给出了 H-CRAN 网络架构。

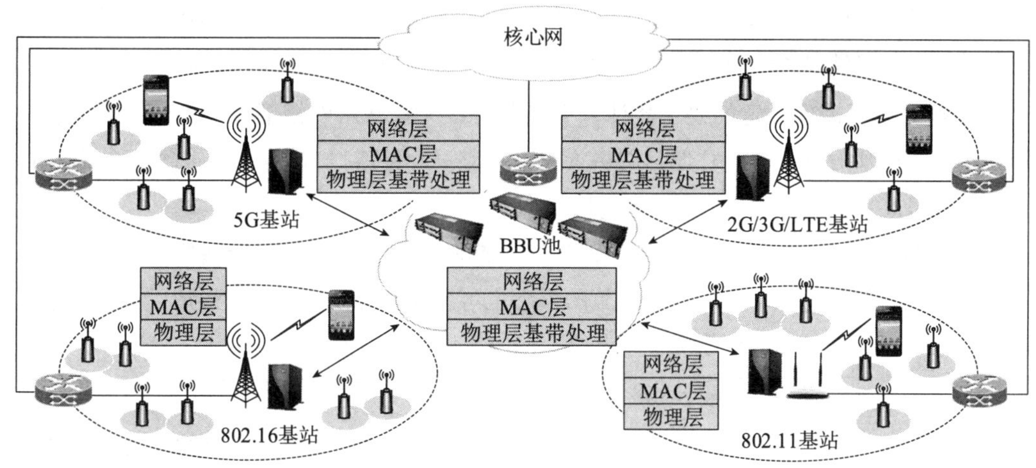

图 7-7　H-CRAN 网络架构示意图

理解 H-CRAN 网络架构，需要注意以下几个基本问题。

- H-CRAN 中的 BBU 池与大功率基站 HPN 连接，通过基于云计算的协作处理技术，消除无线射频端与大功率基站 HPN 之间的干扰，同时也减少前向链路带宽的压力。
- H-CRAN 支持自适应的控制 / 数据机制，可以显著降低无线链路连接开销，从定向链接的机制中解放出来。对于 RRH，利用物理层的不同传输介质（如毫米波及可见光），可以有效提高数据传输速率。对于高功率基站来说，大规模多输入多输出天线也是一种有效扩展覆盖率和提升系统容量的方法。
- 对于接入 RRH 的用户，所有信号可以在 BBU 池中集中处理，基于云计算的协作信号处理技术可以实现分解和复用增益。与 C-RAN 相似，RRH 之间的干扰可通过基于云计算的协作无线信号处理来抑制。高功率基站和 RRH 之间的跨层干扰可通过基于云计算的协作无线资源管理来减轻。为了提高 H-CRAN 的能耗性能，通过控制 RRH 的开启数量来适应流量。当流量负载较低时，基带处理池可选择部分 RRH 进入休眠模式。当一些热点区域的流量突增时，配备大规模天线的高功率基站和密集部署的 RRH 协作，对应的 RRH 可以与邻近的 RRH 共享资源，满足瞬时剧增的容量需求。

H-CRAN 结合了 HetNet 与 C-RAN 的优点，它利用 HetNet 特征实现了业务平面与控制平面的分离，将集中式控制功能从云计算的网络层转移到高功率基站，实现了控制信令分发和业务通信的分离，通过 HPN 支撑高速移动用户与实时要求高但业务量小的语音业务，也有利于提高 C-RAN 的大规模协同处理增益和非实时高速数据传输性能。

7.4　雾无线接入网 F-RAN

7.4.1　F-RAN 的基本概念

2011 年，Cisco 公司首次提出雾计算（Fog Computing，FC）的概念。研究人员形象地解释:“雾”比“云”更接近于“地面”。在边缘计算技术中，与云计算相比，雾计算更贴近终端用户与终端设备。

理解雾计算需要注意的是：雾计算更强调将接入物联网的终端设备到云计算数据中心整个路径中所有的计算、存储与网络资源整合成一个整体，为物联网实时性应用提供服务。这里自然也包括了最接近于数据源的接入网。

雾计算通过充分利用更靠近用户的计算、存储、网络、控制与管理功能，将云计算模式扩展到网络的边缘。同时，雾计算的概念也可以融入无线接入网，形成“雾无线接入网”（Fog-RAN，F-RAN），并将它作为5G无线接入网的解决方案之一。

以下是F-RAN的基本设计思路。

- 协作无线信号处理（Collaboration Radio Signal Process，CRSP）与协作无线资源管理（Collaboration Radio Resource Management，CRRM）功能不仅可以在BBU池中执行，也可以在用户设备与远端的RRH中执行。
- 传统的RRH通过结合CRSP与CRRM功能，就可以构成雾接入点（Fog-Access Point，F-AP）。当用户终端应用仅需在本地处理，或者需要缓存的内容已存储在邻近的RHH时，可以无须接入BBU池进行数据处理。
- F-RAN通过将更多功能迁移到边缘设备，减轻H-CRAN中不理想的前传链路受限带来的影响，从而实现更好的无线接入效果。

7.4.2 F-RAN网络架构

图7-7给出了F-RAN网络架构。

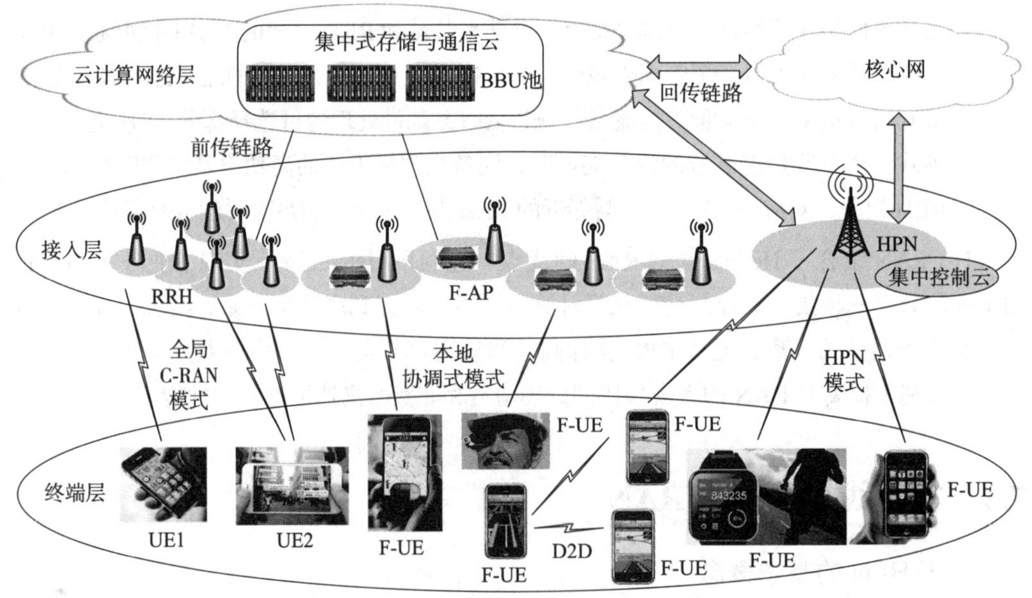

图7-8 F-RAN网络架构示意图

F-RAN 网络架构由以下三层组成。

- 终端层：由用户设备（UE）与雾用户设备（Fog-user Device，F-UE）组成。由于部分 CRSP 与 CRRM 功能已被迁移到 F-UE，因此如果用户终端的应用仅需在本地处理，则该应用可以在 F-UE 中完成。
- 接入层：由 RRH、F-AP 与 HPN 组成。UE 以全局 C-RAN 模式接入 RRH，通过前传链路与 BBU 池连接。F-UE 以本地协调模式接入 F-AP。邻近的 F-UE 之间可以通过 D2D 或中继方式直接通信。HPN 作为集中控制云，主要为所有的 F-UE 提供控制信令，为相应的小区提供参考信号，并为高速移动用户提供在移动过程中保持基本速率的无缝覆盖。
- 云计算网络层：为接入层与终端层提供集中式的数据处理、存储与通信过程控制等功能。

由于 F-RAN 是由 C-RAN 演进而来的，因此 F-RAN 完全与 5G 技术兼容。5G 网络的接入层技术（如大规模 MIMO、认知无线电、毫米波通信和非正交多址等）都可以直接应用在 F-RAN 中。

随着 C-RAN、H-CRAN 与 F-RAN 研究的深入，一些用于无线接入网的边缘存储、BBU 信息的大数据挖掘、基于社交感知的 D2D 通信、认知无线电、软件定义接入网已经成为 5G 无线接入网研究的热点课题。

习题

一、选择题（单选）

1. 以下不属于 5G 技术指标的是

A）峰值速率　　B）时延

C）接入类型　　D）流量密度

2. 以下不属于云无线接入网四重内涵的是

A）Clean　　B）Cooperative

C）Cloud　　D）Decentralized

3. 以下不属于 5G 接入网功能实体的是

A）CU　　B）DU

C）BBU　　D）AAU

4. 5G 技术中的时延指标是指

A）仅包含空口时延　　B）核心网传播时延

C）包含空口时延的端 – 端时延　　D）接入网接入时延

5. 以下关于5G连接密度的描述中，错误的是

A）连接密度是指单位面积上可支持的在线终端总数

B）在线是指终端正在以特定的QoS进行通信

C）一般用个/km^2作为连接密度的单位

D）5G要求的连接密度为10万个/km^2

6. 以下关于增强移动宽带服务eMBB的描述中，错误的是

A）着眼于移动性、无缝用户体验

B）包括连续广覆盖场景和热点高容量场景

C）为用户提供超短时延的用户体验

D）满足局部热点区域用户高速数据传输的需求

7. 以下关于大规模机器类通信mMTC的描述中，错误的是

A）涵盖以人为中心的通信

B）应用的特点是低时延与超高数据传输速率

C）为海量、小数据包、低成本、低功耗设备提供有效连接

D）关注系统可连接的设备数、覆盖范围、能耗和终端部署成本

8. 以下关于超高可靠性低时延通信uRLLC的描述中，错误的是

A）满足车联网、工业控制、移动医疗等行业的特殊应用

B）超高可靠性低时延通信是以机器为中心的应用

C）对超低时延指标极为重视

D）对通信带宽的要求较低

9. 以下关于5G用户体验速率的描述中，错误的是

A）在实际网络负荷下可以保证的用户速率

B）与无线环境、接入用户数、用户位置等因素相关

C）在连续广覆盖场景中需要达到1Gbps

D）支持不同的用户体验速率

10. 以下关于宏基站MBS的描述中，错误的是

A）宏基站是指通信运营商的无线信号发射基站

B）宏基站覆盖距离一般在1～2km左右

C）适用于郊区等话务量比较分散的地区

D）全向覆盖，功率较大

11. 以下关于 C-RAN 网络架构的描述中，错误的是

A）由分布协作式无线网、光传输网、基于云架构的基带池组成

B）分布协作式无线网可提供一个高容量、广覆盖的无线网络

C）光纤传输网通过光纤链路构建虚拟基站池

D）集中式基带池按需为虚拟基站提供所需的通信处理能力

12. 以下关于 F-RAN 网络架构的描述中，错误的是

A）F-RAN 网络分为三层：终端层、接入层与云计算网络层

B）终端层设备分为两类：用户设备 UE 与雾用户设备 F-UE

C）HPN 作为集中控制云，主要为所有 F-UE 提供控制信令

D）邻近的 UE 与 F-UE 之间通过 D2D 或中继方式直接通信

二、问答题

1. 请举例说明 5G 的关键技术指标。
2. 请举例说明 5G 三大应用场景的特点。
3. 请举例说明 C-RAN 基站类型的演变。
4. 如何理解云无线接入网 C-RAN 的优点？
5. 如何理解异构云无线接入网 H-CRAN 的优点？
6. 如何理解雾无线接入网 F-RAN 的优点？

第 8 章　无线传感网接入技术

无线传感网是 21 世纪最有影响力的 21 项技术之一，也是物联网重要的接入网技术之一。本章将在介绍无线自组网概念的基础上，系统地讨论无线传感网的结构、工作原理、主要类型与技术特点，以及它在物联网中应用的发展。

8.1　Ad hoc 技术

8.1.1　Ad hoc 研究背景

1972 年，DARPA 启动了无线分组网 PRNET 的研究。1983 年，DARPA 为了进一步完善 PRNET，启动了抗毁自适应网络（SURAN）的研究。SURAN 的研究目标是：改进无线网络的算法和协议，采用小型、低功耗、低成本的无线电台构成网络，使网络节点数可以扩大到上万个，同时使网络具有较强的抗攻击能力。作为 SURAN 的研究成果，研究人员在 1987 年开发了低成本分组无线网（LPR）节点设备。

1997 年，DARPA 启动全球移动（GloMo）信息系统计划，研究了基于无线互联网网关（WING）的对等结构无线网络，以及基于分簇（群）与分层结构的多媒体移动无线网（MMWN）。1997 年，美国军方研究的战术互联网（TI）采用了数据传输速率为几十 kbps 的直接序列扩频（DSSS）的时分多址电台作为节点，构建了迄今为止规模最大的移动多跳分组无线网络。

1999 年，美国海军陆战队启动了另一种移动自组网研究，即"增强型沿海战场先进概念技术示范"（ELBACTD）项目，主要研究海军舰艇之间的协同作战能力。ELBACTD 网络配置了大约 20 个节点，采用 Lucent 公司的 VC-99A 设备与 WaveLAN 技术，实现了节点之间的通信，支持海上舰艇与陆地基站之间的空中中继的跨视距通信与组网。

在早期无线移动分组网的基础上，研究人员设计了一种不需要基站的“对等结构”，一种可以在移动过程中动态、自主组网的移动通信网，即移动自组网（Mobile Ad hoc NETwork，MANET）。这种组网方式有明确的应用需求。例如，在军事应用中，如果一群坦克、装甲车、军舰、飞机之间通信，一个战斗集体的士兵头盔上的计算设备之间通信，是通过一台或几台路由器来实现联网，那么敌方只要摧毁这一台或几台路由器，整个网络就会瘫痪，军事通信将会中断。面对这种威胁，军方急于研究一种新型的无线网络。这种无线网络的特点是：每个节点既是用户终端的计算机设备，又能够作为路由器使用，在没有专用路由器的前提下，依靠节点自身的组网能力，在移动过程中自主组成移动通信网，通过文字、语音、图像、视频方式交换战场感知信息与传达命令，改善战场通信环境，提高作战能力。

在军事应用的“未来战士”项目中，如果多个头盔中带有的无线节点之间通信仍然依赖于传统互联网的路由器，那么对方只要找到无线路由器的位置，并将路由器摧毁，那么整个网络就会崩溃，配备再好设备的单兵也无法与上级通信。针对这个问题，设计者提出另一种无线自组网的设计思路。这个设计思路主要有两个要点。

第一，让每个士兵利用头盔上的通信装置实现“单兵 – 单兵”，也就是“点 – 点”之间的无线对等通信（如图 8-1 所示）。

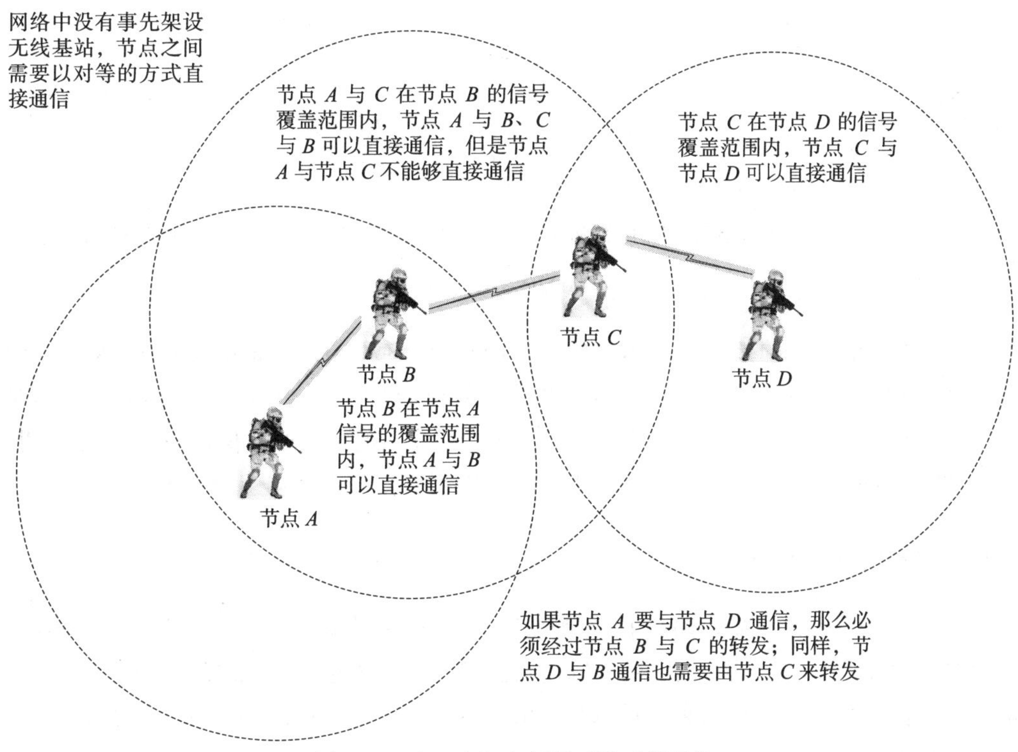

图 8-1　“点 – 点”之间的无线对等通信

第二，每个士兵头盔中的联网设备既能计算、处理感知的战场信息，又能作为路由器来参与无线自主组网与数据包转发。那么，无论士兵之间的相互位置如何改变，他们头盔中的无线自组网节点天线都能快速接收到邻近节点的无线信号，路由模块根据当时的相邻节点位置与链路状况来启动路由算法，自动调整节点之间的通信关系，动态形成新的网络拓扑。这种无线网络被称为“无线自组网”（Ad hoc），其工作原理如图 8-2 所示。

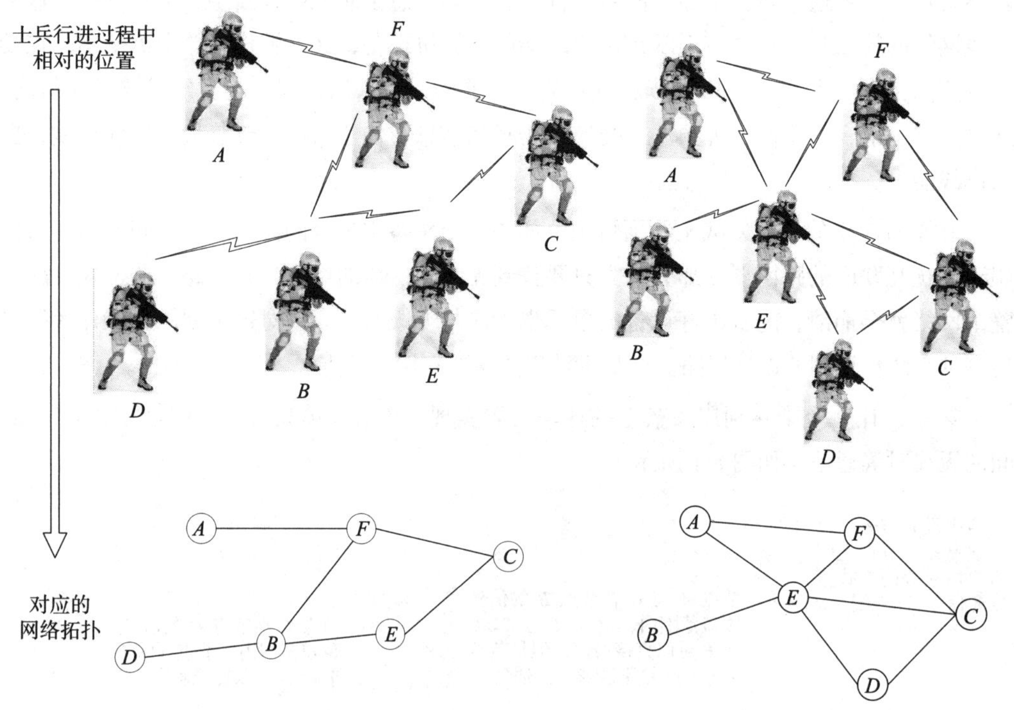

a）最初的位置与对应的网络拓扑　　b）相对位置发生变化后与对应的网络拓扑变化

图 8-2　Ad hoc 工作原理示意图

“无线自组网”的英文名称为“Ad hoc network”或“self-organizing network”。1991 年 5 月，IEEE 正式采用“Ad hoc 网络”术语。“Ad hoc”源于拉丁语，它在英语中的含义是“for the specific purpose only”，即“专门为某个特定目的、即兴、事先未准备”的意思。IEEE 将“Ad hoc 网络”定义为一种特殊的自组织、对等、多跳的无线移动网络。

8.1.2　Ad hoc 技术特点

Ad hoc 采用一种不需要基站的“对等结构”移动通信方式。Ad hoc 中的所有联网设备可以在移动过程中动态组网。例如，一群坦克、装甲车、军舰、飞机之间，一个战斗集体的战士头盔上的计算设备之间，都可以在移动过程中组成 Ad hoc，传达命令，通过文字、语音、图像与视频方式交换战场信息。

在民用领域中，行驶在高速公路的多台汽车可以动态组成一个车载 Ad hoc，提高车辆行驶中的安全性；多台无人机在飞行过程中，利用无线信道自动组成移动无人机网，向地面节点传送无人机在空中拍摄的视频信息；在展览会、学术会议、应急指挥现场的一群工作人员可以快速将笔记本计算机、PDA 或其他移动终端组成一个临时的 Ad hoc。因此，这种新型的无线组网技术问世后，立即受到军队、产业界与学术界的高度重视。

Ad hoc 的主要特点可以归纳成以下几点：

- 自组织与独立组网
- 无中心控制节点
- 多跳路由
- 动态拓扑
- 能量约束

由于移动节点具有携带方便、轻便、灵活的特点，因此在 CPU、内存与整体外部尺寸上都有比较严格的限制。移动节点一般使用电池来供电，每个节点的电池容量有限，节点能量受限，因此必须采用节约能量的措施，以延长节点的工作时间。

Ad hoc 技术已经广泛应用于车联网、移动医疗监护系统、空中无人机网、智能机器人网、可穿戴设备计算网等系统组网中，成为物联网研究的一个热点问题。

目前，Ad hoc 技术向两个方向发展的趋势已经清晰。一是向军事应用、特定行业、物联网的无线传感网（Wireless Sensor Network，WSN）方向发展；二是向民用接入网的无线网状网（Wireless Mesh Network，WMN）方向发展。

8.2　无线传感网技术

8.2.1　无线传感网研究背景

1. 无线传感器的产生

了解无线传感网技术的产生背景时，需要注意以下两个问题。

第一，确实有一种称为“无线传感器”的产品，它是感知技术与无线通信技术融合的产物，可以看成无线传感网中的“无线传感器节点”的早期雏形。

无线传感器在战场侦察中的应用已经有几十年历史。早在 20 世纪 60 年代的越南战争期间，美军就用“热带树”无人值守传感器来专门对付北越的“胡志明小道”。由于胡志明小道位于热带雨林中，常年阴雨绵绵，美军的卫星与航空侦察手段都难以奏效，因此不得不改用地面无线传感器技术。实际上，“热带树”无人值守无线传感器是一个由震动传感器与声传感器组成的系统，它被空投到被观测地区，插到地面，仅露出伪装成树枝的天线。当人或车辆从它附近经过时，传感器能够探测到目标发出的声音与震动，并立即通过无线信道向指挥部报告。指挥部对获得的信息进行处理，然后决定如何处置。“热带树”

无人值守传感器应用的成功，促使很多国家研制无人值守地面传感器（Unattended Ground Sensor，UGS）。图 8-3 给出了 UGS 外形与系统应用。

图 8-3　UGS 外形与系统应用示意图

在 UGS 项目之后，美军又研制了远程战场监控传感器系统（REMBASS）。它使用了远程监测传感器，由人工放置在被观测区域。传感器记录被检测对象活动所引起的地面震动、声音、红外与磁场等物理量变化，经过本地节点预处理或直接发送到监视设备。监视设备对接收的信号进行解码、分类、统计、分析，形成被检测对象活动的完整记录。各国军方相继开展了对无线传感器技术的研究与应用。

第二，无线传感网一般由一个主控设备直接以点对多点方式，与多个无线传感器进行通信。无线传感器结构比较简单，它仅需声传感器、压力传感器、位移传感器与无线设备。当无线传感器的声呐、位移与压力传感器感知到声音或震动信号时，相应的数据通过无线设备传输到主控设备。主控设备根据不同无线传感器发送的数据，计算、分析出声音的产生者是汽车、坦克还是人，以及它们的位置。在 UGS 中，传感器节点与主控设备之间构成“一跳”的星形拓扑结构。在无线传感网中，传感器节点是一个“多跳”的 Ad hoc 节点，它必须具有无线通信、自主组网、路由与拓扑控制，以及基本的数据处理能力。因此，“无线传感器节点”与“无线传感网节点”具有较大的区别。

2. 从无线传感器到无线传感网

无线传感网是在 Ad hoc 的基础上发展起来的。随着 Ad hoc 与传感器技术日趋成熟，研究人员自然会提出如何将 Ad hoc 与传感器技术相结合，应用于对军事领域的兵力和装备的监控、战场实时感知、目标定位的设想。这个明确的军事领域应用需求，推动了无线传感网技术的研究与发展。

无线传感网的研究涉及传感器、微电子芯片制造、无线传输、计算机网络、嵌入式计算、网络安全与软件等技术，是一个由多个学科专家参与的交叉学科研究领域。近年来，无线传感网引起了学术界、工业界和军队的极大关注，各国相继启动很多有关无线传感网的研究计划。由于传感器节点可以感知地震、磁场、热、视觉、红外线、声音、电波，可以用于观测温度、湿度、压强、速度、方向、位移、光照、土壤成分、噪声，可以发现目标，可以判断目标是人还是汽车、坦克、飞机，因此无线传感网已广泛应用于大型工业设备、桥梁与水库、山体滑坡、输气管线安全监测、应急处置等领域。

美国商业周刊（Business Week）和 MIT 技术评论（MIT Technology Review）在预测未来技术发展的报告中，将无线传感网列为 21 世纪最有影响的 21 项技术之一，以及未来改变世界的 10 大技术之一。

3. 物联网促进不同领域的无线传感网技术发展

物联网在智能医疗、智能环保、智能安防、智能工业、智能农业、智能交通等领域的应用，为无线传感网在不同领域的应用研究提出了新的课题。随着世界各国围绕着海洋问题的斗争日趋激烈，水下无线传感网的研究逐步显示出重要意义。为了应对矿井、地铁与隧道安全以及地质灾害频发的局面，地下无线传感网逐渐进入应用阶段。随着军事战场监控与评估、车辆主动安全、医疗监护、环境监控、工业工程控制等应用中，对视频、音频、图像等多媒体信息的感知、传输和处理的要求越来越高，无线多媒体传感网的研究日益受到重视。随着无线体域网与医用传感器技术的发展，无线人体传感网应运而生。随着微 / 纳机电系统 MEMS/NEMS 与纳米传感器技术的发展，无线纳米传感网也开始逐渐受到学术界与产业界的重视。

8.2.2　无线传感网结构与工作原理

1. 无线传感网的基本工作原理

如果要设计一个用于监测有大量易燃物的化工企业的防火预警无线传感网，那么可以在传感器节点安装温度传感器。分布在厂区不同位置的传感器节点自动组成一个 Ad hoc，当有被监测设备出现温度异常时，就把温度数据立即传送到控制中心。如图 8-4 所示，当一个被监测设备的温度突然上升到 150℃时，传感器节点将被感知的“信息”转化成“数据”，即“11001110 01000101”；数据处理电路将数据转化成可以通过无线通信电路发送的数字“信号”。这组数字信号经过多个节点转发之后到达汇聚节点。汇聚节点将接收的所有数字信号汇总后，传送给控制中心。控制中心从“信号”中读出“数据”，从“数据”中提取“信息”。控制中心综合多个节点传送来的“信息”，进而判断是否发生火情，以及哪个位置出现火情。

从上面给出的例子可以看出，无线传感网在工业、农业、环保、安防、医疗、交通等领域都有广泛的应用前景。同时，无线传感网无须预先布线，也无须预先设置基站，可以对敌方兵力和装备、战场环境进行实时监视，用于战场评估、对核攻击与生化攻击的监测和搜索。因此，无线传感网的出现立即引起了学术界与产业界的高度重视。世界各国相继启动了多项关于无线传感网的研究计划。

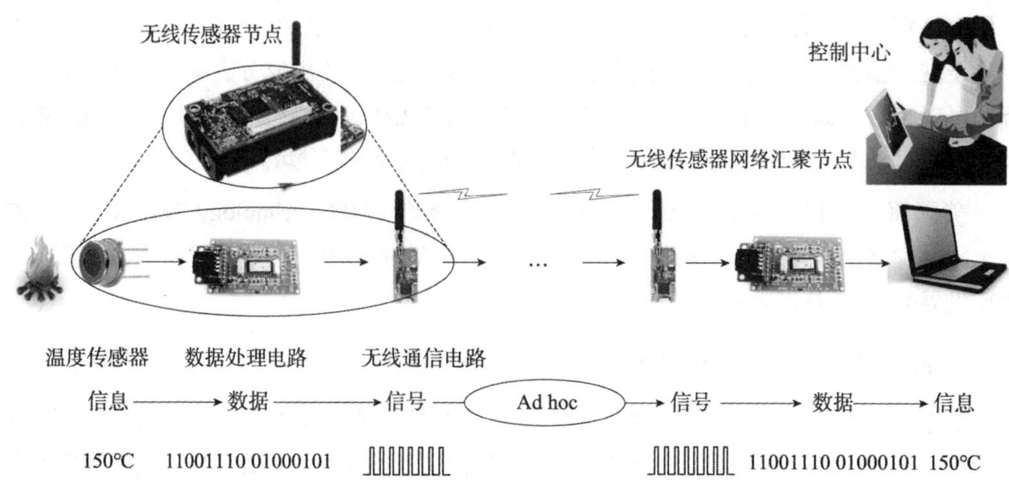

图 8-4　无线传感网工作原理示意图

2. 无线传感网系统结构

无线传感网系统由 3 种类型的节点组成：传感器节点、汇聚节点与管理节点。

- 大量的传感器节点随机部署在监测区域中，这些节点通过自组织方式构成 Ad hoc。
- 传感器节点感知的数据通过相邻节点的转发，经过多跳路由后到达汇聚节点，经过汇聚节点整理后的数据，通过物联网的核心传输网或卫星通信网传输到管理节点。
- 管理节点收集和分析感知数据，发布监测指令与任务，以可视化方式显示数据分析的结果。

图 8-5 给出了无线传感网结构与工作过程。

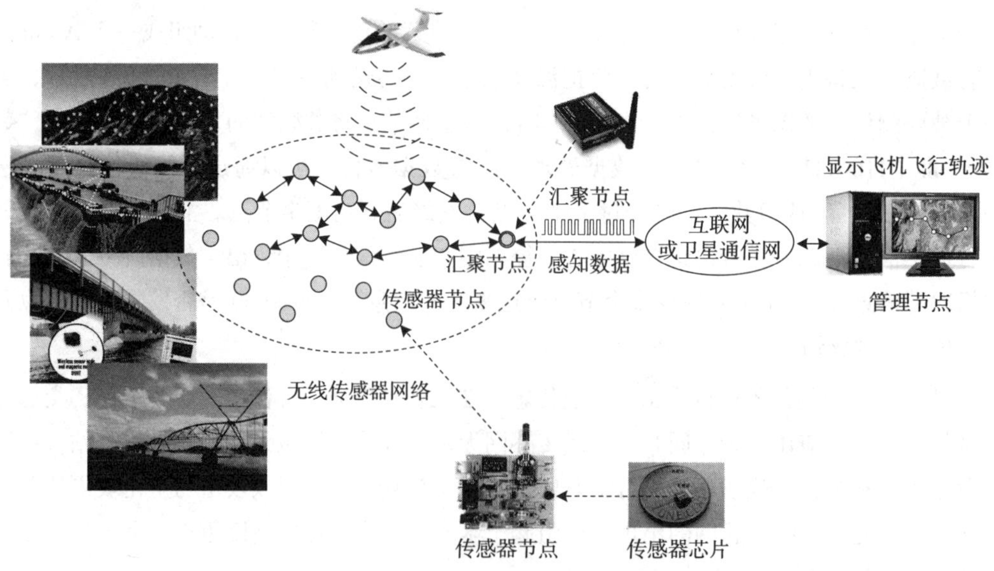

图 8-5　无线传感网结构与工作过程示意图

传感器节点通常是一个微型的嵌入式系统，其计算、存储和通信能力相对较弱。从网络功能上来看，每个传感器节点兼有感知终端和路由器的双重功能，除了本地信息收集和数据处理之外，还要对其他节点发送的数据进行存储、转发。由于传感器节点是小型和低成本的，仅通过自身携带的能量有限的电池（纽扣电池或干电池）供电，因此节点的寿命直接受电池能量的限制。由于野外环境与条件的限制，电池充电与更换都很困难，这就直接影响到无线传感网生存时间。因此，如何节约传感器节点耗能、延长无线传感网生存时间，就成为无线传感网研究的一个重点问题。

8.2.3　无线传感网技术特点

无线传感网技术特点主要表现在以下几个方面。

- 网络规模大。无线传感网规模大小与它的应用要求直接相关。如果应用于原始森林防火和环境监测，那么必须部署大量的传感器节点，节点数量可能成千上万，甚至更多。同时，这些节点必须分布在被检测的地理区域的不同位置。因此，大型无线传感网的节点多、分布的地理范围广。
- 灵活的自组织能力。在无线传感网的实际应用中，传感器节点的位置不能预先精确设定，节点之间的邻居关系预先也不知道，传感器节点通常被放置在没有电力设施的地方。例如，通过飞机在面积广阔的原始森林中播撒大量传感器节点，或将传感器节点随意放置到人类不可到达的区域，甚至是危险的区域。这就要求传感器节点具有自组织能力，能够自动配置和管理，通过路由和拓扑控制机制，自动形成能转发感知数据的无线自组网。因此，无线传感网必须具备灵活的组网能力。
- 拓扑结构的动态变化。限制传感器节点的主要因素是节点携带的电池能量有限。在使用过程中，可能有部分节点因为能量耗尽，或受周边环境的影响不能与邻近节点通信，这就要随时增加一些新的节点来替补失效节点。传感器节点数量的动态增减与相对位置的改变，必然带来网络拓扑的动态变化。这就要求无线传感网系统具有动态系统重构能力。
- 以数据为中心。传统的计算机网络在设计时关心节点的位置，设计工作的重点在于：如何设计最佳的拓扑构型，将分布在不同地理位置的节点互联；如何分配网络地址，使用户可以方便地识别节点，寻找最佳的数据传输路径。而在无线传感网的设计中，无线传感网是一种自组织的网络，网络拓扑有可能随时在变化，设计者并不关心网络拓扑是怎样的，更关心的是能从接收的传感器感知数据提取怎样的信息，例如被观测的区域有没有兵力调动，或者有没有坦克通过。因此，无线传感网是“以数据为中心的网络”。
- 受携带能量的限制。限制无线传感网生存期的主要因素是传感器节点携带的电池容量。在实际的无线传感网应用中，通常要求传感器节点数量很多，但是每个节点的体积很小，通常只能携带能量有限的电池。由于无线传感网的节点数量多、成本低廉、分布区域广，而且部署区域的环境复杂，有些区域甚至人不能到达，因此传感器节点难以通过更换电池来补充能量。如何高效利用节点携带的电池来最大化网络生存时间，这是无线传感网面临的首要挑战，也是无线传感网研究的关键问题之一。根据相关研究给出的传感器节点的能量消耗比较结果显示，能量的绝大部分消耗在无线通信模块，将 1bit 信号传输到 100m 距离的其他节点处，需要的能量大约相当于执行 3000 条计算指令消耗的能量。

8.2.4　智能尘埃的研究

组建无线传感网的基础是开发微型、节能、可靠的无线传感网节点。在无线传感网节点的研究中，最著名的是美国加州大学伯克利分校的“智能尘埃”（Smart Dust）。智能尘埃用于形容传感器节点的体积非常小。这里，“尘埃”已经成为“无线传感网节点”的同义词。

在 2001 年的 Intel 发展论坛上，主会场的 800 个座位下都放置着一个“伯克利尘埃”（Berkley mote）。在会议上，主持人请听众从座位下取出这些尘埃，并开启开关，这些尘埃自动组成了一个多跳的无线传感网，会场的显示屏上实时显示网络拓扑。当部分听众取出尘埃的电池时，剩余的尘埃又很快重新组成了新的无线自组网。这个演示向现场听众形象地介绍了无线传感网的概念，也引起了学术界与产业界的极大兴趣。

智能尘埃的研究目标是通过智能传感器技术增强微型机器人的环境感知与智慧处理能力，致力于开发一系列低功耗、自组织、可重构的无线传感器节点。图 8-6 给出了智能尘埃节点的发展过程示意图。

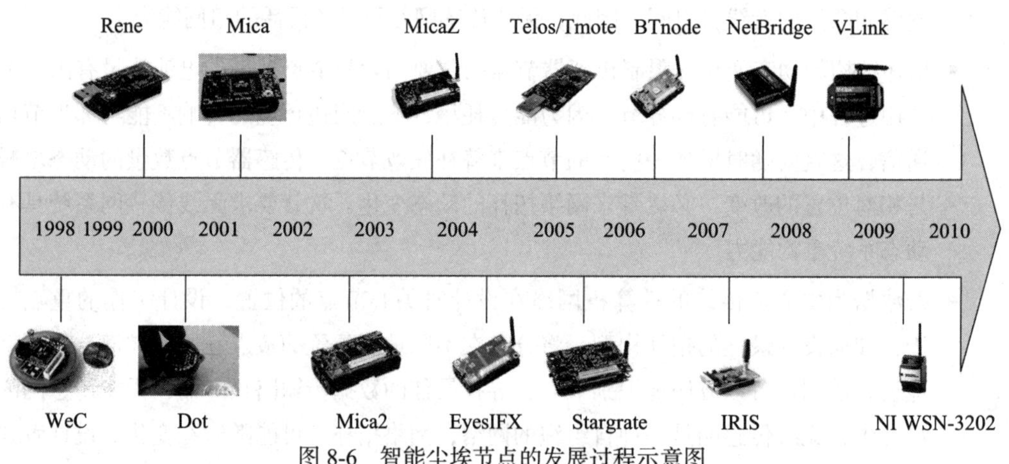

图 8-6　智能尘埃节点的发展过程示意图

需要注意的是，最近几年有关智能尘埃研发的信息开始变少，其原因并不是研究方向出现问题，而是将传感器、模拟 / 数字 / 通信电路与电源全部封装在一个几立方毫米的空间中，制造工艺面临着巨大的挑战，这也限制了智能尘埃研究的进一步发展。

目前，无线传感网研究已经从基础研究向应用研究的阶段发展，研究领域正在向无线传感器与执行器网、水下无线传感网、地下无线传感网、多媒体无线传感网、无线人体传感网与无线纳米传感网等方向发展。

8.3　无线传感器与执行器网

8.3.1　无线传感器与执行器网研究背景

随着无线传感网在环境监测、智能医疗、智能交通与军事领域应用的深入，人们已经深刻地认识到：必须将执行器与传感器结合起来使用，才能有效实现人类与物理世界、环境交互的目的。从这个角度可以看到无线传感器与执行器网（Wireless Sensor and Actor Network，WSAN）发展的必然性。WSAN 是物联网边缘计算的雏形。

当无线传感网控制节点通过执行器与外部的物理世界交互时，需要向执行器发出指令。执行器将指令转变成一种作用于环境的物理行为。典型的执行器可以是人、控制器或智能机器人。随着智能机器人技术的日趋成熟与应用，推动了小型、智能、自治、低能耗、低成本的执行器的研发，使得 WSAN 成为可能。

在最近的十多年时间内，无线传感网与智能机器人技术的结合，及其在物联网的智能军事、智能工业、智能农业、智能电网、智能家居、智能交通、车联网等领域应用的发展，进一步证明了 WSAN 研究的必要性。

无线传感网与 WSAN 最大的区别是：无线传感网可以感知物理对象与环境，但是不可以改变物理对象与环境；WSAN 可以改变物理对象与环境。实际上，WSAN 已经在工业生产线的工业机器人、军事领域的无人机、未来战士、防爆机器人、运输机器人中进入实用阶段。在日常生活中，WSAN 的一个重要应用是火灾检测与灭火。分布式传感器可以检测火灾的起源和火势，并将此信息传递给执行器（即灭火装置），灭火装置可以在第一时间喷水灭火，快速控制火情。同样，比尔 · 盖茨在《未来之路》中描述的场景，正是物联网在智能家居应用中的 WSAN。当客人走进客厅时，传感器立即感知有人进入，立即打开房间内的电灯，拉上窗帘。当房间温度超过预定值时，空调将会自动打开。

8.3.2　无线传感器与执行器网结构与工作原理

WSAN 结构与工作原理如图 8-7 所示。

传感器节点通过多跳或单跳向执行器节点传送感知数据；执行器节点对数据进行分析之后，在采取动作之前需要与汇聚节点协商。这种“协商”有三种情况：

- 告知汇聚节点，执行器节点要采取的行动；
- 与汇聚节点协商应该采取的行动；
- 通过汇聚节点向控制节点请示行动方案，等待指令。

至于执行器节点与汇聚节点协商的方案属于哪种，应该由 WSAN 设计者实现的策略而定。

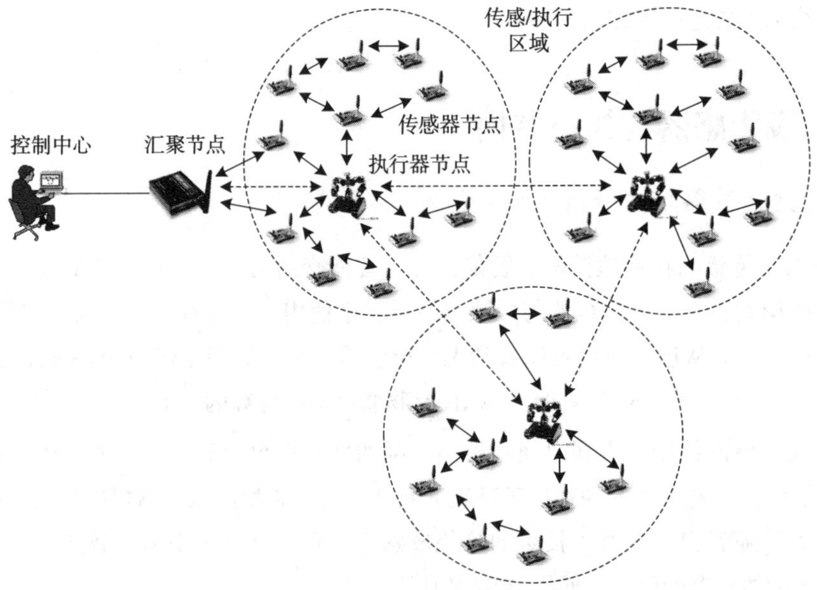

传感/执行区域
传感器节点
控制中心
汇聚节点
执行器节点

图 8-7　WSAN 结构与工作原理示意图

研究物联网的目的不仅是要感知周边的物理世界，更重要的是根据大量的感知信息，通过分析和挖掘，从中吸取对处理某类问题有用的知识，使人类可以更智慧地处理物理世界的问题。但是，在低成本的执行器、智能机器人出现之前，在感知的基础上增加执行功能的设计思路还只能停留在理论探索的层面。随着执行器、智能机器人技术日趋成熟与广泛应用，WSAN 逐渐引起了人们的重视。作为物联网主要支撑技术的下一代无线传感网，WSAN 有望应用于防灾救灾、智能工业、智能农业、智能家居、智能交通、智能医疗，以及核、生化武器攻击决策等领域，WSAN 的应用又进一步推动了普适计算、CPS 与环境智能的发展。WSAN 是物联网应用中最早采用移动边缘计算模式的系统。随着移动机器人在物联网中的广泛应用，多种移动机器人成为 WSAN 感知与执行器节点（如图 8-8 所示）。

图 8-8　作为 WSAN 感知与执行器节点的移动机器人

8.3.3　无线传感器与机器人网络

目前，很多军事、物联网领域的无线传感网应用研究涉及“无线传感器与机器人网”（Wireless Sensor and Robot Network，WSRN），并且 WSAN 与 WSRN 在研究思路和内容上有很多交叉。20 世纪 90 年代出现的军用自动战场机器人（机器骡）与坦克具有相似的功能，可以检测和标记地雷、携带武器、运送给养和弹药。SKIT 是网络遥控机器人，它们使用 UHF 频段通信，数据传输速率为 4.8Mbps。由多台 SKIT 机器人组成的团队可以按照预定的算法完成预定的任务。低空飞行的航空测绘无人机可以与空对地自主机器人车辆配合，完成包括地形测绘、寻找目标、跟踪目标等任务。

在民用方面，目前网络环境中的多机器人系统已经广泛应用于工业生产、环境保护、医疗卫生、污染地区监测与防护，以及体育竞技、娱乐与游戏等领域，甚至出现在学生的机器人足球比赛中。

集感知与控制功能为一体的智能机器人将大量应用于 WSRN 中，如智能军事、智能工业、智能农业、智能电网、智能家居、智能交通、车载网、空间探测、物流运输等领域。图 8-9 给出了几种作为 WSRN 节点的机器人。

图 8-9　几种作为 WSRN 节点的机器人

WSRN 作为分布式传感与控制系统的新形式，侧重于研究用作无线传感网节点的移动机器人所组成的机器人网的系统结构、路由、节点定位，移动机器人的控制框架、定位与导航、控制策略、仿真系统，以及智能空间与实验平台等问题。

8.4　无线多媒体传感网

8.4.1　无线多媒体传感网研究背景

无线多媒体传感网（Wireless Multimedia Sensor Network，WMSN）是在传统的无线传感网的基础上引入对视频、音频、图像等多媒体信息的感知、传输与处理功能的新型无线传感网。推动 WMSN 研究与发展的动力有两个：一是应用的需求，二是微型的视频、音频、图像传感器技术的成熟与广泛应用。

传统的无线传感网主要关注温度、湿度、位置、光强、压力、生化等标量数据，而在军事战场监控与评估、机器人视觉、交通监控、车辆主动安全、医疗监护、智能家居、环境监控、工业与工程控制等实际应用中，需要对视频、音频、图像等多媒体信息进行感知、传输和处理，需要比传统的无线传感网更直观、更清晰的信息。例如，在交通拥堵的大城市，需要根据 WMSN 形成的分布式视觉系统，实时监控主干道、高速公路的车流量、平均车速，直观评价交通调度的结果，确定违规、违法车辆的身份。WMSN 可以在不干扰老年人生活起居的情况下，研究老年人的行为规律，查找诸如老年痴呆症的原因，以及通过视频、音频来远程关注和帮助老年人。工业环境的监控对于保证产品质量、保障生产安全至关重要。利用 WMSN 可以对药品、食品、芯片等生产过程进行实时、定量的监控。利用 WMSN 可以对危险的生产环境（如剧毒、易燃、易爆与有放射性污染）进行实时、可视化的监控，有利于及时发现问题，及时处置险情，保障生产安全。WMSN 能够扩大人类的观察范围，增强对同一事物的多角度观察能力，这是传统的无线传感网所不能实现的。

各种用途的微型视频、音频与图像传感器技术已经比较成熟（如图 8-10 所示）。在校园、办公大楼、居民区、医院、公路和商场，有线与无线摄像头随处可见，这些都为我们提供了丰富的视频信息资源，也为研发 WMSN 提供了有利条件。

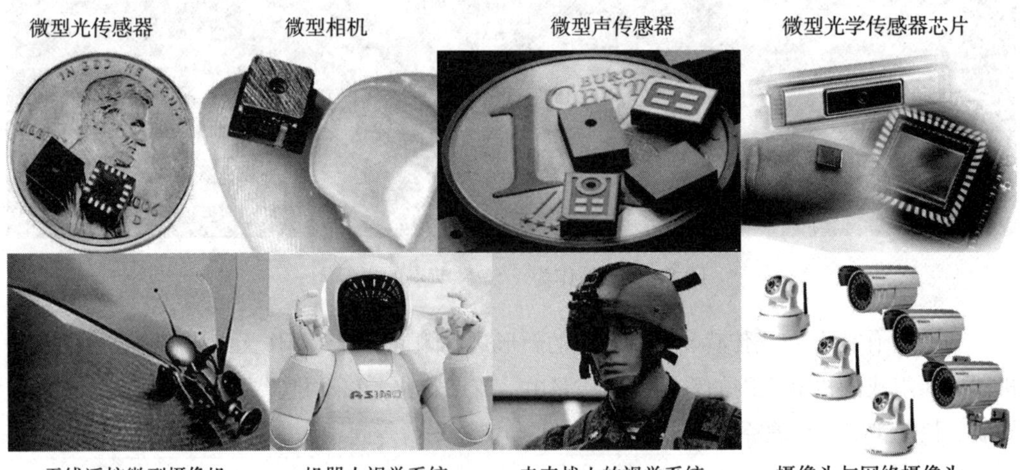

图 8-10　各种用途的微型视频、音频、图像传感器

8.4.2　无线多媒体传感网结构与工作原理

对于 WMSN 来说，采用分类、分级的网络结构比较适合不同应用的实际需求。图 8-11 给出了分类、分级结构的 WMSN 结构示意图。

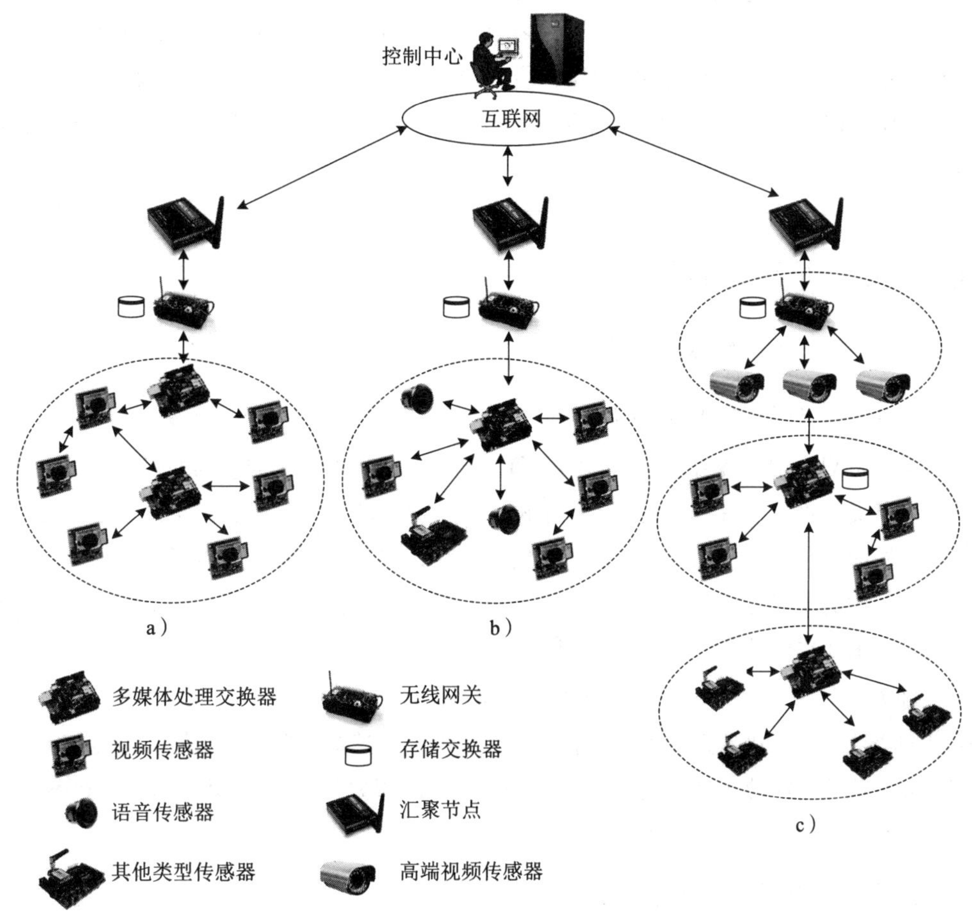

图 8-11　分类、分级结构的 WMSN 结构示意图

图 8-11a 是一种由同类视频传感器组成、分布式处理的单层网络结构。网络由视频传感器节点、多媒体处理交换器组成。视频传感器节点将产生的视频数据流经过多跳传送到多媒体处理交换器。多媒体处理交换器具有较强的数据处理与存储能力，负责本地数据处理、存储与查询，以缓解视频传感器节点的存储容量受限问题，且能够完成复杂的离线视频处理工作。多媒体处理交换器与汇聚节点通信，完成汇聚节点分配的任务。

图 8-11b 是一种由同类视频传感器组成、集中式处理的单层网络结构。传感器节点直接与中心节点（即多媒体处理交换器）通信。多媒体处理交换器承担繁重的视频信息处理、数据融合、存储和查询的任务。中心节点除了接入视频传感器之外，还可以接入音频和其他标量传感器。

图 8-11c 是一种异构的多层网络结构。这种分层结构可以灵活利用网络资源。多层结构的底层可以接入比较简单的其他类型传感器完成特定的任务，例如发现事件的发生，并将事件发生的时间、地点、类型传送到高层的设备，以便观察、记录、传送有关事件的视频、音频和图像信息。这样分工的好处是，在没有事件发生时，视频传感器处于睡眠状态，能够节约能量，延长生存时间。当有事件发生时，视频传感器节点被唤醒，立即根据底层提供的信息，记录事件发生过程。视频数据在本层进行预处理，只将融合后的数据上传高层，以减少视频流传输的数据量。当需要高层的视频传感器介入时，才传输必要的数据。

8.5 水下无线传感网

8.5.1 水下无线传感网研究背景

1. 水下无线传感网研究的背景

随着世界各国围绕着海洋问题的斗争日趋激烈，水下无线传感网的研究也逐步显示出其重要意义。水下与海底探测是人类了解水域、海洋的重要手段。传统方法是在海洋底部与海洋柱面安装水下传感器，经过一定时间后将这些传感器回收，再读取传感器感知的数据。这样做的缺点是：非实时监测，不能进行在线的设备校准和配置，不能进行故障检测与修复，感知数据量受传感器存储空间的限制。

随着无线传感网与水下机器人技术的逐渐成熟，研究人员自然会想到：如何将无线传感网概念和水下机器人技术相结合，应用于海洋自然资源探测、水域污染监控、近海勘探、灾难预警、辅助导航、战术监控等领域。水下无线传感网（Underwater Wireless Sensor Network，UWSN）就是在这样的背景下产生。

2. 水下无线传感网的特点

水下无线传感网的特点主要表现在以下两个方面。

第一，水下传感器通信方式。水下传感器通信主要有三种方式：无线电、激光和水声。无线电波在海水中衰减严重，频率越高，衰减越大。30～300Hz 的超低频电磁波对海水的穿透能力可达 100 多米，但是需要很长的天线和很大的发射功率，在体积较小的水下传感器节点上无法实现。智能尘埃 Mica2 在水下通信中使用 433Hz 时，传播距离为 120 米。无线电波只能实现短距离的高速通信，不是水下组网的最佳选择。与无线电波相比，激光通信对海水穿透能力强。但是，水下激光的光束传输受散射的影响比较严重，而且水下窄光束对准是一个难题。激光仅适应于短距离水下通信的需求。目前，水下传感网主要利用声波来实现通信和组网。因此，水下传感网一般称为“水下声传感网”或“水下无线传感网”。

第二，容迟特性与实时性要求。水下传感器节点之间的通信受到海洋复杂的季风、洋流、海底地形、鱼类等环境因素的影响，数据传输误码率高，丢包情况频繁发生，数据链路不断出现中断。如何在水下无线传感网中解决间歇性、长时延、高误码率和高丢包率所引发的容迟问题，这是一个困难的研究课题。

不同的应用场景对数据传输的实时性要求相差较大。例如，对于记录地震活动的水下无线传感网，传感器的休眠与激活的差异大。一旦激活就会有很多数据传送到汇聚节点，用于分析和预测地震活动；对于海啸预报、入侵预警的应用，则需要实时传输数据。因此，水下无线传感网设计方案需要区别实时应用与容迟应用。

3. 水下无线传感网与无线传感网的区别

水下无线传感网与无线传感网的区别主要表现在以下几个方面。

- 水下无线传感网的传感器节点通常比传统无线传感网的造价贵。水下无线传感网要考虑防水、防腐蚀等问题，结构相对复杂，造价必然会高。水下设备的更新与维护费用也相对高一些。
- 水下无线传感网的传感器节点的数量相对比较少。由于水下无线传感网节点的造价高，因此它不能像陆地无线传感网的节点部署那么密集，也不可能不加固定而任其漂流。
- 水下无线传感网的传感器节点需要储备更多能量。由于声波在海水中传播时衰减很大，因此当节点之间的距离相同时，水下节点需要消耗的能量比陆地上节点消耗的大得多。
- 水下无线传感网的传感器节点需要更大的存储空间。陆地无线传感网一般存储空间比较小，而水下声波信道是间歇性的，水下无线传感网节点需要将感知数据存储起来。

水下无线传感网的特殊性决定了水下设备分为两类：水下传感器与自主式水下设备。其中，自主式水下设备是负责水下传感器的通信连接、感知数据查询与网络管理功能的设备。

8.5.2　水下无线传感网结构与工作原理

由于水下设备的造价高、维护困难，因此如何部署水下传感器节点与自主式水下航行器节点成为水下无线传感网结构设计的主要问题。典型的水下无线传感网结构可以分为两种：二维结构与三维结构。在二维结构中，一组水下传感器被深海锚拴固定在海底，组中的传感器节点通过水声信道或以多跳的方式，与一个或多个水下汇聚节点通信。水下汇聚节点在水平与垂直方向分别装有一个水声收发机。水平方向水声收发机用于与水下传感器节点通信，垂直方向水声收发机负责与水面汇聚节点通信。由于海洋深度可以达到几十千米，因此垂直方向水声收发机的功率较大。水下汇聚节点负责将感知数据传输到水面基站，然后通过无线信道或卫星信道将数据传输到水面汇聚节点、岸边汇聚节点。在三维结构中，水下传感器节点悬浮在不同的深度和位置，形成一个能够监测三维海洋信息的传感网。典型的三维水下无线传感网结构如图 8-12 所示。

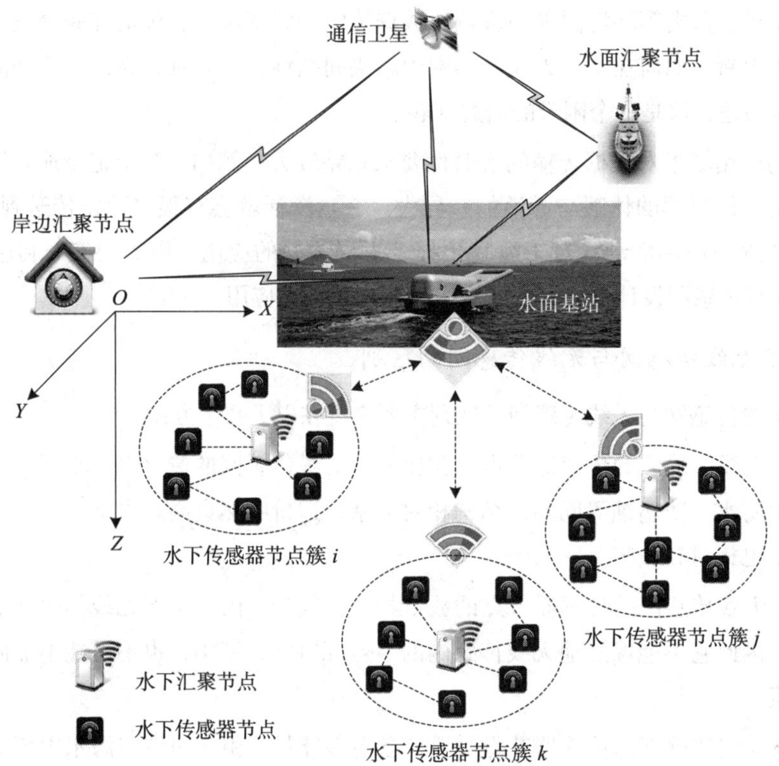

图 8-12 三维水下无线传感网结构示意图

8.5.3 水下传感器节点类型

水下传感器节点中的传感器有很多种，可用于测量海水温度、密度、盐度、导电性、pH 值，以及氧气、氢气、甲烷含量等参数，因此水下传感器有多种外形结构（如图 8-13 所示）。目前，有的水下传感器节点的数据传输速率可达 100～480bps，误码率为 1×10^{-6}，在深度为 120m 时，通信距离可达 3000m。有些近距离水下传感器节点的有效通信距离为 300m 时，传播深度可以达到 200m，数据传输速率为 7kbps。

图 8-13 各种形状的水下传感器设备

自主式水下航行器（Autonomous Underwater Vehicle，AUV）完成与水下传感器的通信，感知数据查询与网络管理功能。各个 AUV 承担的任务不同，有些 AUV 像小型的潜水艇，有些水下机器人也可以成为 AUV（如图 8-14 所示）。多种 AUV 在海里接收水下传感器传输的数据，浮出水面时将数据通过无线信道传输给水上基站，水上基站再通过水面汇聚节点将数据转发到岸边汇聚节点。AUV 浮出水面时可以用 GPS 进行定位。

图 8-14　不同功能与外形结构的 AUV

8.5.4　移动水下传感网研究

AUV 又称为“水下自主机器人”。由水下自主机器人组成的传感网又称为“移动水下传感网”。

从技术的角度来看，AUV 实际上就是一类水下机器人。AUV 可以作为无须用锚拴固定、电缆连接的传感器节点，根据任务要求在不同地理位置、不同深度游弋，主动采集环境数据。AUV 组成的传感网可用于海洋环境监测、水下资源勘查，以及各种军事用途。因此，移动水下传感网已成为世界各国新的研究热点，很多水下机器人的研究者也积极参与研究。将海底固定的传感器与可以在海底爬行、游弋的水下机器人相结合，采用 AUV 作为水下汇聚节点的研究已经取得很大的进展，多种原型系统已经进入实验阶段。典型的水下机器人如图 8-15 所示。

图 8-15　典型的水下机器人

目前，移动水下传感网的主要研究目标是：如何利用局部智能尽量减少对陆地通信的依赖。因此，移动水下传感网的研究急需确定三个内容：一是自适应采样算法，二是节点自我配置，三是利用太阳能补充能量。自适应采样算法解决的是 AUV 节点如何寻找对某类数据采样的最合适地点，以及如何根据任务要求自动确定最佳采样密度的问题。节点自我配置解决的是移动过程中如何保持节点之间的信道、自组网的网络拓扑和路由控制，以及节点出现故障时的诊断与排除问题。同时，AUV 要能够根据自身剩余的电能，上浮到海面，利用太阳能充电，以延长生存寿命。

通过多年的研究与应用，人们开始认识到水下无线传感网在海底矿藏、确定海底光缆铺设线路、海水与水域污染、洋流与季风、海洋生态系统与鱼类、微生物关系的研究，海底地震与海啸预报、识别海底危害、危险礁石与辅助导航，以及在水域军事监控、侦察与预防攻击方面，都具有非常重要的意义。水下无线传感网是物联网的研究热点和具有挑战性的课题。

8.6 地下无线传感网

8.6.1 地下无线传感网研究背景

地下无线传感网（Wireless Underground Sensor Network，WUSN）由工作在地下的无线传感器设备组成。这些设备可能被完全埋入致密的土壤中，也可能被放置于矿井、地铁或隧道等地下空间内。WUSN 经常被用在当前地下监测技术无法实现的应用中。适合使用 WUSN 的应用场景主要有四种：环境监测、基础设施监测、定位应用与边境安全监控。WUSN 的应用情况如图 8-16 所示。

WUSN 在环境监测领域有多方面的应用前景。在农业方面，可以利用地下传感器节点监测土壤含水量与土壤成分，为合理灌溉及施肥提供参考数据。在温室环境中，地下传感器节点可以部署在花盆中。与当前应用于农业的地上无线传感网相比，WUSN 节点被埋藏在地下，可以防止受到拖拉机、割草机等机械的破坏。在高尔夫球场、棒球场及草坪网球场的土壤中，地下传感器可以用于监测整个运动场，而且不会影响比赛的正常进行。

从环境保护的角度出发，将地下传感网与水下传感网相结合，可以有效监控城市饮用水的安全状态，及时监测在土壤、河流中是否存在有毒、有害物质及其浓度。

从煤矿生产安全的角度出发，矿井环境监测中通常需要对矿井风速、矿尘、一氧化碳、温度、湿度、氧气、硫化氢和二氧化碳等参数进行检测。在这种应用场景中，可以采用传统的无线传感器与地下传感器相结合的混合网络，使矿井内的数据能快速通过无线传感网传输到地面基站。利用节点的通信、计算、自组织能力，在矿井结构遭到一定的破坏时仍能自动恢复组网，根据作为矿工身份标识的无线传感器节点，确定矿工位置，为矿难救助提供重要帮助。WUSN 还可以用于地下基础设施（如管道、电线和地下储油罐）的安全监控，通过地下传感器节点及时监测和发现石油、燃气和有毒气体、液体的泄漏。

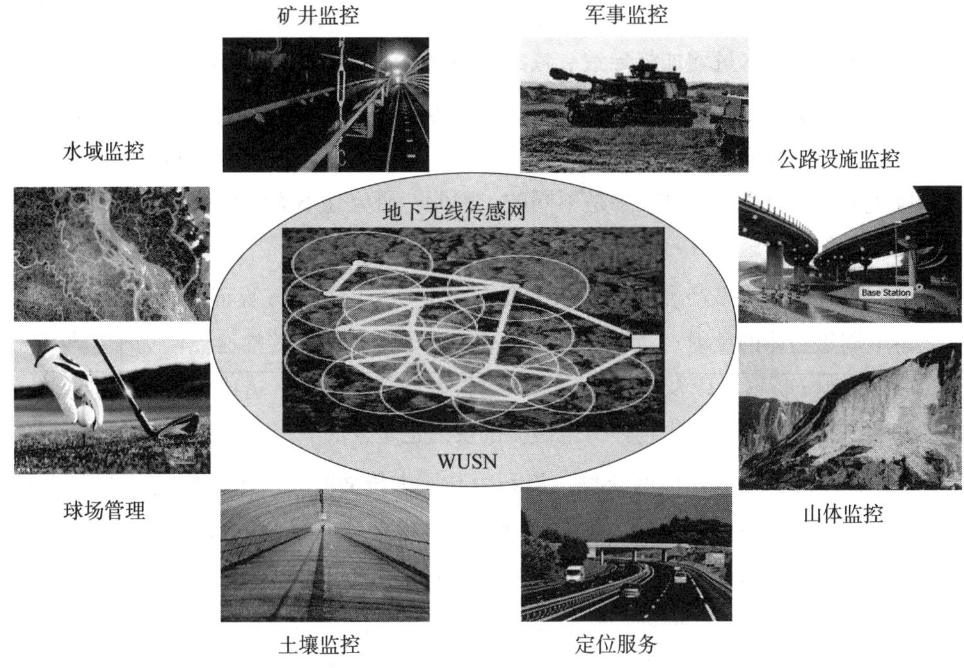

图 8-16　WUSN 的应用情况示意图

地下无线传感器可以嵌入建筑物、桥梁、山体的关键部位，监测压力、位置等参数，及时掌握建筑物的健康状况，防止灾难事件的发生。在可能出现山体滑坡的危险地段，地下传感网可以预报山体、岩石、土壤的移动，向研究人员及时发出山体滑坡的预警信息。

具有自定位功能的静态地下传感器可以在基于位置的服务中作为信标。当一辆车行驶过位置信标节点时，便会触发地下传感器节点与车辆建立通信，从而提醒司机前方的停止信号或交通标志。在农业设施自动定位控制中，当自动施肥装置通过地下位置信标节点时，它可以获取位置信息及传感器提供的土壤条件数据，自动完成施肥控制。

WUSN 可用于监测地上的人或物的存在与运动。将无线压力传感器部署于边境沿线的土壤浅表处，当非法越境者出现时就会发出警报，通告越境时间、位置等信息。

8.6.2　地下无线通信的特点

地下无线传感网面临的最主要的挑战是如何获得高效、可靠的地下无线信道。地下与地上的无线信道技术最大的区别是通信介质。地下的无线信道的电磁波传播介质是土壤，而地上的无线信道的电磁波传播介质是空气，这两种传播介质具有本质的区别。地下无线信道的特点主要表现在以下几点。

- 路径衰耗。无线信道的路径衰耗是研究地下无线传输最关心的问题。地下无线信道的路径衰耗主要由两个因素决定：电磁波频率、土壤与岩石特性。在给定的地质条件下，电磁波频率越高，传播过程中的路径衰耗越大。对于同一电磁波频率来说，路径衰耗取决于土壤类型、含水量与温度。按照颗粒大小排序，土壤类型依次是：

沙、淤泥、黏土与混合物。含水量是导致电磁波在土壤中传播衰减的主要因素。单位体积土壤含水量增加将导致衰减的急剧增长。沙质土壤最有利于电磁波的传播。

- 反射 / 折射。由于土壤与空气对于电磁波传播的影响不同，因此当电磁波经过土壤与空气的分界面时必然会产生反射与折射。电磁波从土壤向空气传播与从空气向土壤传播，其反射 / 折射效果是不同的。因此，研究地下无线信道模型时要注意双向的不对称性问题。
- 多径衰减。造成多径衰减的因素主要有两个：土壤与空气界面的反射 / 折射，矿井巷道周边物体的反射。近地的无线传感器节点的电磁波传播必然因为土壤与空气界面的反射 / 折射，以及周边的岩石、树根等物体的反射，造成传播功率的衰减。矿井巷道有限空间的周边物体对电磁波的反射也是造成多径衰减的主要原因之一。
- 传播速度降低。电磁波在土壤、岩石等介质中传播时，由于介质的介电常数不同，传播速度将会降低。土壤、岩石等介质的介电常数一般在 1～80，那么电磁波在这些介质中传播的最小传播速度大约为空气中传播速度的 10%。
- 噪声。地下无线信道同样面临着噪声干扰问题。研究结果表明，地下无线信道与地面无线信道的干扰量级几乎相同，不同之处是地下无线信道受到的干扰主要来自电源、机电设备、闪电与大气噪声，但是它们的频率很低，通常小于 1kHz。

8.6.3 地下无线传感网结构与工作原理

WUSN 网络结构因应用场景的不同而差异较大。WUSN 应用场景大致可以分为两类：部署于土壤与部署于矿井、隧道。部署于土壤进一步分为：地下、地下与地面混合结构。部署于矿井、隧道进一步分为：公路、铁路隧道与输油管道，以及矿井巷道与柱子上。WUSN 部署的类型如图 8-17 所示。

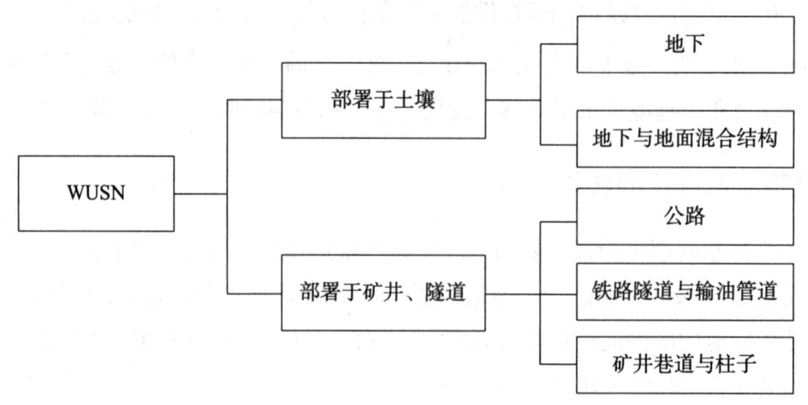

图 8-17 WUSN 部署的类型

1. 土壤中的 WUSN

土壤中的 WUSN 网络结构可以分为两类：单一深度网络拓扑、多深度网络拓扑。对于很多对隐蔽性要求高的应用，可以采用单一深度网络拓扑，如草原、沙漠等边境地区安防监控，为了防止敌方发现、破坏和偷盗 WUSN 节点，可以将 WUSN 节点掩埋在同一深度的土壤或沙中。另外，在高尔夫球场、垒球场、足球场等比赛场馆，既要不影响比赛，又要获取土壤湿度、温度及运动员、球落点等信息，也可以采用单一深度网络拓扑。

图 8-18 给出了单一深度网络拓扑示意图。为了尽可能减少地面汇聚节点，可以增加地面移动汇聚节点。当移动汇聚节点接近某些地下传感器节点时，它可以接收地下传感器节点发送的数据。

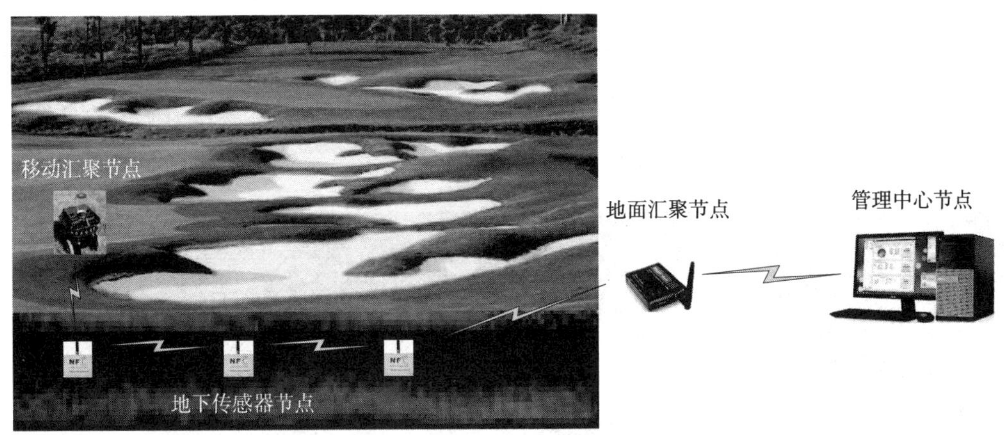

图 8-18　单一深度网络拓扑示意图

对于那些需要监测土壤三维参数的应用，可以采用多深度网络拓扑。由于土壤导致无线信号传输衰减大，因此部署在深层的传感器节点无法与地面汇聚节点直接通信，需要采用传统无线传感网的多跳通信方式。

当需要同时监控地下与地面环境参数时，可以采用混合式 WUSN 网络结构。混合式 WUSN 由地下传感器节点、地面传感器节点、地面固定汇聚节点与移动汇聚节点组成。地下与地面混合结构网络拓扑如图 8-19 所示。

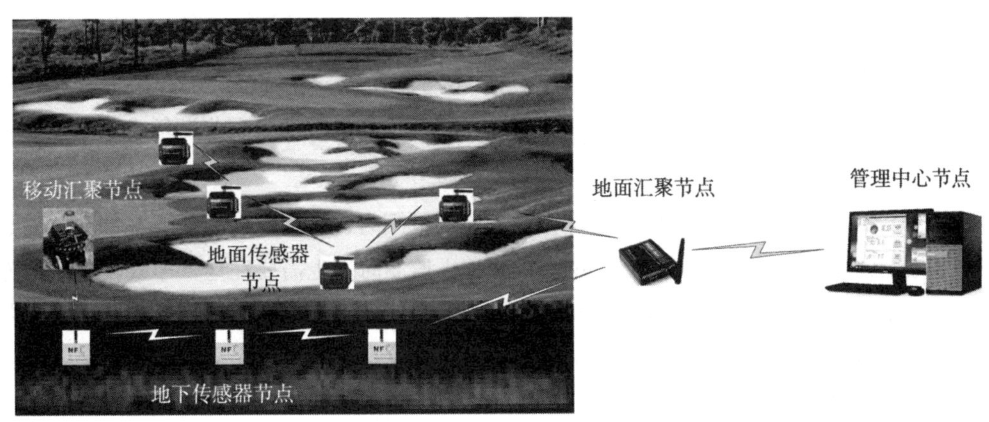

图 8-19　地下与地面混合结构网络拓扑示意图

2. 矿井、隧道中的 WUSN 网络结构

将 WUSN 技术与矿井下的特殊环境相结合，建立适合矿山行业的 WUSN，覆盖井下所有巷道，对矿井安全生产进行监控，可以定量、定性评估矿井的安全状况，减少人为因素在矿山安全管理上带来的漏洞，进一步保证井下工人的安全。

传感器节点部署在地下矿井、隧道中，尽管节点之间的电磁波传播介质也是空气，但是由于矿井、隧道结构的限制，电磁波的传播特性与地面自由空间的传播特性差异很大。为了保证网络的稳定性和可靠性，根据矿井的实际应用需要，在作业面上每隔 150～200m 安装一个固定的传感器节点。矿工佩戴的安全帽上的传感器节点经过每个固定节点时，将向固定节点发出信息，矿井安全管理人员就可以实时掌握每位矿工的位置，从而实现对井下矿工的安全实时跟踪与监控。有些矿井的 WUSN 还使用 RFID 标签作为矿工的身份标识。矿井、隧道中的 WUSN 网络结构如图 8-20 所示。

图 8-20 矿井、隧道中的 WUSN 网络结构示意图

8.6.4 地下无线传感网技术特点

与传统的无线传感网相比，WUSN 的优点主要表现在以下几个方面。

- 隐蔽性好。在边境安全监控中，WUSN 不易被发现，具有很好的隐蔽性。在农业土壤监测、运动场地维护管理中，不易被割草机、拖拉机等农业设备或绿化设备破坏。WUSN 节点不易被破坏者发现，安全性好。
- 易于部署。传统的地下监测系统在扩大监测范围时，需要额外布线，并部署新的数据记录设备。传统的无线传感网应用于地下监测时，也需要在地下布线，将地下传感器与地上设备相连。而 WUSN 节点的重新部署灵活，在确保传感器设备能够在通信范围内与其他设备正常通信的前提下，传感器节点可以容易地部署在需要监测的位置。
- 实时数据传输。现有的地下传感系统主要依赖数据记录器，无法保证数据的实时传

输。传感器收集的数据需要人工上传数据记录器后被处理，不能实现数据的实时传输与处理。WUSN 利用无线传输方式，可以实现从传感器节点到汇聚节点的实时数据传输。

- 可靠性高。地下监测应用使用的数据记录器容易出现单点故障。当连接几十个传感器节点的某个或几个数据记录器发生故障时，将给整个区域监测数据的完整性带来问题。WUSN 采用一种分布式工作方式，单一传感器节点的故障可以被邻节点及时发现，通过路由控制算法重新组网，从而大大提高地下监测系统的可靠性。
- 覆盖密度高。传统的地下监测系统的传感器与数据记录器需要有线连接，覆盖区域、节点密度取决于数据记录器的数量与位置，这样传感器节点的部署不容易均匀。WUSN 不依赖于数据记录器的位置，可以根据需要配置节点的位置与密度。

地下电磁波传播衰减大是 WUSN 研究必须面对的问题，很多传统无线传感网的研究结果不适用于 WUSN。目前，WUSN 的相关研究主要集中在以下几个方面。

- 物理层研究的主要问题：寻找适合地下通信的电磁波技术、信号调制方式，以及可靠性与信道容量的权衡。
- 数据链路层研究的主要问题：适应地下无线传输信号衰减大的介质访问控制（MAC）算法，以及最佳帧结构与最大帧长度。
- 网络层研究的主要问题：适应 WUSN 应用需求的基于位置的路由算法、针对时间敏感类应用（如地下压力传感网应用）的路由算法，以及多径路由算法。
- 传输层研究的主要问题：地下信道丢包的判断依据、地下信道可容忍的最大丢包率与地下信道模型。
- 应用层研究的主要问题：利用应用层数据开展跨层通信，例如利用传感器数据预测信道、利用信道数据预测土壤性质。

8.7　无线纳米传感网

8.7.1　无线纳米传感网研究背景

1959 年，美国加州理工学院的理查德·费恩曼（Richard P. Feynman）在关于原子工程发展前景的著名演讲“There is Plenty of Room at the Bottom”中，预见了从原子尺寸上操作物质的可能性。多年来，全世界的科学家一直致力于在纳米尺寸上研究物质的性质与相互作用，并且利用这种特性开发新产品。

术语“nano”来源于希腊，表示“十亿分之一”的意思。纳米是一个长度单位，1nm＝1×10^{-9}m。一页纸的厚度约为 10^5nm；人的一根头发直径约为 8.5×10^4nm；人眼可以分辨的最小长度约为 10^4nm，因此人眼能够看到头发丝。蛋白质分子的尺寸范围在 1～20nm，DNA 的厚度约为 2nm，碳纳米管的直径约为 1.3nm。

纳米技术是应用科学或工程学的一个分支，主要设计、合成、表示、控制与操纵及应用至少一个物理维度在纳米尺寸（0.1～100nm）的材料、器件与系统。纳米技术将会引发一系列新技术与新学科（如纳米物理学、纳米生物学、纳米化学、纳米电子学、纳米加工技术、纳米计量学）的发展。

纳米传感器（nano sensor）是纳米技术在感知领域的应用。纳米传感器的发展丰富了传感器的理论体系，拓宽了传感器的应用领域。鉴于纳米传感器在生物、化学、机械、航空、军事领域有广阔的应用前景，欧美等发达国家已投入大量的人力、物力开展纳米传感器技术的研发。科学界将纳米传感器与航空航天、电子信息等作为战略高科技看待。目前，纳米传感器已经进入全面发展阶段。

纳米传感器是一种通过生物、化学、物理的感知点来传达外部宏观世界信息的纳米器件，它可用于监测宏观世界的温度、气味、声音、光强、压力、位移、速度、浓度、重量、电磁等特性。纳米传感器具有灵敏度高、体积小、响应速度快、功能多、功耗低等优点。

纳米传感器是多学科交叉融合的产物，在它的基础上研究的无线纳米传感网（Wireless Nano Sensor Network，WNSN）也是无线传感网与物联网研究的一个重要方向。目前，很多科学家正在开展这方面的研究工作。

8.7.2 无线纳米传感网研究

随着微/纳电子系理论与微/纳机电系统技术的发展，以及集成纳米传感器系统研究的发展，纳米传感器件的制造与应用成为可能。

Akyildiz 与 Jornet 在 2010 年发表的文章“电磁线的无线纳米传感网”，进一步揭开了无线纳米传感网的面纱。无线纳米传感网研究的第一步，就是解决纳米传感器节点设计、纳米级器件通信、电源供电等基本的硬件制造技术。

1. 集成纳米传感器系统

碳纳米管（Carbon Nano Tube，CNT）可用于开发比其处理对象小 500 倍的微处理器，处理速度得到明显的提高，并且能耗极低。采用纳米技术可以制造体积很小，但是存储容量可达万亿位的存储器。这些优点使纳米传感器节点得到迅速发展，这些节点可以自动感知、处理和存储数据。

将适用于纳米器件的信号处理单元与纳米传感器集成的系统称为集成纳米传感器系统（Integrate Nano Sensor System，INSS）。目前，研究人员正在进行 INSS 的接口标准、自校验、容错及补偿的研究，以提高系统的精度、动态范围与可靠性。INSS 研究为纳米传感器节点的设计与制造技术奠定了基础。

2. 纳米级器件通信技术

在纳米级器件通信技术的研究中，采用的技术路线主要有两种。第一种是分子通信，即研究分子之间通信的信号编码、发送与接收方法。第二种是纳米电磁通信，即研究新型纳米材料在发送和接收时的电磁辐射。这类研究主要集中在纳米天线与纳米收发器上。

纳米天线方面的研究主要包括：

- 研究基于纳米管、纳米带的纳米天线模型，测试在特定频段的辐射带宽与能量效率，以及这些参数对纳米传感器通信能力的影响；
- 利用纳米材料的特性与新的加工技术，设计新型纳米天线与纳米辐射结构；
- 根据纳米级器件的量子效应，研究纳米天线理论。

纳米收发器方面的研究主要包括：

- 研究纳米收发器的电磁模型，包括辐射带宽与能量效率；
- 研究噪声对纳米收发器性能的影响；
- 设计高性能、带宽可调节的纳米接收器。

3. 纳米电池技术

为了配合基于主动型纳米传感器的无线纳米传感网的研究，科研人员正在开展锂纳米电池、自供电纳米发动机、太阳能利用技术的研究。从当前研究的初步结果来看，锂纳米电池作为未来纳米传感器的小型电源的可行性已经得到证实。自供电纳米发动机研究如何将其他类型的能量（从环境中收集的能量、化学能，如人体运动、振动、抽搐等引起肌肉拉伸的机械能，振动、声波、建筑物震动的能量，人讲话、车辆的声音和其他噪声，或者人的体液、血液流动的动能）转换成能够被纳米传感器使用的电能。微型、低功耗的纳米传感器利用太阳能供电的研究也引起了学术界的重视。

纳米传感器具有超强的感知能力、很小的体积、节约能耗等特点，科学家正在研究充分发挥纳米传感器特点的无线纳米传感网。无线纳米传感网将广泛应用于智能医疗与保健、智能环保、国土防御与军事等领域中，为物联网研究提出了更多课题，也为未来的物联网应用开辟了更为广阔的前景。

习题

一、选择题（单选）

1. 无线传感器与执行器网的英文缩写是

A）WSAN　　B）WUSN

C）UWSN　　D）WMSN

2. 以下不属于 WUSN 技术特点的是

A）隐蔽性好　　B）节点易腐蚀

C）易于部署　　D）覆盖密度高

3. 以下关于无线传感网特点的描述中，错误的是

A）网络规模差异大　　B）灵活的自组织能力

C）以网络为中心　　D）拓扑结构动态变化

4. 以下不属于 Ad hoc 技术特点的是

A）自组织与独立组网　　B）有中心控制节点

C）多跳路由　　D）动态拓扑

5. 以下关于 WSAN 协同机制中协商方案的描述中，错误的是

A）执行器节点告知汇聚节点要采取的行动

B）与汇聚节点协商应该采取的行动

C）通过汇聚节点向控制节点请示行动方案，等待指令

D）具体采用哪种协商机制由节点自行决定

6. 以下关于 WMSN 技术特点的描述中，错误的是

A）采用分类、分级的网络结构

B）单层网络结构由视频传感器节点、多媒体处理交换器组成

C）异构的多层网络结构底层仅接入简单的同类传感器完成特定的任务

D）视频传感器节点在事件发生时被唤醒，根据底层提供的信息记录事件发生过程

7. 以下关于 UWSN 节点通信方式的描述中，错误的是

A）水下传感器通信主要有三种方式：无线电、激光和水声

B）无线电波在海水中衰减严重，频率越高，衰减越大

C）水下传感网主要利用声波实现通信和组网

D）激光通信对海水穿透能力强，仅适用于长距离水下通信

8. 以下关于无线传感网系统结构的描述中，错误的是

A）大量传感器节点随机部署在监测区域内，以自组织方式构成局域网

B）传感器节点感知的数据通过相邻节点转发，经过多跳路由后到达汇聚节点

C）汇聚节点将数据通过物联网的核心传输网或卫星通信网传输到管理节点

D）管理节点负责收集和分析感知数据，以及发布监测指令与任务

9. 以下关于无线传感网节点特征的描述中，错误的是

A）多数是微型的嵌入式系统，处理、存储与通信能力较弱

B）兼有感知终端和路由器的双重功能

C）不转发其他节点的数据

D）携带的电池能量受限

10. 以下关于 WUSN 地下无线信道特点的描述中，错误的是

A）路径衰耗主要取决于电磁波频率、土壤与岩石特性

B）电磁波经过土壤与空气的分界面时必然产生反射与折射

C）噪声干扰主要来自电源、机电设备、闪电与大气噪声

D）电磁波在土壤等介质中最小传播速度约为空气中传播速度的 50%

11. 以下关于水下传感器节点特征的描述中，错误的是

A）误码率通常为 1×10^{-6}

B）数据传输速率可达 100～480bps

C）当深度为 120m 时，通信距离可达 30m

D）AUV 完成与水下传感器通信、感知数据查询等功能

12. 以下关于纳米传感器技术特点的描述中，错误的是

A）“纳米”强调的仅是传感器的尺寸足够小

B）它是纳米技术在感知领域的应用

C）具有灵敏度高、体积小、响应快、能耗低等优点

D）通过生物、化学、物理的感知点来获取物理世界信息

二、问答题

1. 如何理解 Ad hoc 技术的主要特点？

2. 如何从传感器接入的角度理解无线传感网的工作原理？

3. 请列出几个最能发挥 WSAN 特点的应用场景。

4. 请比较无线传感网与水下无线传感网的异同点。

5. 请举例说明 WMSN 系统结构及工作原理。

6. 请设计一个记录井下矿工实时位置的 WUSN 系统。

第9章　现场总线、工业以太网与工业无线网技术

智能工业是物联网重要的应用领域之一，现场总线与工业以太网是智能工业设备接入的主要网络技术。本章将在介绍支撑工业物联网发展的网络技术的基础上，系统地讨论现场总线、工业以太网与工业无线网的研究背景、技术特点与发展趋势。

9.1　支撑工业物联网发展的网络技术

9.1.1　工业物联网的定义与特征

2019 年，中国信通院发布的《工业物联网白皮书》对工业物联网的定义是：工业物联网是通过工业资源的网络互联、数据互通和系统互操作，实现制造原料的灵活配置、制造过程的按需执行、制造工艺的合理优化和制造环境的快速适应，达到资源的高效利用，从而构建服务驱动型的新工业生态体系。工业物联网的六大典型特征是：智能感知、泛在连通、精准控制、数字建模、实时分析、迭代优化（如图 9-1 所示）。

《工业物联网白皮书》指出以下内容。

- 智能感知是工业物联网的基础。面对工业生产、物流、销售等产业链环节中产生的海量数据，工业物联网利用传感器、射频识别等感知手段获取工业全生命周期内的不同维度的信息数据，具体包括人员、机器、原料、工艺流程和环境等工业资源状态信息。
- 泛在连通是工业物联网的前提。工业资源通过有线或无线方式彼此连接或与互联网相连，形成便捷、高效的工业物联网信息通道，实现工业资源数据的互连互通，拓展了机器与机器、机器与人、机器与环境之间连接的广度和深度。

- 精准控制是工业物联网的目的。通过对工业资源的状态感知、信息互联、数字建模和实时分析等过程，将基于虚拟空间形成的决策转换成工业资源实体可以理解的控制命令，进行实际操作，实现工业资源的精准信息交互和无缝协作。
- 数字建模是工业物联网的方法。数字建模将工业资源映射到数字空间中，在虚拟世界中模拟工业生产流程，借助数字空间强大的信息处理能力，实现对工业生产过程全要素的抽象建模，为工业物联网实体产业链运行提供有效决策。
- 实时分析是工业物联网的手段。针对感知的工业资源数据，通过技术分析手段，在数字空间中进行实时处理，获取工业资源状态在虚拟空间和现实空间的内在联系，将抽象的数据进一步直观化和可视化，完成对外部物理实体的实时响应。
- 迭代优化是工业物联网的效果。工业物联网体系能够不断地自我学习与提升，通过对工业资源数据处理、分析和存储，形成有效、可继承的知识库、模型库和资源库。面向工业资源的制造原料、过程、工艺和环境，进行不断迭代优化，达到最优目标。

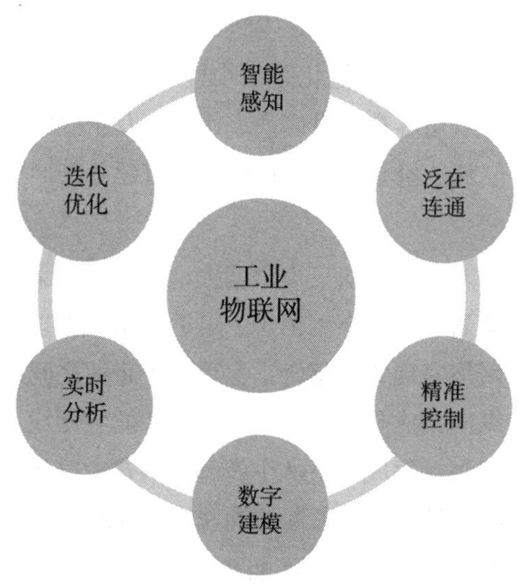

图9-1　工业物联网的六大特征

9.1.2　工业4.0的基本概念

1. 工业4.0的研究内容

工业4.0的研究内容主要包括：智能工厂、智能制造与智能物流。

（1）智能工厂

智能工厂呈现出高度互联、实时性，以及柔性化、敏捷化、智能化等特点。自动化几乎覆盖从原材料到成品的整个生产过程。

工业机器人是生产线的主要力量。几百台机器人被分别配置在生产线上。在车间中，运输机器人按照工序流程，根据地面事先铺设好的行进路线，游走在各道工序的数控机床、装配机器人与成品检测机器人之间。智能工厂是指运用CPS、物联网与智能技术，升级生产设备，加强生产信息的智能化管理，减少对生产线的人为干预，提高生产过程的可控性，优化生产计划与流程，构建高效、节能、环保、人性化的智慧工厂，实现人与机器的协调合作。

（2）智能制造

智能制造主要包括以下几个部分：产品智能化、装备智能化、生产方式智能化、管理智能化与服务智能化。

- 产品智能化。产品智能化是指将传感器、处理器、存储器、网络与通信模块、智能控制软件融入产品中，使产品具有感知、计算、通信、控制与自治能力，实现产品的可溯源、可识别与可定位。
- 装备智能化。装备智能化是指通过先进制造、信息处理、人工智能、工业机器人等技术的集成与融合，形成具有感知、分析、推理、决策、执行、自主学习与维护能力，以及自组织、自适应、网络化、协同工作等特点的智能生产系统与装备。
- 生产方式智能化。生产方式智能化是指个性化定制、服务型制造、云制造等新业态、新模式，本质是重组客户、供应商、销售商及企业内部组织关系，重构生产体系中的信息流、产品流、资金流的运作模式，重建新的产业价值链、生态系统与竞争格局。
- 管理智能化。管理智能化可以从三个角度去认识：横向集成、纵向集成和端到端集成。横向集成是指从研发、生产、销售、渠道到用户管理的生态链集成，企业之间通过价值链与信息网络实现资源整合，实现各个企业之间的无缝合作、实时产品生产与服务的协同；纵向集成是指从智能设备、智能生产线、智能车间、智能工厂到生产环节的集成；端到端集成是指从生产者到消费者，从产品设计、生产制造、物流配送到售后服务的产品全生命周期的管理与服务的集成。
- 服务智能化。服务智能化是智能制造的核心内容。工业4.0要建立一个智能生态系统，当智能无处不在、连接无处不在、数据无处不在时，设备与设备、人与人、物与物、人与物之间最终将形成一个系统。智能制造的生产环节是研发、生产、物流、销售与售后服务系统的集成。

（3）智能物流

智能物流是利用条形码、RFID射频标签、传感器、全球定位系统等先进的物联网技术，将信息处理和网络通信平台应用于物流业的运输、仓储、配送、包装、装卸等基本环节，实现货物运输过程的自动化运作和高效率管理，提高物流行业的服务水平，降低成本。

所有这一切都建立在连接智能工厂、智能制造与智能物流，实现智能工业中的所有资源、设备与系统互联互通的网络环境之上。

2. 智能工厂解决的问题

智能工厂需要解决的主要问题包括：生产过程控制层的融合、物流与供应链层的融合，经营管理与决策层的融合。从层次结构的角度出发，由高向低涉及：企业管理级、部门级、车间级与现场级，以及企业与协作单位、企业与用户之间的信息交互。

（1）生产过程控制层的融合

生产过程控制层的融合表现在两个方面：生产过程自动化与生产管理自动化。

- 生产过程自动化。生产过程自动化可以用汽车生产过程中大量使用的自动控制与加工技术为例来说明。目前的汽车生产线上，工人越来越少，工业机器人越来越多。这些自动化设备通过计算机网络互联，构成了一个由原材料供应运输车、搬运机器人、数控机床、焊接机器人、安装机器人、喷漆机器人、成品检测机器人等智能设备组成的汽车生产流水线。汽车生产流水线上仅需少量的技术工人和工程师参与管理生产过程。
- 生产管理自动化。产品数据管理（Product Data Management，PDM）、企业资源计划（Enterprise Resource Planning，ERP）与制造执行系统（Manufacturing Execution System，MES）软件都是应用于生产管理自动化中的应用软件。PDM 软件专门用来管理所有与产品及制造过程相关的信息，如零件、配置、文档、CAD、结构、权限信息等。ERP 软件的核心是供应链管理，它包括各种业务应用系统，如财务、物流、人力资源等管理系统。MES 软件的设计思想是在 ERP 的基础上，进一步将企业的高层管理与车间现场控制单元，如可编程控制器、数据采集器、条形码、各种计量及检测仪器、机械手等集成在一个系统中，进一步提高企业的生产自动化程度与生产效率。

（2）物流与供应链层的融合

供应链是由供应商、制造商、仓库、配送中心与销售商构成的物流网络。现代工业生产需要由现代物流来支撑，供应链管理水平直接影响工业生产水平。根据统计数据显示，如果能够运用信息技术实现供应链整体管理的 25%，那么整个供应链运营成本将减少 50%，整个供应链运营库存降低 25%～60%，产品订货交付周期缩短 30%～50%。

（3）经营管理与决策层的融合

经济的全球化导致企业必须面对全球性的市场竞争，企业管理和决策需要充分利用计算机网络与通信技术。如果决策者在不能全面掌握信息的情况下去制定企业发展战略，那么会产生对市场变化、客户需求、竞争对手能力，以及对企业自身适应能力估计不足的问题，必然会出现决策失误。

在推进信息化与工业化融合的过程中，人们认识到：物联网可以将传统的工业化产品从设计、供应链、生产、销售、物流到售后服务融为一体，最大限度提高企业的产品设计、生产、销售能力，提高产品质量与经济效益，极大地提高企业的核心竞争力。

从以上分析中可以清晰地认识到，工业物联网有三个重要的发展趋势。

- 工业物联网建立在工业控制通信网的基础上，各种工业通信网技术，将人机界面、数据采集与监控系统、可编程逻辑控制器、分布式控制系统等设备与系统，同生产现场的各种传感器、变送器、执行器、伺服驱动器、运动控制器，以及数控机床、工业机器人、成套生产线等生产装备互联，构成一个有机的协同工作系统。
- 工业 4.0 改变了传统的工业价值链，实现了设计、生产、物流、销售与售后服务各个环节的协同。工厂创造价值的方式不再只是“产品制造”，而是“制造＋服务”。支撑工业“制造”与“服务”的网络分别属于“工业自动化”（OT）与“办公自动化”（OA）两类不同的网络。寻找集 OT 与 OA 两种环境为一体的技术，这是工业 4.0 研究的一个重点课题，学术界与产业界普遍看好工业以太网技术。
- 工业界正在期待着：在工业自动化向分布式、智能化、实时控制方向发展的过程中，推进现场总线与工业以太网技术结合，实现从现场级仪器仪表接入的现场控制总线、车间与工厂管理网络，与工厂商务协作网络的“互联、互通、互操作”。支撑工业 4.0 发展的基础是“可信、可靠、可用、安全”的网络系统。

9.1.3 支撑智能工业的主流网络技术

1984 年，Intel 公司提出了一种计算机分布式控制系统“位总线”（BITBUS），将低速的面向过程的 I/O 通道与高速的计算机多总线（MULTIBUS）分隔开，形成了现场总线的最初概念。

20 世纪 80 年代中期，美国 Rosemount 公司开发了一种可寻址的远程传感器（HART）协议。HART 是现场总线协议的雏形。

1985 年，Honeywell 和 Bailey 等公司发起研发现场总线 World FIP，并制定了 FIP 协议标准。

1987 年，Siemens、Rosemount、横河等公司成立了一个专门委员会，并制定了 PROFIBUS 协议。国际电工委员会制定了现场总线标准 IEC/ISA SP50。

随着时间的推移，现场总线领域逐渐形成了两个竞争的集团，一个是以 Siemens、Rosemount、横河等公司为首的 ISP 集团，另一个是由 Honeywell、Bailey 等公司牵头的 World FIP 集团。

1994 年，两大集团宣布合并，融合成为现场总线基金会（Fieldbus Foundation，FF）。该基金会致力于现场总线技术标准的制定和推广，并决定遵循 IEC/ISA SP50 标准，在此基础上商定了现场总线技术发展阶段时间表。

目前，IEC 正在制定工业自动化通信标准。但是，由于涉及诸多公司与集团的商业利益，同时工业控制领域面对的行业众多，有机械制造产业，也有化工产业；有需要连续过程控制的行业，也有需要离散制造控制的行业；产品分为现场仪器仪表层、现场设备层、I/O 层、控制层与监控层。因此工业控制系统标准化的争论经历了几十年，长期存在“群雄割据”、标准不统一的局面，严重地影响着智能工厂的实现进程，标准化工作推进缓慢。经过多年努力，最终在 1999 年形成 IEC 61158 现场总线系列标准。

随着相关研究与应用的深入发展，产业界逐渐认识到工业现场总线、工业以太网与工业无线网将是工业通信领域的三大主流技术。

工业以太网（Industrial Ethernet）的概念已经出现很多年，但是一直处于研究阶段。随着以太网在高速、交换、全双工、虚拟化等方面取得突破性进展，在物联网与工业 4.0 计划的实施过程中，工业以太网技术越来越受到重视，并进入快速发展阶段。

目前，工业无线网已经形成三大主流国际标准共存的局面：国际仪器仪表协会（ISA）的 ISA-100.11a、HART 基金会的 Wireless HART，以及中国 WIA 联盟的 WIA-PA/FA。工业无线网具有容易部署等优点，在工业物联网中具有广阔的应用前景，但是最近新兴的低功耗广域网通信技术对现有工业无线网造成不可避免的巨大冲击和影响。低功耗广域网通信技术可以分为两类：一类技术工作在授权频段，以 NB-IoT、LTE 演进技术 eMTC 等为代表；另一类技术工作在非授权频段，包括 LoRa、PRMA、Sigfox 等，产业界也在积极探索低功耗广域网技术在工业领域的应用。

从物联网接入技术的角度来看，工业现场总线、工业以太网、工业无线网已经成为智能工业领域的重要接入网技术，它将工业领域海量的现场级传感器、控制器、远程 I/O、传动装置、变速器、测量仪器仪表、数控机床、加工机器人、智能现场设备、运输设备、控制台，以及车间级、工厂级的生产管理计算机、工作站、数据中心服务器、云数据中心接入智能工业系统。同时，工业现场总线、工业以太网、工业无线网技术已经从工业应用，逐渐拓展到智能农业、智能交通、智能医疗、智能电网、智能家居等对数据传输有实时性要求的物联网应用系统中。

9.2　现场总线技术

9.2.1　工业控制技术的发展

工业控制是一种运用控制理论、仪器仪表、计算机和其他信息技术，对工业生产过程实现检测、控制、优化、调度、管理和决策，达到增加产量、提高质量、降低消耗、确保安全等目标的综合性技术，主要包括工业自动化软件、硬件和系统。目前，工业控制自动化技术正在从集中控制、集散型控制系统，向全分布控制系统的方向发展。为了深入理解现场总线的产生背景，需要了解工业自动化的发展过程。

1. 早期的生产过程控制技术

20 世纪 50 年代之前，制造工业的设备与仪表处于人工控制阶段。当时的生产规模较小，测控仪表是安装在生产现场的气动测量仪表，功能简单。操作人员只能通过巡视生产现场来了解生产过程，并且现场调整被控对象的参数。这时，仪表信号不能被传输给其他仪表或系统，仪表处于封闭状态，无法与外界沟通。这个阶段的控制系统称为气动信号控制系统。

20 世纪 50 年代发展到模拟控制阶段。随着生产规模的扩大，整个生产过程需要对生产现场的多个点进行测控，出现了现场仪表与集中控制室。生产现场出现了气动、电动组合式仪表，将测量得到的 0.02～0.1MPa 气压信号、4～20mA 电流信号、1～5V 电压信号等模拟信号传送到集中控制室。操作人员在控制室观察生产流程各处的状况。但是，模拟信号的传输比较困难，速度慢且抗干扰能力较差，很难满足生产过程控制对数据传输速率、精度与安全性的要求。

2. 集中式数字控制技术

20 世纪 60 年代到 70 年代中期，工业控制系统开始进入集中式数字控制阶段。它的发展经历了直接数字控制、集中式计算机控制与分层计算机控制的过程。

计算机也逐步进入工业控制系统时代，数字信号取代了模拟信号。直接数字控制技术主要是用一台计算机替代了一组模拟控制器，通过模数转换器实时采集生产过程被控参数的信息，交给计算机按照控制算法运算之后，其结果通过数模转换器交给控制执行器，构成一个闭环控制回路。由于当时的计算机技术不发达，价格昂贵，人们试图用一台计算机取代控制室的所有仪表，实现过程监视以及数据收集、处理、存储和报警等控制过程的全部功能，并且实现生产调度和工厂管理的部分功能，这就是集中式计算机控制系统。这类控制系统的可靠性有明显的弱点。集中式控制系统过于依赖于中心控制计算机，如果该计算机出现故障，就会造成整个生产系统瘫痪、工厂停产的局面。

3. 集散型控制系统

20 世纪 80 年代，计算机与网络技术发展推动了工业信息化的发展，工业控制系统进入集散控制系统（DCS）的发展阶段。集散型控制系统是一个集中与分散相结合的系统，它吸收了分散仪表控制系统和集中式计算机控制系统的优点，将微处理器、计算机通信技术应用到工业控制领域。集散控制系统采用分级分层结构，即过程控制级、控制管理级和生产管理级，充分体现了管理的集中性与控制的分散性特点。

在 DCS 阶段，工业自动化技术出现了三个重要特点：以工业 PC 为基础的低成本工业控制自动化成为主流，可编程序控制器（Programmable Logic Controller，PLC）获得广泛的应用，现场总线技术得到大力发展。

（1）工业 PC 的应用

工业控制自动化的核心是基础自动化和过程自动化。针对基础自动化和过程自动化的需求，工业 PC 通过对成熟的个人计算机（PC）硬件与软件技术进行改造，例如系统组成、总线结构、I/O 设备、以太网卡，以及工业标准机箱与工业级元器件，使得工业 PC 更加适合工业过程控制的需要。同时，在软件上采用多种操作系统（如 Windows NT、Windows CE 和 Linux 等），使得工业 PC 可以运行在多种操作系统平台上。工业 PC 具有开放式结构、性价比高、联网能力灵活，很快成为工业控制的主流产品。

（2）PLC 的广泛应用

PLC 是一种专用于工业控制的计算机，它由继电器逻辑控制系统发展而来，初衷是希望能够代替继电器控制系统，因此它侧重于开关量的顺序控制。随着微电子、大规模集成电路、计算机和通信技术的发展，PLC 在技术和功能上出现很大变化。PLC 可以连接多个车间级的制造设备、仪器仪表与传感器 / 控制器，以便构成过程控制级的基础单元。PLC 能够实现 PLC 与 PLC、PLC 与上位机、PLC 与其他智能设备之间的联网与通信。目前，PLC 正在向网络化、高可靠性、兼容性、多功能性等方向发展。

（3）现场总线技术的发展

1982 年，现场总线的概念产生在欧洲。此后，世界各国都投入了巨大的人力、物力开展研究现场总线技术。随着工业控制技术的发展，出现了上百种适应不同应用场景的现场总线产品与相应的技术标准，如德国 Bosch 公司的控制器区域网（Controller Area Network，CAN）、基金会现场总线（Fieldbus Foundation，FF）、Siemens 公司等研发的 PROFIBUS、Rockwell 公司的 ControlNet、欧洲与法国标准的 World FIP，以及目前在机器人网络中有很好应用前景的 CC-Link（Control & Communication Link）等。这些现场总线具有各自的技术特点，并且适用于特定的应用范围。目前，现场总线已经从工业制造业的生产过程控制，向石油、化工、电力、医药、冶金、加工制造、交通运输、国防、航天、农业和楼宇自动化等领域的现场智能设备接入方向发展。

为了推进现场总线国际标准化的发展，IEC/SC65C/WG6 工作组从 1984 年就开始研究和制定现场总线的国际标准。经过 15 年的努力，1999 年年底通过了 IEC 61158 的现场总线标准，标准涵盖包括 FF 在内的 8 种现场总线技术；2001 年的标准第 3 版支持 10 种现场总线技术；2003 年该标准成为正式的国际标准。显然，由于不同产业、不同控制系统的实际需求存在较大差异，因此单一现场总线技术难以适合所有应用场景。在较长的时间内，工业控制系统仍会面临多种现场总线标准并存的局面。

9.2.2　现场总线的定义

国际电工委员会 IEC 61158 标准的定义是：现场总线是应用在制造或过程区域的现场装置与控制室中的自动控制装置之间的数字化、串行、多点通信的数据总线，“数据总线”又被称为“底层控制区域网”。图 9-2 给出了现场总线结构示意图。

以现场总线为技术核心的工业控制系统被称为现场总线控制系统（Fieldbus Control System，FCS）。它是继集中式数字控制系统与集散式控制系统之后，发展起来的一种新型的集成式全分布控制系统。

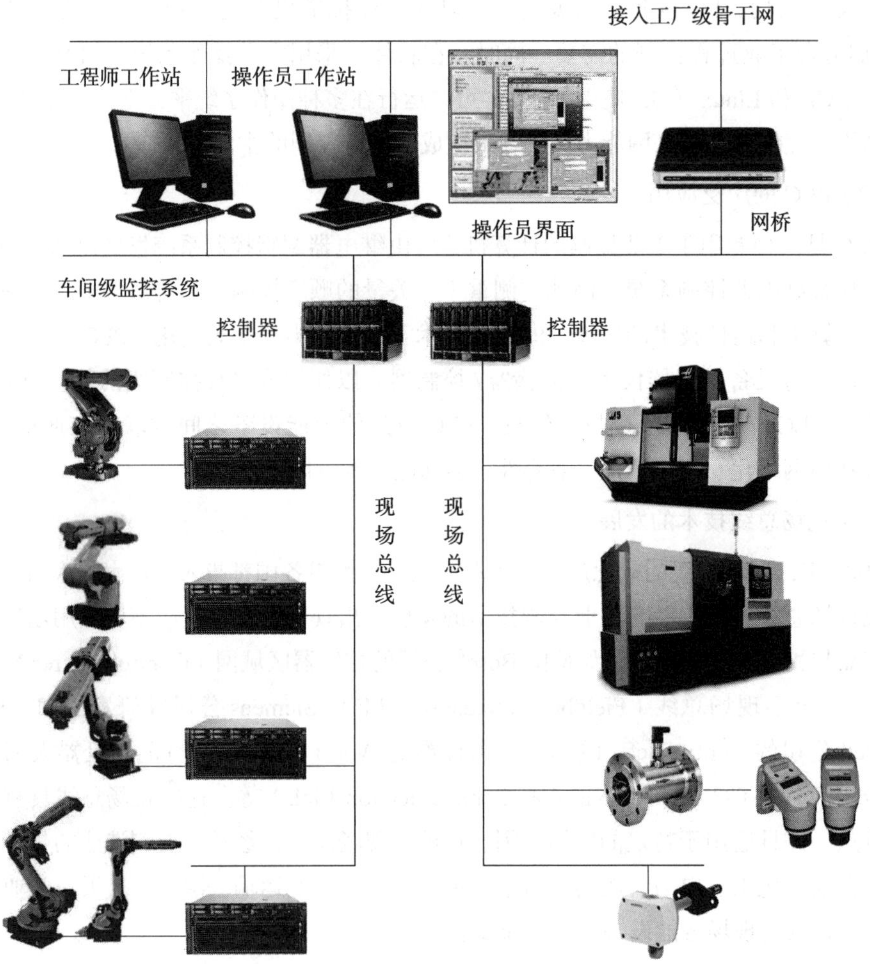

图 9-2　现场总线结构示意图

9.2.3　现场总线技术特点

现场总线技术特点可以归纳为以下几点。

- 基础性。现场总线是将企业的生产加工现场的各种感知、检测、加工、装配、运输、控制与执行设备接入企业网络中，实现现场级与车间级、工厂级网络之间的信息交互，成为企业网络信息系统的基础设施。
- 开放性。现场总线的开放性体现为通信协议公开，任何遵守相同标准的不同厂家的设备都可以接入现场总线，实现互联互通。
- 灵活性。现场总线网络改变了传统的工业控制系统节点之间用“点－点”链路连接的模式，通过一条“共享”的总线将车间现场生产所需的设备、装备和仪器仪表连接起来，接入节点的增加、扩容和重组操作方便，增强了系统组网和管理的灵活性。

- 互操作性。现场总线的互操作性体现在互联的设备、系统之间，可以实行“点－点”或“点－多点”的数据交换，实现设备之间的互操作。
- 可靠性。现场总线从根本上改变了传统集中式与分散式控制系统的结构，构成了一种新的全分布式的控制系统结构，提高了网络系统的可靠性。
- 自治性。智能仪表将感知测量、补偿计算、工程量处理与控制功能，分散到现场总线连接的设备中完成，使得一台现场设备就能完成自动控制的基本功能，并且能随时诊断设备的运行状态，实现功能的自治。
- 适应性。现场总线是专为现场工作环境而设计的，可支持双绞线、同轴电缆、光纤、射频、红外线、电力线等不同信道，具有较强的抗干扰能力，以及对不同应用场景的适应性。
- 经济性。接入现场总线上的智能设备能够直接执行多种感知、控制、报警和计算功能，不再需要单独的控制器、计算单元，也不需要信号转换、隔离等功能单元与复杂接线，还可以将工控 PC 作为操作站，减少控制室的占地面积，简化系统管理与维护，节省系统投资。

9.2.4　典型的现场总线产品与标准

工业过程控制领域出现了多种现场总线产品及标准，但是几乎没有一种现场总线产品能覆盖各种应用场景。目前，现场总线国际标准正在制定中。下面，介绍几种有代表性的现场总线产品与标准。

1. 基金会现场总线

基金会现场总线（FF）是以数百家公司制定的 ISP 协议与 World FIP 协议为基础研发的。1994 年，现场总线基金会成立，推出了基金会现场总线，并以此为基础致力于国际统一的现场总线协议的开发。

基金会现场总线参考了 ISO 制定的 OSI 开放系统互联模型，覆盖物理层、数据链路层与应用层，并在应用层之上增加了用户层。基金会现场总线产品与标准在过程自动化领域获得广泛的支持，具有良好的发展前景。基金会现场总线标准分为两种通信速率：低速 H1 和高速 H2。

- H1 支持的数据传输速率为 31.25kbps，通信距离可以达到 1900m，通过中继器可以进一步扩大通信距离；一个网段最多可接入 32 个节点；支持总线供电，支持安全防爆环境。
- H2 支持的数据传输速率为 1Mbps 与 2.5Mbps，通信距离分别可以达到 750m 和 500m。传输介质可以支持双绞线、光纤与无线信道，传输的信号采用曼彻斯特编码，并且协议符合 ISO/IEC 11582 标准。该标准是关于信息技术中系统之间电信和信息交换、专用综合业务网中支持补充业务的通用功能、内部交换信号的协议。

2.PROFIBUS

PROFIBUS（Process Field Bus）是以Siemens公司为主的十几家德国公司与研究所共同提出的现场总线标准，此后成为德国标准DIN19245和欧洲标准EN50170，由PROFIBUS-DP、PROFIBUS-FMS、PROFIBUS-PA系列组成。

- DP（Decentralized Periphery）用于分散的外部设备之间的高速数据传输，适合加工自动化领域的应用。
- FMS（Fieldbus Message Specification）用于车间过程控制、楼宇自动化、可编程控制器、低压开关等应用。FMS是令牌结构的实时多主网络，用来控制器和智能现场设备之间的通信以及控制器之间的信息交换。
- PA（Process Automation）多用于生产过程自动化，可将传感器和执行器接在一个共用的总线上，可用于对安全性要求较高的领域。

PROFIBUS支持“主–从”“纯主”与“多主多从混合”等几种组网结构。主站具有对总线的控制权，可以主动发送信息。对多主站系统来说，主站之间采用令牌方式传递信息，获得令牌的站点在特定时间内拥有总线控制权，需事先规定令牌在各主站循环一周的最长时间，以及控制节点获得令牌传输数据的最长时间间隔。PROFIBUS-DP总线周期一般小于10ms。

3. 控制区域网总线

控制区域网（Control Area Network，CAN）总线是德国Bosch公司在20世纪80年代专门为汽车行业开发的一种串行通信总线，用于汽车内部检测与执行部件之间的数据通信。由于其高性能、高可靠性及独特的设计而受到重视，并被广泛应用于诸多领域。此后，ISO组织将CAN总线确定为国际标准，并获得Motorola、Intel、Philips、Siemens等公司的支持，广泛应用在离散控制领域。

CAN总线具有很高的实时性能和很广的应用范围。CAN总线使用串行数据传输方式，在40m的双绞线上以1Mbps速率进行数据传输。如果使用光纤作为控制总线，那么当传输距离在10km时，数据传输速率可以达到50kbps。

CAN支持多主控制器方式，总线上任何节点都可以随时主动向其他节点发送信息。CAN总线也支持“点–点”“点–多点”与“广播”方式。CAN总线在总线访问控制上采用总线仲裁策略，当有几个节点同时在总线上发送数据时，优先级高的节点可以优先发送数据，优先级低的节点则主动退避，从而减少冲突的发生，提高总线的数据传输效率。

目前，CAN总线技术已经从汽车制造、大型仪器设备、工业控制、智能家庭与小区管理的应用，向航空航天、航海、机械工业、纺织机械、农用机械、机器人网络、数控机床、医疗器械等领域发展。CAN总线已经形成国际标准，并被公认为最有前景的现场总线技术。

4. LonWorks

LonWorks 是美国 Echelon 公司于 1990 年推出的现场总线技术。LonWorks 又称为局部操作网（Local Operating Network，LON）。LonWorks 是一个开放的、全分布式监控系统的专用网络平台，包括设计、安装、配置和维护 LON 所需的硬件和软件。LonWorks 支持的数据传输速率范围是 300bps～15Mbps，支持双绞线、同轴电缆、光纤、射频、红外线、电线等多种传输介质。

LonWorks 网络的基本单元是节点。一个节点包括神经元芯片（neuron chip）、收发器、监控设备接口的 I/O 与电源电路。神经元芯片在开发智能通信接口、智能传感器方面有独特的优势。LonWorks 不断推广低成本神经元芯片，而芯片的低成本又促进了 LonWorks 技术的应用，形成了良好循环。LonWorks 还提供各种网关，实现了 LonWorks 与 FF、PROFIBUS 等各种现场总线的互联互通。

LonWorks 技术已经被美国暖通工程师协会（ASRE）确定为建筑自动化协议 BACnet 的一个标准。美国消费电子制造商协会（CTA）以 LonWorks 为基础制定 EIA-709 标准。目前，LonWorks 产品与标准已广泛应用在楼宇自动化、家庭自动化、保安系统、办公设备、运输设备、工业过程控制等领域。

5. HART

可寻址远程传感器高速通道（Highway Addressable Remote Transducer，HART）是美国 Rosemount 公司于 1985 年推出的用于现场智能仪表和控制室设备之间的通信协议。HART 设备提供带宽相对低、响应时间适度的通信。经过 10 多年的发展，HART 技术在国外已经十分成熟，并成为全球智能仪表的工业标准。

HART 协议支持的数据传输速率为 1200bps。数据链路层定义了“主 – 从”协议。在正常使用的情况下，现场设备仅在收到主站探询时发送应答数据。HART 获得了 80 多家著名仪表公司的支持，于 1993 年成立 HART 通信基金会。HART 协议的特点是在现有模拟信号传输线上实现数字通信，属于模拟系统向数字系统转变过程中的工业过程控制产品，在当前的过渡时期具有较强的市场竞争能力。

6. 控制与通信链路

控制与通信链路（CC-Link）是以三菱为主的多家公司于 1996 年联合推出的现场总线标准，在亚洲、欧洲与北美的应用发展迅速。

CC-Link 作为一种开放式现场总线，以设备层为主，同时也可覆盖控制层与感知层。在一般情况下，CC-Link 整个一层网络可以由 1 个主站和 64 个从站构成。主站由 PLC 节点承担；从站可以是远程 I/O 模块、特殊功能模块，带有 CPU 与 PLC 本地站、人机界面、变频器，以及各种测量仪表、阀门等现场仪表设备。CC-Link 的最大数据传输速率可以达到 10Mbps。CC-Link 在数据链路层采用“广播 – 轮询”方式进行通信控制。CC-Link 也支持主站与本地站及智能设备站之间的瞬间通信。

2000 年，CC-Link 协会（CLPA）成立，它是致力于 CC-Link 技术推广的组织。2007 年发布的“CC-Link IE”是第一个基于 1Gbps 以太网的开放式工业网络标准。2018 年发布的“CC-Link IE TSN”标准采用“时间敏感网”（Time-Sensitive Networking，TSN）技术，改善了传统 CC-Link IE 的性能和功能。由于 TSN 确保有实时性要求的数据与其他数据都能通过标准的以太网来传输，因此 TSN 被称为未来的工业通信标准。

CC-Link IE TSN 的诞生加速了以工业 4.0 为代表的“利用 IoT 技术构建智能工厂”产业的发展，实现了生产现场（OT）和办公现场（OA）的融合，能有效提升原有 CC-Link IE 的性能与功能。开发方法的多样化有利于越来越多设备更容易支持 CC-Link IE TSN。截至 2020 年 11 月，该规范发布的 2 年时间内，开发并上市了 100 多种兼容的产品。利用 CC-Link 开发的控制系统具有较好的实时性、开放性，已经应用于机器人联网等领域。

9.3 工业以太网技术

9.3.1 工业以太网研究背景

1. 现场总线与工业以太网的比较

IEC 61158 现场总线标准第 4 版包括 10 种类型的现场总线标准：TC-net 实时以太网、Ether CAT 实时以太网、Ethernet Power Link 实时以太网、EPA 实时以太网、MODUBUS-RTPS 实时以太网、SERCOSⅢ 现场总线、V-NET/IP 实时以太网、CC-Link 现场总线、SERCOSⅢ实时以太网、HART 现场总线。需要注意的是，其中 7 种是基于实时以太网的。从这点可以看出，虽然经典的现场总线仍然大量存在，但是现场总线技术已经过了巅峰期。在未来智能工厂现场级实时控制与物联网实时应用的背景下，“端 – 端”时延一般要求控制在 10ms 以下，最低到微秒量级。传统的现场总线技术已经不能适应超低时延、超高带宽与超高可靠性的要求，工业以太网技术将会进入快速发展期。

2. 传统以太网在工业控制中的不适应性

以太网是在办公自动化（OA）环境中组建局域网的首选技术，已经广泛应用于园区、公司、办公室、实验室、家庭等环境中。传统的以太网在工业控制中应用的不适应性主要表现在以下几个方面。

第一，传统的以太网是为办公自动化应用而设计的。以太网遵循 IEEE 802.3 标准，物理层数据传输速率为 10Mbps；MAC 层采用随机争用的介质访问控制算法，优点是控制算法容易实现，缺点是接入以太网的多个节点之间通过竞争来取得总线的数据发送权，数据什么时刻发送不确定；在数据发送过程中，是否会出现冲突导致发送失败，同样不确定。节点发送数据的非实时性与时延的不确定性，是办公自动化应用允许的，但是对于有实时性要求的过程控制应用是不可行的。

第二，针对办公自动化应用中，网络节点每次发送的数据通常较长，设置以太帧的数据字段长度最长为 1500B；针对过程控制应用的感知数据、控制数据较短的情况，显得数据字段过长，导致总线传输效率低，发送与传输时延大。

第三，以太网硬件（如以太网卡、传输介质与网络设备）的设计都是为了适应办公环境，设计者在硬件设计与制造中更强调经济性，在硬件的可靠性、抗干扰能力与安全性方面的要求都低于电信级运营、工业现场应用的要求，不符合工业过程控制环境中的温度、湿度、振动、防爆、抗腐蚀、抗干扰等恶劣环境的要求。

表 9-1 给出了传统以太网与工业以太网的比较。

表 9-1　传统以太网与工业以太网的比较

比较项	传统以太网	工业以太网
器件	商用级元器件，接插件标准 RJ-45	工业级元器件，接插件与机箱要耐腐蚀、防尘、防水、防振动
电源	220V AC，单电源	24V DC，冗余电源
安装方式	办公环境结构化布线	DIN 导轨或其他固定方式
工作温度	5 ～ 40℃	−40 ～ 85℃或−20 ～ 70℃
电磁兼容性标准	办公环境 EMC	工业现场环境 EMC
无故障工作时间（MTBF）	3 ～ 5 年	>10 年

3. 以太网的发展趋势

尽管传统以太网在工业控制应用中存在明显的不适应问题，但是控制领域专家们还是提出了“工业以太网”与“实时以太网”的概念，试图为解决现场总线标准之争提供一种解决思路。专家的出发点是对以太网的优点与未来发展趋势的认知。

目前，以太网技术正在向着交换、全双工、虚拟、高速、高可靠、无线、电信级、实时、绿色和节能等方向发展。

- 交换式以太网。传统以太网在 MAC 层采用随机访问控制算法，一个节点在取得总线访问权限时独占总线，如果同时出现另一个节点发送的数据，就会出现冲突，造成传输失败。交换式以太网采用交换机作为组网的中心节点，多对节点之间可以进行并发通信，提高了以太网的通信效率，能够克服以太网不能支持实时传输的缺陷。
- 全双工通信。传统以太网是将多个节点连接在一根总线上，多个节点争用总线，以广播方式发送数据，一个时刻只能有一个节点利用总线发生数据，实际上采取的是单工传输方式。在交换式以太网中，交换机端口可以用两对传输介质连接节点，一对介质用于发送数据，另一对介质用于接收数据，节点可以同时发送和接收数据，这样就将单工方式转变成全双工方式，提高了以太网的数据传输效率，缩短了发送与接收数据的时延，提高了数据传输的实时性。

- 虚拟局域网。基于以太网交换机设备，网络管理人员可以将位于不同网段的节点，通过软件方法配置成一个“虚拟局域网”，而不需要改变节点的布线。虚拟局域网提高了组网的灵活性、安全性与网络管理的效率。
- 高速以太网。传统以太网的数据传输速率为 10Mbps，高速以太网的数据传输速率可以提高到 100Mbps/1Gbps /10Gbps/40Gbps/100Gbps。高速以太网的物理层分为局域网与广域网标准。局域网标准的传输距离在几十米之内，可以使用双绞线或光纤，因此高速以太网很快变成数据中心与云计算中心网络的首选技术。广域网标准的传输距离可达到几十千米，传输介质使用光纤，因此高速以太网很快变成广域网的首选技术。
- 无线以太网。符合 IEEE 802.11 标准的 Wi-Fi 称为无线以太网。Wi-Fi 选用了免申请的 ISM 频段，可以免费为网民提供接入服务。另外，IEEE 802.11 标准支持的数据传输速率发展很快，最高可达到 600Mbps 的 IEEE 802.11n 已得到广泛应用，新的更高速率的标准也在不断推出。Wi-Fi 已经成为与“水、电、气、路”相提并论的“第五类社会公共设施”。
- 电信级以太网。光以太网（optical Ethernet）与城域以太网（metro Ethernet）标志着以太网已经从传统的局域网向电信级的城域网、广域网方向延伸。从电信级通信网络的角度出发，传统的以太网还存在很多的不足。可运营的光以太网设备和线路必须符合电信网络 99.999% 的高可靠性。光以太网的成功应用为工业以太网的实现提供了宝贵的经验。
- 绿色以太网。由于以太网在设计之初并没有考虑到能耗问题，导致在数据传输较少和网络空闲期间造成能源的浪费。全世界用于办公自动化的以太网数量很多，浪费的能源总量计算起来是惊人的。IEEE 802.3az 工作组着手绿色以太网（green Ethernet）技术的研究，并于 2010 年 9 月形成了相关标准。以太网设备与芯片制造商相继向市场提供符合绿色以太网的产品。

理解以太网能够应用于工业控制环境，需要注意以下容易几个混淆的问题。

第一，从网络体系结构的角度出发，以太网遵循的 IEEE 802.3 标准仅涉及物理层与数据链路层。由于工业以太网要考虑现场级网络与车间级、工厂级网络的互联，因此工业以太网体系结构需要补充网络层、传输层与应用层的内容，有的工业以太网标准在应用层之上增加了用户层。这就是应用于办公自动化环境的传统以太网，和兼顾办公自动化与工业控制区域网互联的工业以太网之间的主要区别之一。

第二，在对以太网的诸多改进中，通过以太网交换机将传统的“共享式以太网”改造成“交换式以太网”是最重要的改变。在办公自动化环境中，以太网交换机代替了总线，传统以太网的“总线形”拓扑变成“星形”拓扑。无论是办公自动化环境中的以太网交换机，还是智能工业环境中的工业以太网交换机，它们都是构成网络系统的核心部件。但是，在不强调“共享式”与“交换式”工作原理的区别时，以太网仍然用总线结构表示。

因此，工业以太网一般是用图 9-3 所示的方法来表示。

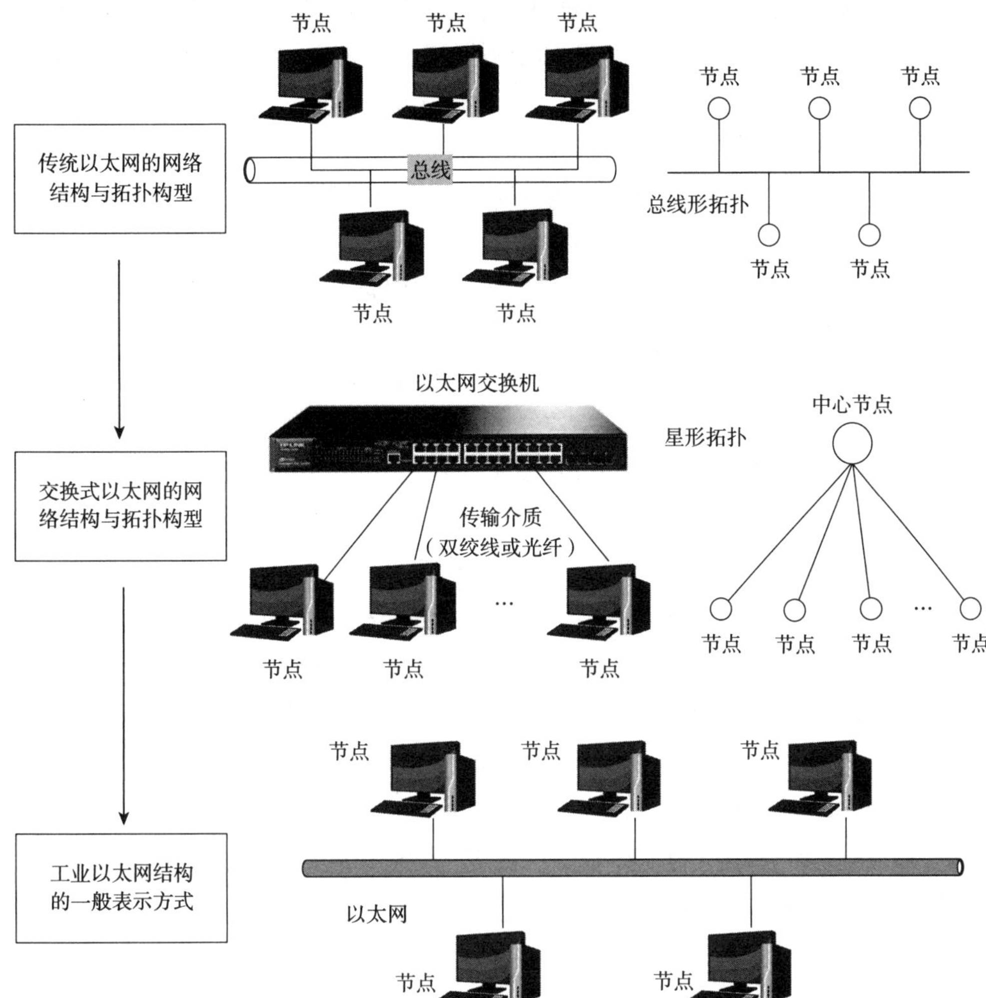

图 9-3　工业以太网的表示方法

交换式以太网技术、产品、标准日趋成熟，交换式以太网硬件、软件产品丰富，并且性价比高，有很多成熟的应用案例可以借鉴，交换式以太网的设计、组网、运行、维护非常容易，这些就导致传统以太网逐渐退出舞台，目前市场上已经见不到传统 10Mbps 的以太网产品。因此，现在讨论以太网几乎都是指交换式以太网。

第三，传统的共享总线以太网在数据链路层采用分布式总线访问控制算法，即 CSMA/CD 算法。该算法在接入总线的节点主机上执行，这也体现出分布式控制算法的精髓。但是，交换式以太网是由交换机芯片决定任意两端口之间的并发通信的。也就是说，交换式以太网已经不采用 CSMA/CD 算法。并发通信机制提高了以太网的带宽，减小了传输时延，使以太网技术可以应用到对实时性要求较高的工业控制环境中。

第四，以太网的数据传输速率包括 10Mbps、100Mbps、1Gbps、10Gbps、100Gbps 等。

速率为 10Mbps 的以太网是传统以太网。目前，市场上已经买不到 10Mbps 的以太网设备，办公室、家庭使用的以太网最差也是 100Mbps 的快速以太网。但是，由于全世界有上亿台计算机接入以太网，在传统以太网上开发的软件与互联网应用很多，因此从不同速率以太网兼容性的角度出发，100Mbps、1Gbps、10Gbps、100Gbps 的高速以太网产品仍然要保留传统 10Mbps 以太网的基本特征，即以太帧格式与最小、最大帧长度。这样，在以太网速率提升之后，只是物理层出现了变化，高层软件不需要做任何变动。

第五，随着高速以太网速率从 100Mbps、1Gbps、10Gbps 到 100Gbps 的提升，其物理层协议相应做了很多调整。以工业以太网常用的 100Mbps 快速以太网为例，100ASE-T 主要有三种物理层标准。

- 100BASE-TX。100BASE-TX 使用 2 对 5 类非屏蔽双绞线或 2 对 1 类屏蔽双绞线。一对双绞线用于发送，而另一对双绞线用于接收。因此，它是一个全双工系统，每个节点都可以同时以 100Mbps 速率发送与接收数据。
- 100BASE-T4。100BASE-T4 使用 4 对 3 类非屏蔽双绞线，其中三对用于数据传输，一对用于冲突检测，因此它是一个半双工系统。
- 100BASE-FX。100BASE-FX 使用 2 芯的多模或单模光纤，它是一个全双工系统。

同样，千兆以太网 GE、十千兆以太网 10GE、百千兆以太网 100GE，它们在保留传统以太网数据链路层的以太帧格式与最小、最大帧长度等特征的基础上，在物理层将局域网应用扩展到城域网与广域网，将双绞线扩展到光纤。例如,GE 的物理层标准包括以下几种。

- 1000BASE-CX：使用 2 对屏蔽双绞线，双绞线最大长度为 25m。
- 1000BASE-T：使用 4 对 5 类非屏蔽双绞线，双绞线最大长度为 100m。
- 1000BASE-SX：使用多模光纤，光纤最大长度为 550m。
- 1000BASE-LX：使用单模光纤，光纤最大长度为 5km。
- 1000BASE-LH：使用单模光纤，光纤最大长度为 10km。
- 1000BASE-ZX：使用单模光纤，光纤最大长度为 70km。

以太网在向交换、高速方向发展的同时，各种速率、不同传输距离、抗干扰能力强的光纤应用，这些改进为高速以太网应用于智能工业环境中奠定了基础。在这样的技术背景下，研究人员希望将以太网引入工业控制领域的想法就很容易理解。

实际上，工业以太网就是在工业环境的自动化控制及过程控制中使用以太网的相关技术、标准与网络设备。研究工业以太网标准的国际标准化组织主要包括：工业以太网协会（Industrial Ethernet Association，IEA）、工业自动化开放网络联盟（Industrial Automation Open Network Alliance，IEONA）等。

9.3.2 工业以太网技术特点

工业以太网的应用可以带来两个明显的好处。一是以太网技术与标准成熟，解决以太网在工业控制应用中的实时性、安全性与可靠性的技术已经有很多成功案例，技术可行性高。二是生产企业的信息化分为工厂管理级、车间监控级、现场设备级，工厂管理级类似于 OA 环境，应用以太网技术是水到渠成的事。车间监控级向上与工厂管理级连接，向下与现场设备级网络连接。如果现场设备级使用现场总线网络，它的通信协议、数据包结构、数据传输速率与以太网的 IEEE 802.3 协议、帧结构与数据传输速率都不同，那么必然要面临与两个异构网络互联的复杂局面。如果现场设备级也使用了工业以太网，那么工厂管理级、车间监控级、现场设备级都使用同一种网络协议，网络互联比较容易，应用系统运行效率高。同时，以太网能够满足工业控制的各种需求，硬件设备设计、制造技术成熟，操作系统、数据库、应用软件丰富，基于工业以太网技术的控制系统的设计、实现、运行和管理就容易得多。因此，研究工业以太网是一种合理的选择。实践证明，产业界对工业以太网的关注度已经高于错综复杂的现场总线技术。

基于工业以太网的智能工业网络结构如图 9-4 所示。

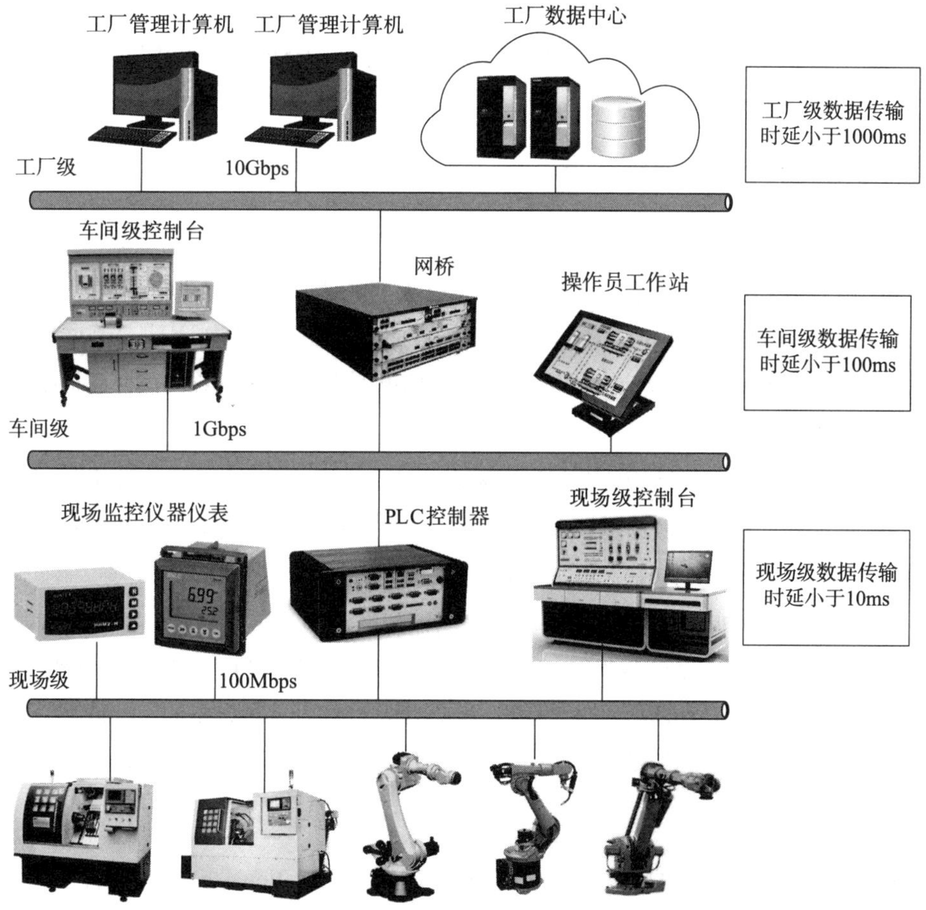

图 9-4　基于工业以太网的智能工业网络结构示意图

随着工业 4.0 的推进，人们在工业以太网发展趋势上形成了以下两点共识。

第一，工业以太网技术的研究还是近几年才引起国内外专家的关注。而现场总线技术经过十几年的发展，在技术上日渐成熟，在市场上开始全面推广。目前，用工业以太网全面代替现场总线还存在一些问题，需要进一步深入研究基于工业以太网的控制系统体系结构，开发基于工业以太网的系列产品。因此，将会出现工业以太网与现场总线结合的局面，但是最终工业以太网将会取代现场总线。

第二，为了满足未来智能工厂的组建需求，必须在“以太网+TCP/IP”协议体系的基础上，建立完整、有效的通信服务模型，制定有效与实时通信服务机制，协调工业现场控制中的实时与非实时信息传输服务，形成应用层与用户应用协议的开放标准。工业以太网直接应用到现场总线级、现场设备级，与企业管理与商务的办公以太网形成“一网打尽”的统一局面，工厂的商务网、车间的制造网、现场级仪表与设备控制区域网都采用相同的协议，并且与 Web 功能相结合，与工厂的电子商务、物资供应链与 ERP 系统形成一个有机的整体，实现“透明工厂”的概念。

目前，比较典型的工业以太网技术主要包括：HSE、PROFINET、Ethernet/IP、Powerlink、EPA 等。

9.3.3 典型的工业以太网产品与标准

1. HSE

1998 年，基金会现场总线开始研究基于以太网技术的高速以太网现场总线（High Speed Ethernet Fieldbus，HSE）。1998 年 6 月，完成 HSE 系统结构设计；1998 年 10 月，完成草案评审；1999 年 9 月，通过实验室测试。HSE 是基金会现场总线在摒弃了原有高速总线 H2 之后研发的产品。

2000 年 1 月，该草案被 IEC 确定为现场总线国际标准 IEC 61158 Type5：FF-HSE。

2003 年 3 月，基金会现场总线颁布了 HSE 最终技术说明。此后，一些主要的设备制造商已开始研发基于 HSE 的工业以太网产品。

基金会现场总线明确将 HSE 定位在：现场控制区域网与高层管理网在以太网基础上的互联互通，由 HSE 链接设备将 H1 网段信息传送到以太网的主干网段，并发送到企业 ERP 与管理系统。操作员可以在主控室通过 Web 浏览器察看现场设备的运行情况，现场设备也可以通过网络接收控制信息。

2. PROFINET

PROFINET 由 PROFIBUS 国际组织（PROFIBUS International，PI）推出，它为工业自动化通信领域提供了一个完整的网络解决方案，主要包括 8 个模块：实时通信、分布式现场设备、运动控制、分布式自动化、网络安装、IT 标准与信息安全、故障安全，以及过程自动化。

根据不同应用场景对实时性的要求，PROFINET 支持 3 种通信方式：标准通信、实时通信与同步实时通信。其中，标准通信的时延要求控制在 100ms；实时通信的时延要求控制在 5～10ms；同步实时通信适用于对时延要求最高的运动控制应用，要求在接入 100 个节点的情况下，时延小于 1ms，时延抖动小于 1μs。

3. Ethernet/IP

2000 年 3 月，控制网国际（ControlNet International，CI）、开放设备网络供应商协会（Open DeviceNet Vendor Association，ODVA）与工业以太网协会（Industrial Ethernet Association，IEA）联合推出了以太网工业协议（Ethernet Industrial Protocol，Ethernet/IP）。

Ethernet/IP 定义了一个开放的工业以太网标准。Ethernet/IP 基于 TCP/IP 系列协议，物理层与 MAC 层采用标准的 IEEE 802.3 协议，所有以太网通信模块（如 PC 接口卡、电缆、交换机）都能在 Ethernet/IP 组网中使用；网络层使用 IP 协议；传输层报文在传输前要经过加密处理。为了配置、访问和控制工业自动化设备，Ethernet/IP 在应用层采用通用工业协议（CIP），该协议由 ODVA 提供支持与服务。因此，Ethernet/IP 体现了将 CIP、TCP/IP 与 IEEE 802.3 这三种应用广泛的协议有机融合的特点。

4. Powerlink

2001 年 11 月，Bernecker 公司开发了 Powerlink V1 版。2002 年 11 月，Ethernet Powerlink 标准化组织（EPSG）成立。2003 年 11 月，Powerlink 版本更新为 Powerlink V2（包含 V1），重点是扩展了应用层基于 CANopen 定义的机制与标准化的应用接口。

CAN 是早期出现、应用最广泛的现场总线，但是 CAN 仅定义了物理层与数据链路层协议，而没有定义应用层协议，用户可以根据需要来定义高层的通信协议。CANopen 在 CAN 的基础上定义了应用层协议，规定了用户、软件、网络终端之间的信息交互协议。因此，Powerlink 与 CANopen、Ethernet 之间的关系是：Powerlink＝CANopen＋Ethernet。

Powerlink 融合了 CAN、CANopen 与 Ethernet 的优点，成为适用于 PLC、传感器、I/O 模块、运动控制、安全控制、安全传感器的工业以太网标准之一。

5. EPA

EPA（Ethernet for Plant Automation）由我国浙江大学、清华大学、浙江中控技术公司、大连理工大学、中科院自动化所等单位联合制定，它是一种用于工业测量和控制系统的实时以太网标准。

EPA 实现实时性的方法是在 ISO/IEC 8802.3 协议规定的数据链路层之上增加一个通信管理实体（Communication Scheduling Management Entity，CSME）。EPA-CSME 用于对数据报文进行调度管理，它支持两种通信调度方式：非实时通信使用 CSMA/CD 机制，实时通信使用确定性调度方式。EPA 网络为了避免冲突的发生，将控制区域网分成多个由网桥相互隔离的控制区域（微网段）。各个微网段内通信互不干扰。不同微网段的设备之间通信需要通过网桥转发，避免了广播风暴的产生。

目前，很多公司已经开发了多种 EPA 产品，包括控制系统、变送器、执行器、远程分散控制站、数据采集器、现场控制器、无纸记录仪等。其中，基于 EPA 的分布式网络控制系统已经在工厂获得了成功的应用。

9.3.4 工业以太网 HSE 分析

基金会现场总线明确将 HSE 定位在以太网的基础上实现现场控制区域网与高层管理网的互联互通，在层次结构模型、网络协议设计上充分发挥以太网与现场总线的技术优势。HSE 是具有代表性的一类工业以太网技术。

1. HSE 层次结构模型

HSE 层次结构模型如图 9-5 所示。

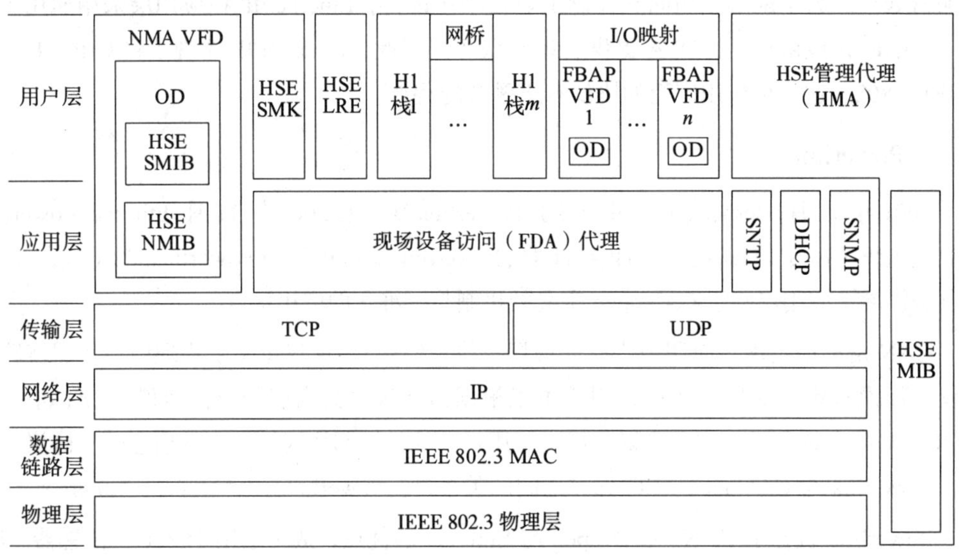

图 9-5 HSE 层次结构模型

HSE 层次结构模型支持 TCP/IP 协议体系，物理层与数据链路层采用 IEEE 802.3 协议；网络层采用 IP；传输层采用 TCP 与 UDP；除了传统的网络管理协议 SNMP、主机配置协议 DHCP、网络时间协议 SNTP 与超文本传输协议 HTTP 之外，应用层还自定义了现场设备访问代理 FDA；在应用层之上增加了用户层。

理解 HSE 层次结构模型，需要注意以下几个问题。

第一，现场设备访问代理的作用。现场设备访问代理将 HSE 从概念上分为两个部分。FDA 及其之下的实体，包括 HSE 管理代理（HMA），它们一起为 HSE 提供通信服务，共同构成了 HSE 通信栈；FDA 之上的实体包括系统管理内核（HSE SMK）、网络管理代理 / 虚拟现场设备（NMA/VFD）、HSE 冗余实体（LRE），它们统称为 HSE 应用进程。一个或多个通过网桥互联的 H1 链路，每个 H1 链路接入一个或多个现场设备；它们利用通信栈提供的服务，实现对等实体之间的通信。因此，FDA 之上的实体构成了通信栈的用户层。

第二，用户层包括的功能模块。用户层包括的功能模块有：系统管理内核、局域网冗余实体、H1 链路接口、网络管理代理、VFD 与 OD，以及 FBAP。

- 系统管理内核。系统管理内核（HSE SMK）用来将本地时间与时间服务器提供的系统时间的差异控制在时间同步类应用指定的范围内。当地时间用于对事件添加时间戳，以保持整个系统中设备的时钟同步。
- 局域网冗余实体。局域网冗余实体（HSE LRE）为系统上运行的应用程序提供透明的冗余。每个设备的 HSE LRE 定期向其他设备传输代表其网络视图的诊断消息。每个设备使用诊断消息来维护网络状态表（NST），该表用于从冗余资源中对故障进行检测。
- H1 链路接口。HSE 在应用层和用户层直接通过链接设备（LD）将现场总线 H1 网络连接到 HSE 网段上，LD 具有网桥与网关的双重作用。LD 的网桥功能体现为连接多个 H1 总线网段，使不同 H1 网段的设备之间能够进行对等通信，而不需要主机系统的干预。LD 的网关功能体现在 H1 总线网段与非 H1 网段（如 PROFIBUS、CC-Link 等）的现场总线设备之间的通信协议转换上。

  HSE 主机可以与 LD 上挂接的 H1 设备进行通信，接收来自现场设备的数据信息，实现监控和报表功能；操作数据也可以传输到远程的现场设备。监视和控制参数可以直接映射到标准功能块或“柔性功能块”（FFB）。
- 网络管理代理。网络管理代理（Network Management Agent，NMA）的基本功能是管理网络虚拟通信关系（Virtual Communication Relationships，VCR）。NMA 提供了将一台设备通信栈各层中支持的所有操作综合起来的方法。它支持配置管理、执行管理及出错管理。HSE 管理代理负责管理 DHCP 客户、SNTP 客户与 SNMP 代理。

  通过 NMA 的配置管理，各个层协议中的相关参数被赋予操作值以支持与其他设备之间的 VCR 通道。这个过程通常包括定义设备之间的 VCR，以及选择通信参数来支持该 VCR。这些信息在运行期间可以被访问，以便分析设备的通信行为。一旦检测到问题，就需要进一步完善或改变对设备的操作，在设备仍处于工作状态的前提下进行重新配置。

  NMA 还要管理 HSE 的 NMIB 与 SMIB 对象，以及使用这些对象与 HSE SMK、HSE 层管理实体进行互操作。这里，NMIB 是物流管理信息库，SMIB 是系统管理信息库。
- VFD 与 OD。现场总线系统结构采用“虚拟现场设备”（Virtual Field Device，VFD）的概念，它定义了一个应用进程的网络可见对象，描述存在于单一设备中的某个分布式应用的一部分。现场总线用这个概念来描述设备中执行一系列相关功能的实体，如功能块处理、网络管理等。每个设备可以通过一个或几个 VFD 标识其应用进程的网络可见部分，即 VFD 是用于描述一个自动化系统在通信伙伴眼中的数据和行为的抽象模型。每个设备都可以通过一个或多个 VFD 需要的数据，为 FBAP、NMA 或其他用户展示数据。

VFD 模型的基础是 VFD 对象，它包含所有对象及对象的描述。网络可见对象的描述被包含在对象字典（Object Dictionary，OD）中。

- FBAP。由于自动控制系统需要执行很多功能，并且每个系统的差异很大，因此所需功能块的组合和配置差异也很大。HSE 定义了一类特殊的功能块应用进程（Function Block Application，FBAP），以适应控制功能多样性的需要。FBAP 是支持一系列功能的统一模型，每个 FBAP 代表着不同的需要。功能块模型为定义功能块的输入、输出、算法和控制参数提供了一个通用结构，并将它们组合成一个进程应用在设备中。这种进程被描述成功能块的应用进程。这种结构为功能块参数提供了统一标识，同时使它们在 H1 或 HSE 网中可见。

2. HSE 技术特点

HSE 技术特点主要表现在以下几个方面。

- 采用 IEEE 802.3 协议和 TCP/IP 协议栈。物理层采用 IEEE 802.3 的 100BASE-TX 与 100BASE-FX 标准，支持的数据传输速率为 100Mbps 至 1Gbps；高层采用 TCP/IP 协议，实现现场级、车间级与工厂级网络的互联互通；根据行业应用的需要，在应用层之上增加用户层。
- 使用具有网桥和网关功能的链接设备。链接设备（Linking Device，LD）具有网桥与网关的功能，可以连接多个 FF 低速率 H1 现场总线，并提供对 HSE 主干网的接口，不同 H_1 网段上的设备之间可以对等通信，而不需要主机系统的干预。HSE 主干网上的主机可以与链接设备、现场设备通信。这样设计充分考虑与传统系统的继承、兼容和过渡关系。
- 设计了柔性功能块。柔性功能块（FFB）是 HSE 的特色之一。FFB 用于离散时间过程控制，能够集成远程 I/O 设备和子网。FFB 包括多输入多输出模拟器、离散 FFB，以及为特殊控制算法设计的专用 FFB。

  HSE 的 FFB 包括为高级过程控制、离散控制、间歇过程控制、连续 / 离散 / 间歇的混合系统控制而开发的功能模块；多输入 / 输出的模拟和数字柔性功能块，以及为实现特定控制策略而定制的柔性功能块。柔性功能块的开发提高了现场控制能力，同时弥补了 H_1 系统用于离散或间歇控制应用领域的不足。
- 提高网络的安全性。在危险的作业区域中，HSE 通过光纤将以太网与现场设备相连，利用链接设备的控制功能，减少现场 I/O 设备和控制器的数量。部分 HSE 网络和设备可以通过冗余来实现容错，以便提高网络的安全性。

- HSE 是一种具有控制功能的互联网络。HSE 链接设备将远端 H1 网段的信息通过以太网的主干线传输。这些信息通过互联网络传输到主控室，操作员可以通过网络监控生产过程。控制系统的信息可以被管理系统获取。这种基于互联网络的控制方案适合将不同地理位置的工厂相连，使工程师与操作员可以远程进行设备维护与故障诊断、排除。

智能工厂 HSE 网络结构如图 9-6 所示。

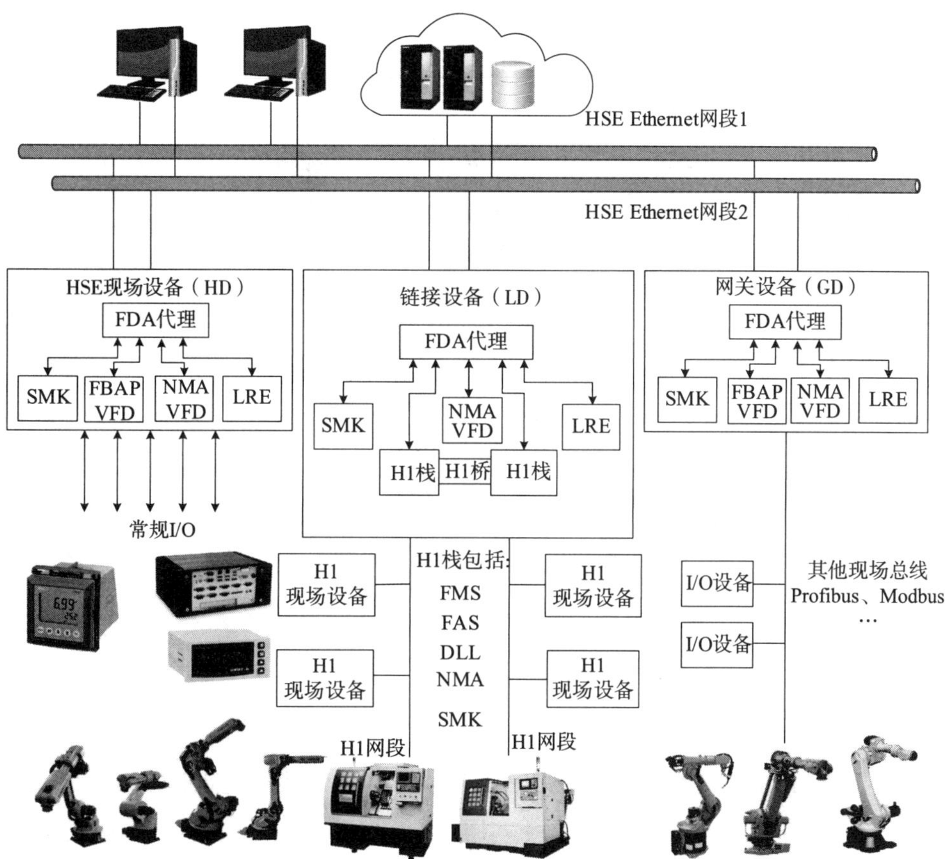

图 9-6　智能工厂 HSE 网络结构示意图

9.3.5　工业以太网应用示例

1. 基于工业以太网的输电网高压电缆在线监测系统

近年来随着高压电网的迅猛发展，电缆线路的安全，电缆隧道的防火、防气、防爆、防水、防盗，以及电缆线路故障的预测与诊断越来越重要。为了满足智能电网建设的智能化、信息化、自动化要求，输电网高压电缆在线监测系统采用工业以太网与现场总线网混合组网，与主干网的连接采用光纤作为传输介质，其结构如图 9-7 所示。

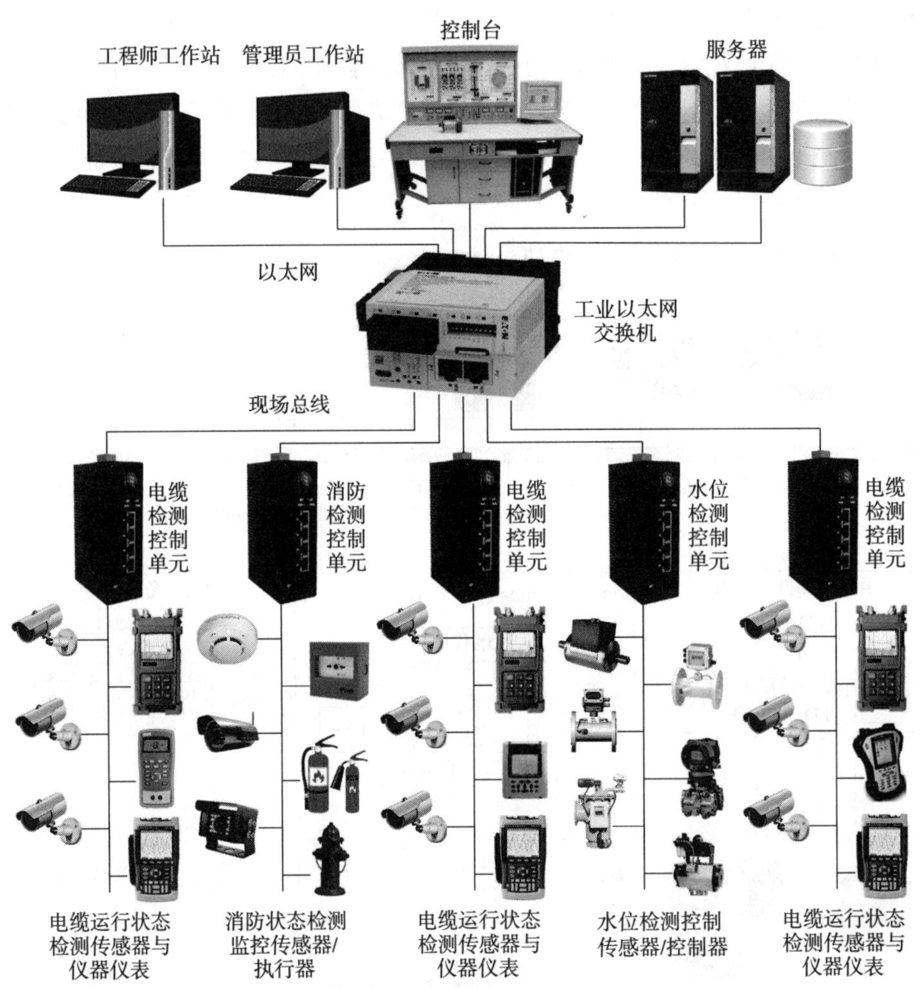

图 9-7　高压电缆在线监测系统网络结构示意图

以工业以太网交换机为核心，工业以太网交换机向下连接电缆检测控制单元、水位检测控制单元、消防检测控制单元。控制单元向上接入以太网，向下连接现场总线，现场总线连接各种传感器、执行器、检测仪器等。控制单元具有网关与现场总线连接代理的双重功能。控制单元的网关功能完成以太网与现场总线网的协议变换。现场总线连接代理负责接收传感器、执行器与检测仪器采集的现场数据，并向高层传送；接收高层的控制指令，向传感器、执行器与检测仪器转发控制指令。

工业以太网交换机向上通过千兆以太网，连接服务器集群、控制台、管理员工作站与工程师工作站，形成了在线监测的高层数据智能处理系统。数据智能处理系统通过收集的电缆通道、线路现场运行状态、高压线铁塔安全状态数据，以及铁塔周边的环境与相关的水位数据，运用智能算法与模型处理监测与巡检数据，针对重要电缆通道及线路运行状态进行风险评估，实现线路潜在故障的预测与预警，确保重要电缆通道及线路的安全可靠。

基于工业以太网的输电网高压电缆在线监测系统能够适应各种不同的外部环境，抗干扰能力强，系统组建方便，运行安全可靠。系统通过综合、实时、智能的对状态监测数据的分析、诊断、预测与预警，提高电缆设备状态评估与风险预防水平，有效降低电网运行故障率，保障供电安全，创造很高的经济与社会效益。

2. 基于工业以太网的视频监控系统

视频监控是智能工业、智能交通、智能环保、智能安防等领域的重要技术手段之一。在城市道路、大型建筑物、公共场所、工厂、园区、高速公路、车站、机场，到处可见摄像头。通过视频监控系统，管理部门可以及时、准确获取图像和语音信息，对城市管理进行优化。视频监控系统能够及时地发现突发事件，并对事件的发生与发展过程进行实时监视、跟踪与记录，为高效、及时发现问题，快速处置突发事件，保障社会稳定起到了重要的作用。

组建视频监控系统可以有多种方法，基于工业以太网具有组建容易、运维和管理方便，以及系统可靠性高、环境适应能力强等优点。典型的基于工业以太网的视频监控系统结构如图 9-8 所示。

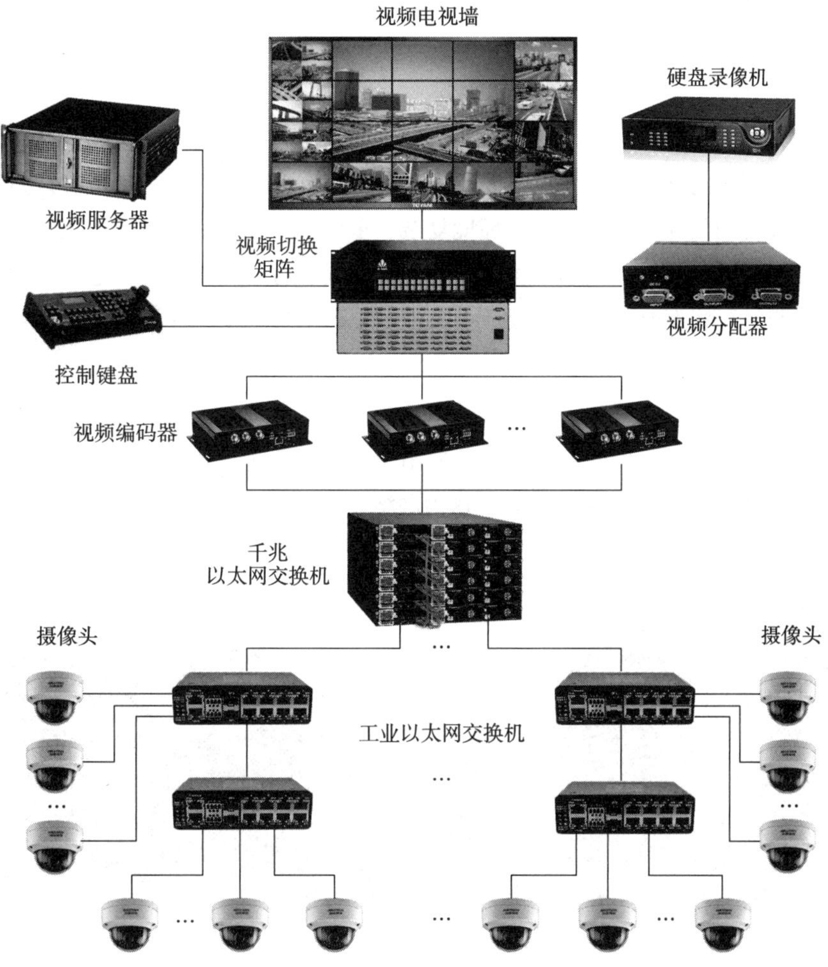

图 9-8　视频监控系统结构示意图

基于工业以太网的视频监控系统由摄像头、接入网、核心交换机与视频系统组成。其中，网络系统的核心是千兆以太网交换机。千兆以太网交换机向下提供光纤与工业以太网交换机互联，工业以太网交换机可以用双绞线或光纤与现场的摄像头连接。

千兆以太网交换机向上通过光纤与视频系统连接。视频系统由视频编码器、视频切换矩阵、视频分配器、控制键盘、视频服务器、视频电视墙等构成。摄像头将摄制的现场视频信息传送到工业以太网交换机，然后通过千兆以太网交换机汇聚后，转发到视频系统，视频电视墙将显示不同区域的视频图像。

视频服务器的视频分析软件及时分析和发现异常信息，向管理者报警。管理者根据视频信息向发生异常情况的位置周边的视频探头发出控制指令，视频探头执行控制指令，连续跟踪与更细致地摄录事件的发展过程，为管理者提供最新的事件动态。

9.4 工业无线网技术

9.4.1 工业无线网研究背景

1. 工业无线网研究的必要性

对于不同行业的工厂（如机械、服装、化工、制药、冶金、石油等），它们的厂区环境差异很大。厂区内既有办公室、车间、生产线，也有仓库、货厂，甚至有铁路与大型运输车。与办公自动化环境相比，工厂环境复杂、多样，并且很多区域环境比较恶劣。生产车间可能存在高温、低温、震动、噪声、粉尘、潮湿、污染。工厂的用电量很大，在设备开机、关机与运行状态改变时，将会产生很强的电磁干扰。工厂环境对工业网络的组网与设备的可靠性提出了很高的要求。

由于工厂的感知数据采集点与控制节点比较分散，为了将大量、分散的数据采集点通过有线的传输介质接入工厂网络中，必然要用很多条双绞线、光纤。在厂区看见成捆的数据线是司空见惯的事（如图 9-9 所示），这为网络系统的布线与维护带来很大的困难。

图 9-9　成捆的数据线

智能工厂和现代物流企业广泛使用的自动引导车辆（Automated Guided Vehicle，AGV）需要在厂区或车间高速移动，不可能用有线的传输介质来连接与控制，但是普通的无线产品很难保证 AGV 在多个无线接入点之间的快速切换。

随着越来越多的设备需要接入工厂网络，工程技术人员已经清醒地认识到：完全采用有线网络的方案不再可行，应采用有线网络与无线网络协同的方案。因此工业无线网成为当前的研究热点，也是未来工业物联网研究与产业发展的增长点。

2. 工业无线网要解决的关键问题

在工程环境中部署无线网络不像办公环境中那么简单，它需要考虑一系列的特殊问题，如建筑物结构、温度、粉尘、潮湿、污染、震动、电磁干扰等影响电磁波信号传播的因素。为了克服这些挑战，需要研发适应工业环境的可靠性高、抗干扰能力强的工业无线网设备，以及经过周密规划的组网方案。

在工业环境中应用工业无线网，需要达到以下几个目标。

- 运行连续性。工业生产的连续性要求网络系统具有高可靠性，任何因素造成无线网络运行中断，都会给工业生产造成不可估量的损失，甚至出现生产设备损毁或危及人身安全。工业无线网的组网与运行、维护，必须达到工业生产的连续性要求。
- 运行效率。在工厂管理、生产线上部署工业无线网，将会给企业带来更大的灵活性。引入无线网络可以优化生产流程，提高生产效率，推动企业生产创新。无线网络覆盖无死角，支持无缝漫游，能够构建高速、稳定的厂区无线网络，有助于提高工作效率。工业无线网能降低工厂网络组建与系统维护的难度，增加组网灵活性，降低组网的成本。研究人员指出：工业无线网将在石化、冶金、污水处理等高耗能、高污染行业中广泛应用，使生产效率提高 10%，排放和污染率降低 25%。
- 服务质量。工业无线网既要满足企业 OA 环境的要求，也要满足 OT 工业控制通信对数据传输实时性、可靠性的要求；提供服务质量（QoS）保证，确保核心数据在传输中不因网络拥塞而延迟或丢失。
- 安全性。工业无线网系统应该有很好的抗干扰能力，保证无线信道的稳定工作；使用无线空口加密，确保企业数据传输安全；实施用户身份验证、授权、记录和追溯；无线入侵检测系统 / 无线入侵防御系统（WIDS/WIPS）能够发现流量异常，实时检测、定位、清除非法接入点与非法接入设备；及时发现网络恶意程序的传播与网络攻击的潜在威胁；保护网络传输与存储的隐私信息与重要数据不被窃取；具有冗余与灾难备份能力，防止因网络设备故障而导致无线网络不可用。

目前，工业无线技术领域已形成了三大国际标准，分别是由 HART 基金会发布的 Wireless HART 标准、国际自动化协会发布的 ISA100.11a 标准，以及我国自主研发的 WIA-PA 与 WIA-FA 标准。

9.4.2 Wireless HART 标准

2007 年 9 月，HART 基金会（包括 Emerson、ABB、E+H、Honeywell、Siemens 等核心成员）发布了第一个专为过程控制设计的工业无线通信标准 Wireless HART（即 HART7.1）。作为 HART7 技术规范的一部分，除了保持现有 HART 设备、命令和工具之外，还增加了 HART 协议的无线组网能力。

2010 年 4 月，IEC 批准 Wireless HART 标准成为过程控制领域的无线网络国际标准 IEC/PAS 62591（Ed.1.0）。

Wireless HART 使用运行在 2.4GHz 频段上的 IEEE 802.15.4 标准，采用直接序列扩频、跳频扩频、时分多址、网络设备之间的时延控制通信（latency-controlled communications）等技术。

Wireless HART 通信协议的使用与调试非常方便，它与原有仪表和控制系统完全兼容，基于 HART 的设备、工具、培训、应用软件和工作流程都可以继续使用。Emerson 公司已经开始供应 Wireless HART 兼容产品，包括压力、流量、液位、温度、振动、pH 测量等传感器，各类仪表、变送器、网关节点，AMS 预测性维护资产管理软件，以及多达 375 种现场通信设备。

Wireless HART 网络主要包括 3 个组成部分。

- 过程控制与工厂设备的无线现场连接设备。
- 设备到高速背板的主机应用程序，以及与其他现有的工厂级网络连接的网关。
- 负责配置网络、调度设备间通信、管理报文路由的网管软件。

Wireless HART 标准主要应用于自动化领域的工厂过程控制，其网管软件能够与网关、主机应用程序或过程自动控制器集成起来。目前，Wireless HART 已经成为高可靠、低功耗、低成本的工业无线网主流标准之一。

9.4.3 ISA100.11a 标准

1. ISA100.11a 标准

2005 年，国际自动化协会（ISA）下属的 ISA100 委员会开始制定工业无线网标准 ISA100.11a。2009 年 4 月，ISA100 正式向 IEC/SC65 提交了 IEC PAS 草案。2014 年 9 月，该草案获得 IEC 批准成为国际标准 IEC 62734。

ISA100 委员会致力于通过制定一系列标准与操作规程，定义工业环境下的无线网络系统的相关规程与实现技术。ISA100.11a 标准主要包括：工业无线网构架、共存性、鲁棒性，以及与有线现场网络的互操作性。它定义的工业无线设备主要包括：传感器、执行器、无线手持终端等现场接入设备。

ISA100.11a 标准希望工业无线网设备以低复杂度、合理的成本、低功耗、适当的数据传输速率来支持工业现场控制应用。

2. ISA100.11a 标准的主要特征

ISA100.11a 标准有以下主要特征。

- 支持生产过程自动化。
- 支持无线全覆盖与无缝漫游。
- 保证不同厂家设备的互操作性。
- 现场设备支持网状和星形拓扑。
- 提供保护无线信道安全性的技术手段。
- 提供针对 IEEE 802.15.4 网络攻击的保护措施。
- 将各种传感器以无线方式接入工业物联网应用中。

3. ISA100.11a 标准的协议体系

ISA100.11a 标准的协议体系如图 9-10 所示。

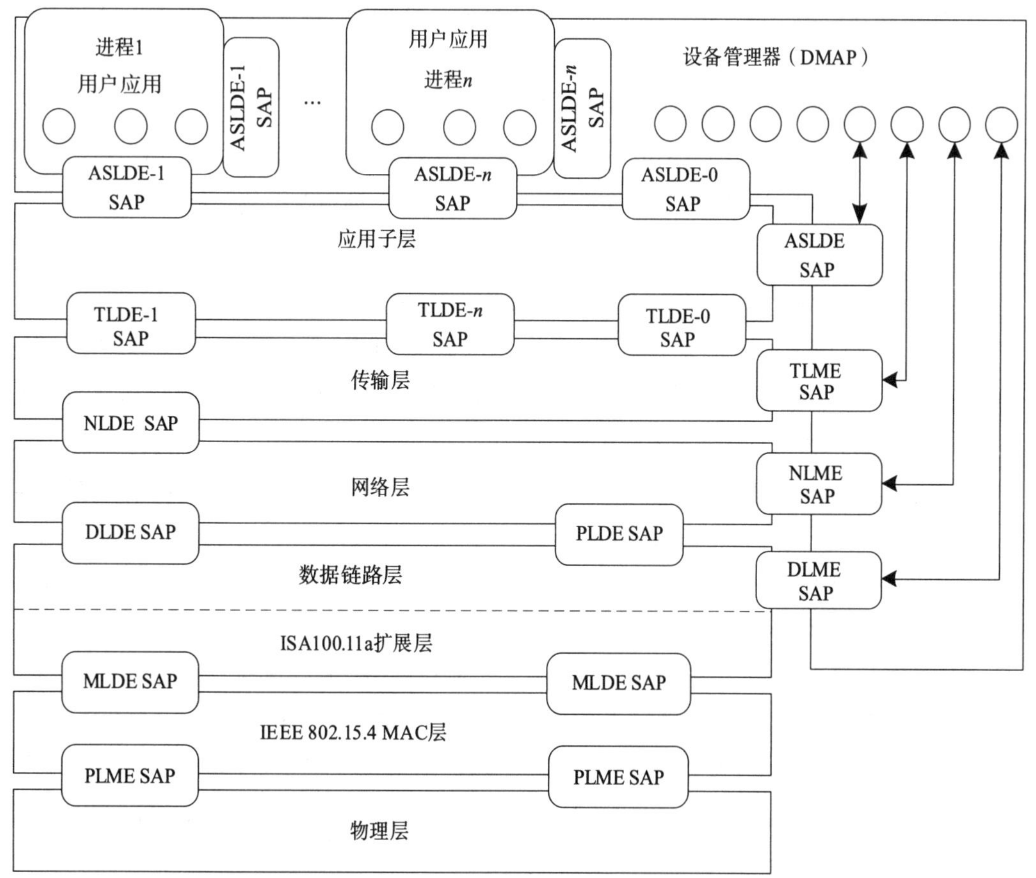

图 9-10　ISA100.11a 标准的协议体系示意图

ISA100.11a 标准采用类似 OSI 参考模型的层次结构。它的主体结构分为 5 层：物理层、数据链路层、网络层、传输层与应用层。其中，数据链路层又划分为两个子层：IEEE 802.15.4 的 MAC 层，由 ISA100.11a 扩展层与数据链路层上层构成的子层。

ISA100.11a 体系结构的每层定义了两种服务实体：数据实体（Data Entity，DE）与管理实体（Management Entity，ME）。其中.，DE 为上层提供数据传输服务，而 ME 为上层提供管理服务。

相应的服务访问点（Service Access Point，SAP）也分为两种：数据实体服务访问点（DESAP）与管理实体服务访问点（MESAP）。高层通过 DESAP 使用相邻下层提供的数据传输服务。同时，它还定义了一个具有管理功能的实体，即设备管理应用进程（Device Management Application Process，DMAP），用于统一访问各层的 MESAP，从而对协议栈的各层进行管理和配置。

系统管理器下发的管理信息通过设备的 DMAP 对该设备的每层进行管理和配置。在一个设备中，DMAP 设置一个专门的通道通向低层，用于直接控制这些层的操作，并且为诊断与状态信息提供接口。

应用层包括应用子层、用户应用进程和设备管理器进程。用户应用进程是一个设备内的所有应用对象的总和。在 ISA100.11a 网络中，一个设备只能通过应用子层（ASL）提供的数据实体服务访问点与其他设备进行通信。

应用子层不包含任何用户应用，仅在应用和网络服务之间提供接口，为用户应用进程和设备管理进程提供各种服务。ISA100.11a 标准定义了 7 种服务：读、写、发布、执行、隧道、报警、报警接收。

传输层提供“端 – 端”通信服务，支持无连接的 UDP 协议。

网络层使用 IPv6 协议。为了满足工业应用的需求，ISA100.11a 支持星形拓扑与网状拓扑。星形拓扑结构简单，容易实现，实时性高，但是仅限单跳范围。网状拓扑结构灵活，便于配置与扩展，具备良好的稳定性。

为了扩大网络覆盖面积，ISA100.11a 网络中引入了高速骨干网，以减小数据时延。所有现场设备通过骨干路由器（Backbone Router，BBR）接入骨干网，现场设备和骨干路由器构成的网络是 DL 子网。如果 ISA100.11a 网络中没有骨干网，则 DL 子网（包括现场设备和网关）相当于 ISA100.11a 网络。

数据链路层的功能是在相对复杂、恶劣的工业环境中，保证基于 IEEE 802.15.4 的物理层设备之间数据传输的正确性。数据链路层又进一步分为：IEEE 802.15.4 的 MAC 子层、ISA100.11a 的 MAC 扩展层与数据链路层上层。

MAC 子层负责处理 IEEE 802.15.4 协议帧的封装与拆帧；通过 DESAP 与 MESAP 为 MAC 扩展层提供了服务接口。

ISA100.11a 的 MAC 扩展层负责提供 IEEE 没有规定的 MAC 控制功能，包括时间同步、跳频通信和通信调度，提供“点 – 点”重传机制，TDMA 和 CSMA 信道访问机制，在两个对等的 ISA100.11a 的 MAC 扩展层实体之间提供可靠的通信链路。

数据链路层上层通过 DESAP 为网络层提供服务接口，通过 MESAP 为系统管理器或 DESAP 提供服务接口。

物理层通过物理层数据实体服务访问点（PL-DESAP）与物理层管理实体服务访问点（PL-MESAP）为 IEEE 802.15.4 的 MAC 子层提供服务接口。物理层主要功能包括：激活和休眠射频收发器、控制发射功率、信道能量检测（ED），以及检测接收数据包的链路质量指示（LQ）、空闲信道评估（CCA）等。

4. ISA100.11a 设备类型

ISA100.11a 标准定义了以下 5 种设备角色。

- 上位机控制系统：用户、工程师与 ISA100.11a 系统实现交互的平台。
- 网关：提供上位机与网络设备的接口。一个 ISA100.11a 网络中可以有多个网关。
- 骨干路由器：ISA100.11a 骨干网的基础设施，负责骨干网中的数据路由。骨干网的通信协议可以是无线协议（如 Wi-Fi），也可以是有线协议（如以太网）。
- 现场设备：上位机控制系统的终端节点或现场路由器。终端节点一般带有传感器 / 执行器。除了具有传感器 / 执行器之外，现场路由器还具有路由功能，在 ISA100.11a 的 DLL 子网内实现终端节点的数据交换路由。
- 手持设备：访问 ISA100.11a 系统的设备，用于现场维护与设备配置。

目前，ISA100.11a 已成为世界范围内用于工业传感器与执行器接入工业控制区域网的主要标准之一。为了适应不同地区、不同产业的一些特殊规定，如加密算法的使用和无线电频谱的使用等限制，ISA100.11a 支持通过改变设备配置来更换加密算法或无线频段。ISA100.11a 可以与多种无线接入网或现场总线（如 HART、PROFIBUS、Modbus、FF 等）标准兼容。

9.4.4　WIA-PA 标准

1. WIA 标准

中国科学院沈阳自动化研究所牵头制定了工业无线网（Wireless Networks for Industrial Automation，WIA）系列国家标准。具有自主知识产权的 WIA 技术体系结构与标准主要包括以下内容。

- WIA 规范第 1 部分：用于过程自动化的 WIA-PA 系统结构与通信规范。
- WIA 规范第 2 部分：用于工厂自动化的 WIA-FA 系统结构与通信规范。
- WIA 规范第 3 部分：WIA-PA 协议一致性测试规范。
- WIA 规范第 4 部分：WIA-FA 协议一致性测试规范。

WIA是一种高可靠、低功耗的智能多跳无线传感网络技术，它提供了一种自组织、自治愈的智能Mesh网路由机制，能够针对不同的应用条件与环境做动态调整，以保持网络的高可靠性和强稳定性。2011年，WIA-PA正式成为IEC 62601国际标准。

2. WIA 标准体系

WIA标准体系如图9-11所示。

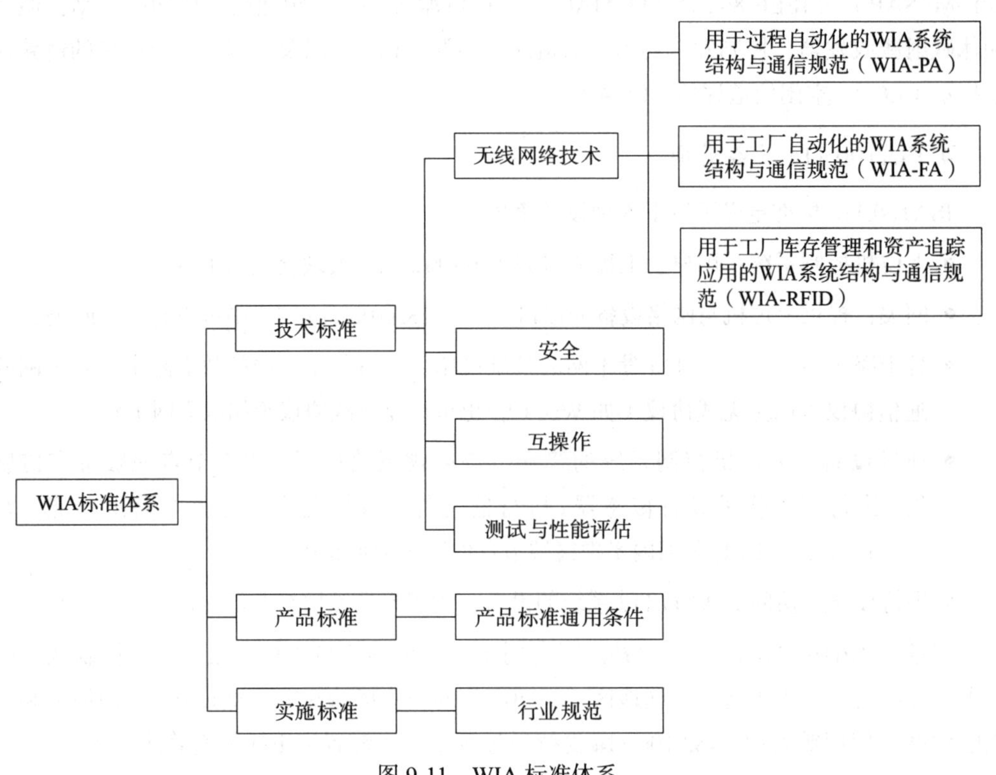

图9-11 WIA标准体系

WIA的技术标准包括以下基本内容。

- WIA-PA。WIA-PA规范制定的目标是面向各种过程自动化应用，满足工业制造环境中的抗干扰与低功耗的需求。WIA-PA参考了计算机网络参考模型，定义了无线网络的物理层、数据链路层、网络层与应用层协议规范，提供了一套无线网络技术方案。
- WIA-FA。WIA-FA规范制定的目标是面向各种工厂自动化应用，针对通信服务质量（QoS）与通信时延等方面的需求，提供一套无线网络技术方案。WIA-FA规范同样涉及无线网络的物理层、数据链路层、网络层与应用层。
- WIA-RFID。WIA-RFID规范制定的目标是面向工厂库存管理和资产追踪应用，针对基于无线技术的低成本定位、追踪等方面的需求，定义与WIA-PA、WIA-FA的相对接口标准。

- 安全。针对工业无线网的安全需求，定义了数据链路层、传输层与应用层的安全机制，使网络具有保障传输数据的保密性、完整性的能力，针对关键数据的防泄密与隐私保护服务，以及攻击检测与防护能力。
- 互操作。针对工业无线网的互操作需求，定义了 WIA-PA、WIA-FA 与 WIA-RFID 网络与工厂现场总线、工业以太网之间的接口规范，以实现满足不同应用的 QoS 与安全需求，实现设备之间的互联、互通与互操作。
- 测试与性能评估。针对工业无线网的性能问题，定义了 WIA 通信协议一致性测试、互操作测试，性能评估系统的结构和测试方法，抽象测试集与可执行测试集的生成方法，工业无线网协议一致性测试和互操作测试所需的案例，以及性能评估的方法和指标。

WIA 定义了产品标准通用条件与行业规范，包括 WIA 相关产品的分类、要求、检验方法、标志、包装、储存和运输条件。WIA 定义了在不同行业中应用 WIA 的网络配置和使用规范，向不同的行业应用提供统一、标准的通信设备和应用模型，使得不同厂商的设备可以支持不同行业的应用，并且能够实现互操作。

3. WIA-PA 关键技术

WIA-PA 关键技术包括以下几个部分。

（1）网络拓扑结构

图 9-12 给出了 WIA-PA 网络拓扑结构。WIA-PA 采用星形和 Mesh 形相结合的两层网络拓扑。下层网络采用星形结构，由簇首（cluster header）与接入的现场设备（传感器、执行器、现场设备、手持终端等）构成，簇首兼有路由器功能。现场设备仅需通过一跳链路就可以将数据传送到簇首，以保证数据传输的实时性。上层网络是由簇首与簇首、簇首与网关、簇首与冗余网关、网关与冗余网关形成的一个无线 Mesh 网。这种网络组网灵活，冗余网关可避免单网关带来的可靠性问题，提高了网络系统的可靠性。

（2）WIA-PA 网络设备类型

WIA-PA 网络设备主要有以下几类。

- 主控计算机：系统维护人员、管理人员、用户与 WIA 网络交互的计算机。
- 网关设备：连接 WIA 网络与其他网络的设备。
- 路由设备：负责现场设备连接、路由管理与报文转发的设备。
- 现场设备：安装在工业现场，嵌入传感器或执行器的生产设备。
- 手持设备：与主控计算机协同工作的现场使用的手持便携设备。

WIA-PA 网络定义了两类逻辑设备。

- 管理服务器：负责网络配置与网络性能监测。
- 安全服务器：负责网络安全策略执行、密钥管理，以及用户与设备身份认证。

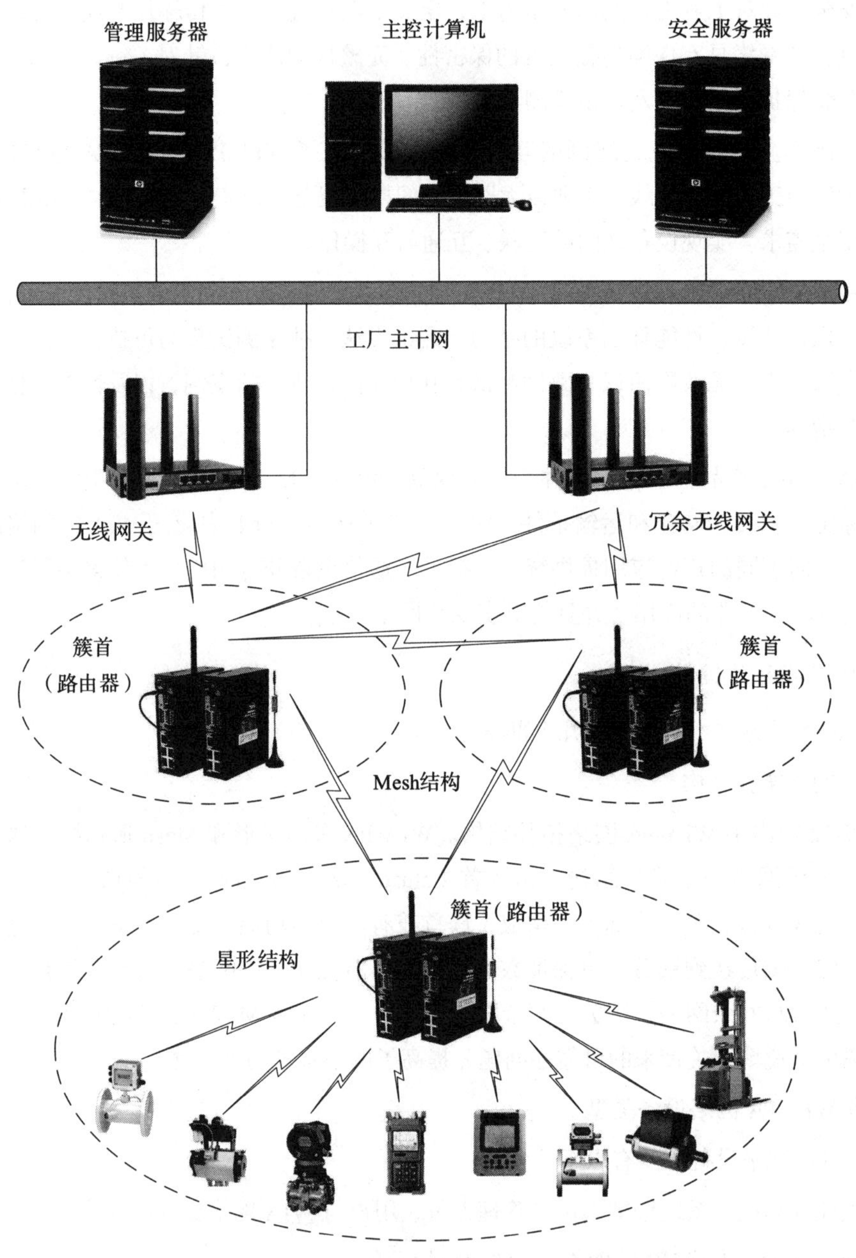

图 9-12　WIA-PA 网络拓扑结构示意图

（3）WIA-PA 各层功能与协议

WIA-PA 与 ISA100.11a 体系结构一致。每层定义了两种服务实体：数据实体（DE）与管理实体（ME）。

WIA-PA 的物理层采用 IEEE 802.15.4 物理层协议。数据链路层分为 MAC 子层和数据链路子层。MAC 子层采用 IEEE 802.15.4 的 MAC 协议。用户可以根据具体应用场景的需求，自行定义数据链路子层、网络层与应用层。

（4）网络管理架构

WIA-PA 采用集中式与分布式相结合的网络管理架构。

- Mesh 集中式管理架构。Mesh 集中式管理架构如图 9-13 所示。

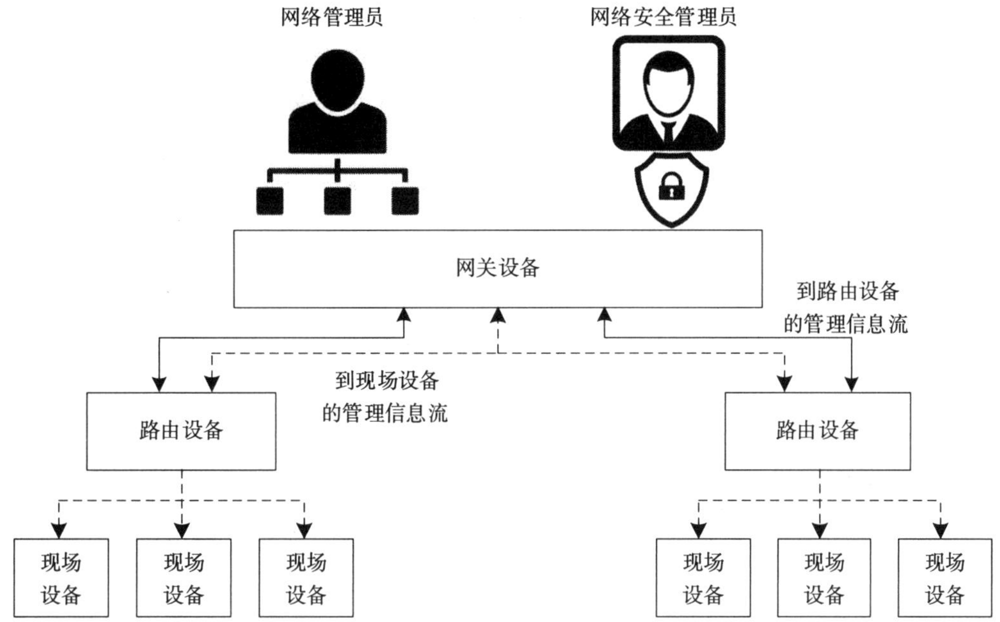

图 9-13　Mesh 集中式管理架构

在 Mesh 网络中，网络管理员负责集中管理的功能。网络管理员构建和维护 Mesh 结构（包括路由设备）；分配路由设备之间通信所需的带宽资源；预分配路由设备可以向下分配的带宽资源，提供给构成星形网络的现场设备；检测 WIA-PA 网络性能，包括设备、路由与无线信道状态。

集中式管理由网络管理员与安全管理员通过直接操作路由设备、网络安全软件与现场设备来完成。当网络管理员与安全管理员操作网络设备时，路由设备仅执行数据包的转发，不执行簇首的功能。

- Mesh 分布式管理架构。分布式网络管理由网络管理员、安全管理员与簇首共同完成，网络管理员、安全管理员直接管理路由设备，并将现场设备的管理权下放给路由设备，路由设备承担簇首角色，执行网络管理员与安全管理员的功能。

簇首作为网络管理代理，构建和维护由现场设备与路由设备构成的星形网络，将网络管理员预留给星形网络的通信带宽资源分配给簇内的现场设备，向网络管理员反馈星形网络的性能。簇首作为安全管理员的代理，管理星形网络中使用的部分密钥，完成路由设备之间、路由设备与现场设备之间的身份认证。

（5）虚拟通信关系

根据不同应用的具体需求，WIA-PA 定义了 3 种虚拟通信关系。

- 发布 / 预定型：用于预先配置的周期性数据通信的应用，循环通信的数据量在这类应用中占 80% 以上。
- 报告 / 汇聚型：用于非周期的事件、趋势报告。
- 客户 / 服务型：用于以请求 / 响应形式支持非周期、动态的成对单播通信。

通过以上讨论可以看出，WIA-PA 采用星形和网状结合的两层网络拓扑，集中式与分布式网络管理结合的架构，是一种适用于工业应用环境的近距离无线网络标准。

9.4.5　工业无线网标准的比较

表 9-2 给出了三种工业无线网标准的比较。

表 9-2　三种工业无线网标准的比较

比较项目	Wireless HART	ISA 100.11a	WIA-PA
拓扑构型	一层，Mesh	两层，上层 Mesh，下层星形	两层，上层 Mesh，下层簇形
物理层	IEEE 802.15.4	Mesh:802.11 星形：IEEE 802.15.4	IEEE 802.15.4
无线频段	2.4GHz	2.4GHz	2.4GHz
网络管理	集中式网络管理	集中式与分布式网络管理相结合	集中式与分布式网络管理相结合
设备类型	现场仪器、手持设备、网关、管理服务器（没有路由器）	精简功能设备、全功能设备、现场路由器、网关、管理服务器、安全服务器	现场设备、手持设备、网关、主控计算机、路由器与冗余路由器、管理服务器、安全服务器

从表 9-2 可以看出，三种标准在物理层都使用 IEEE 802.15.4 标准，使用 ISM 的 2.4GHz 频段；在数据链路层，Wireless HART 标准采用一层 Mesh 结构，ISA100.11a 标准与 WIA-PA 标准采用两层结构，ISA100.11a 低层采用星形网络，WIA-PA 低层采用簇形网络，高层均采用 Mesh 结构。在网络管理方面，Wireless HART 标准采用集中式网络管理，ISA100.11a 标准与 WIA-PA 标准都采用集中式与分布式相结合的网络管理架构。

工业无线网是面向现场设备之间的短距离、低速率、高可靠性的无线通信技术，适用于恶劣的工业现场环境，具有抗干扰能力强、能耗低、实时通信等技术特征，它是工业物联网接入技术的重要发展方向之一。

习题

一、选择题（单选）

1. 以下几个 WIA-PA 规范中，面向各种过程自动化应用的是

A）WIA-PA　　B）WIA-FA

C）WIA-RFID　　D）WIA-WSN

2. 高速以太网现场总线的英文缩写是

A）EPA　　B）CAN

C）PROFIBUS　　D）HSE

3. 以下不属于工业通信领域的主流技术的是

A）工业现场总线　　B）工业电力链路网

C）工业以太网　　D）工业无线网

4. 以下不属于“智能制造”主要内容的是

A）产品智能化　　B）生产方式智能化

C）装备智能化　　D）售后管理智能化

5. 以下关于现场总线技术特点的描述中，错误的是

A）实现现场级与车间级、工厂级网络之间的信息交互

B）一种新的全分布式控制系统结构，提高网络系统的可靠性

C）有统一的现场总线标准，实现所有接入设备的互联互通

D）较强的抗干扰能力和对不同应用场景的适应性

6. 以下关于基金会现场总线 FF 的描述中，错误的是

A）覆盖 OSI 参考模型物理层、数据链路层与应用层

B）在数据链路层之上增加了网络层

C）低速 H1 的数据传输速率为 31.25kbps，通信距离为 1900m

D）高速 H2 的数据传输速率为 1Mbps 或 2.5Mbps，通信距离为 750m 或 500m

7. 以下关于 PROFIBUS 技术特点的描述中，错误的是

A）MAC 层采用 CSMA / CD 控制方式

B）DP 适合于加工自动化领域的应用

C）FMS 用于车间过程控制、楼宇自动化

D）PA 适用于生产过程自动化

8. 以下关于 CAN 现场总线的描述中，错误的是

A）最初是专门为汽车内部测量器与执行器之间的数据通信而设计

B）在 40m 的双绞线上提供 1Mbps 的数据传输速率

C）在光纤上传输距离 10km 时，数据传输速率可达到 1Mbps

D）CAN 已经形成国际标准，并被认作最有前景的现场总线

9. 以下关于 LonWorks 技术特点的描述中，错误的是

A）LonWorks 是工业自动化 BACnet 的一个标准

B）数据传输速率为 300bps～15Mbps

C）支持双绞线、同轴电缆、光纤、射频、红外线、电线等介质

D）网络节点包括神经元芯片、收发器、有监控接口的 I/O 与电源电路

10. 以下关于 CC-Link 技术特点的描述中，错误的是

A）作为一种开放式现场总线，以设备层为主，也覆盖控制层与感知层

B）主站由 PLC 节点承担，从站可以是现场仪表设备

C）数据传输速率可达到 1Gbps

D）数据链路层采用“广播－轮询”方式进行通信控制

11. 以下关于《工业物联网白皮书》泛在连通的描述中，错误的是

A）工业资源通过有线或无线方式彼此连接或与互联网相连

B）形成便捷、高效的工业物联网信息通道

C）实现网络营销数据的互联互通

D）拓展了机器与机器、机器与人、机器与环境之间互联的广度和深度

12. 以下关于工业物联网发展趋势的描述中，错误的是

A）支撑 OT 与 OA 的网络具有共性特征与需求

B）工业物联网建立在工业控制通信网的基础上

C）实现从现场控制总线、工厂管理网到商务协作网的互联

D）支撑工业 4.0 发展的基础是“可信、可靠、可用、安全”的网络系统

二、问答题

1. 如何理解现场总线技术发展与演变过程？

2. 如何理解现场总线技术的主要特点?

3. 如何理解传统以太网在工业控制中的不适应问题?

4. 如何认识工业以太网的未来发展前景?

5. 如何认识工业无线网的未来发展前景?

6. 请设计一个利用工业以太网的智能工业物联网应用系统。

中英文术语对照表

A

AP（Access Point） 接入点

AAU（Active Antenna Unit） 有源天线单元

active scanning 主动扫描

Ad hoc 无线自组网

AMI（Advanced Metering Infrastructure） 高级计量体系

A2A（Air-to-Air） 空对空

A2G（Air-to-Ground） 空对地

analog signal 模拟信号

application layer 应用层

area traffic capacity 流量密度

AIoT（Artificial Intelligence IoT） 智能物联网

association 关联

ADSL（Asymmetric DSL） 非对称数字用户线

asynchronous transmission 异步传输

authentication 认证

AGV（Automated Guided Vehicle） 自动引导车辆

AUV（Autonomous Underwater Vehicle） 自主式水下航行器

B

BBR（Backbone Router） 骨干路由器

back-haul 回传链路

BS（Base Station） 基站

BSA（Basic Service Area） 基本服务区

BSS（Basic Service Set） 基本服务集

BSSID（Basic SSID） 基本服务集标识符

beacon 信标

BSN（Biomedical Sensor Network） 生物医疗传感器网络

Bluetooth 蓝牙

BLE（Bluetooth Low Energy） 低功耗蓝牙

BAN（Body Area Network） 体域网

byte stream 字节流

C

cable modem 电缆调制解调器

CMTS（Cable Modem Termination System） 电缆调制解调器终端系统

CSMA/CD（Carrier Sense Multiple Access with Collision Detection） 带有冲突检测的载波侦听多路访问

cell 小区

CU（Central Unit） 集中单元

channel 信道

character synchronous 字符同步

circuit 线路

CUWN（Cisco Unified Wireless Network） Cisco 统一无线网络

CCA（Clear Channel Assessment） 空闲信道评估

C-RAN（Cloud-RAN） 云无线接入网

cluster header 簇首

CDMA（Code Division Multiple Access） 码分多址

CRRM（Collaboration Radio Resource Management） 协作无线资源管理

CRSP（Collaboration Radio Signal Process） 协作无线信号处理

CPRI（Common Public Radio Interface） 通用公共无线接口

CATV（Cable Television） 有线电视网

connection density 连接密度

CoAP（Constrained Application Protocol） 受限应用协议

CN（Constrained Network） 受限网络

CC-Link（Control and Communication-Link） 控制与通信链路

CAPWAP（Control And Provisioning of Wireless Access Point）无线接入点控制与配置协议

CAN（Controller Area Network） 控制器区域网络

coordinator 协调器

D

data 数据

DE（Data Entity） 数据实体

DSRC（Dedicated Short Range Communication） 专用短距离通信

demultiplexer 分用器

DMAP（Device Management Application Process） 设备管理应用进程

difference Manchester 差分曼彻斯特编码

digital signal 数字信号

DSL（Digital Subscriber Line） 数字用户线

DAS（Distributed Antenna System） 分布式天线系统

D-RAN（Distributed-RAN） 分布式无线接入网

DS（Distribution System） 分布式系统

DU（Distribution Unit） 分布单元

DNS（Domain Name System） 域名服务协议

dual band and multimode 双频多模

DHCP（Dynamic Host Configuration Protocol） 动态主机配置协议

DRS（Dynamic Rate Switching） 动态速率调整

E

end device node 终端设备节点

EDR（Enhanced Data Rate） 扩展数据速率

eNB（eNodeB） 基站

EPA-CSME（EPA-Communication Scheduling Management Entity） 通信管理实体

Ethernet 以太网

Ethernet/IP（Ethernet Industrial Protocol） 以太网工业协议

EPC（Evolved Packed Core） 演进分组核心网

E-UTRAN（Evolved-Universal Terrestrial Radio Access Network） 演进地面无线接入网

ESS（Extended Service Set） 扩展服务集

EHF（Extremely High Frequency） 极高频

eMBB（enhance Mobile Broadband） 增强移动宽带通信

F

FAP（Femto Access Point） 家庭基站

FTTB（Fiber To The Building） 光纤到楼

FTTC（Fiber To The Curb） 光纤到路边

FTTH（Fiber To The Home） 光纤到家

FTTN（Fiber To The Node） 光纤到节点

FTTO（Fiber To The Office） 光纤到办公室

FCS（Fieldbus Control System） 现场总线控制系统

FF（Fieldbus Foundation） 基金会现场总线

FTP（File Transfer Protocol） 文件传输协议

F-AP（Fog-AP） 雾接入点

FC（Fog Computing） 雾计算

F-RAN（Fog-RAN） 雾无线接入网

F-UE（Fog-UE） 雾用户设备

frame 帧

frequency 频率

FDM（Frequency Division Multiplexing） 频分多路复用

front haul 前传链路

FBAP（Function Block Application Process） 功能块应用进程

G

gateway 网关

GE（Gigabit Ethernet） 千兆以太网

green Ethernet 绿色以太网

G2G（Ground-to-Ground） 地对地

H

hardware virtualization 硬件虚拟化

H-CRAN（Heterogeneous-Cloud RAN） 异构云无线接入网

HetNet（Heterogeneous Network） 分层异构无线网络

HF（High Frequency） 高频

HPN（High Power Node） 高功率基站

HDSL（High Speed DSL） 高速数据用户线

HSEF（High Speed Ethernet Fieldbus） 高速以太网现场总线

HART（Highway Addressable Remote Transducer） 可寻址远程传感器高速通道

host-to-network layer 主机－网络层

hot spot 热点

hot zone 热区

hub 集线器

HTTP（Hyper Text Transfer Protocol） 超文本传输协议

HFC（Hybrid Fiber Coax） 光纤同轴电缆混合网

I

IBSS（Independent BSS） 独立基本服务集

independent mode 独立模式

IAONA（Industrial Automation Open Network Alliance） 工业自动化开放网络联盟

industrial Ethernet 工业以太网

IEA（Industrial Ethernet Association） 工业以太网协会

ISM（Industrial Scientific Medical） 工业、科学与医药专用频段

information 信息

infrastructure mode 基础设施模式

ILD（Injection Laser Diode） 注入型激光二极管

INSS（Integrate Nano Sensor System） 集成纳米传感器系统

IoT connection management platform IoT 联接管理平台

L

latency 时延

LED（Light Emitting Diode） 发光二极管

LWIP（Light-Weight IP Protocol） 轻量级 IP 协议

LQI（Link Quality Indication） 链路质量指示

LLC（Logical Link Control） 逻辑链路控制

LTE（Long Term Evolution） 移动通信长期演进

LN（Lossy Networks） 有损网络

low-power 低功耗

LPN（Low-Power Node） 低功率节点

LoWPAN（Low-Power WPAN） 低功耗无线个人局域网

6LoWPAN（IPv6 over LoWPAN） 基于 IPv6 的低功耗无线个人局域网

M

MBS（Macro Base Station） 宏基站

ME（Management Entity） 管理实体

Manchester 曼彻斯特编码

MES（Manufacturing Execution System） 制造执行系统软件

mMTC（massive Machine Type of Communication） 大规模机器类通信

MAC（Media Access Control） 介质访问控制

MF（Medium Frequency） 中频

MBSS（Mesh BSS） Mesh 基本服务集

MEMS（Micro Electro Mechanical System） 微机电系统

middle-haul 中传链路

MANET（Mobile Ad hoc NETwork） 移动自组网

ME（Mobile Equipment） 移动设备

MT（Mobile Terminational） 移动终端

MME（Mobility Management Entity） 移动性管理实体

mobility 移动性

modem 调制解调器

multiplexing 多路复用

multiplexer 复用器

N

nano sensor 纳米传感器

NWSN（Nano WSN） 无线纳米传感网

NB-IoT（Narrow Band IoT） 窄带物联网

NFC（Near Field Communication） 近场通信

NMA（Network Management Agent） 网络管理代理

NT（Network Terminal） 网络终端

NRZ（Non Return to Zero） 非归零码

O

O&M（Operation and Maintenance） 运行和维护管理

ODN（Optical Distribution Network） 光分布网络

optical fiber 光纤

OLT（Optical Line Terminal） 光线路终端

ONU（Optical Network Unit） 光网络单元

ONT（Optical Network Terminal） 光网络终端

OFDM（Orthogonal Frequency Division Multiplexing） 正交频分复用

P

PON（Passive Optical Network） 无源光网络

passive scanning 被动扫描

peak data rate 峰值速率

PAN ID（Personal Area Network ID） 网络编号

PLC（Power Line Communication） 电力线通信

probe 探测

PDM（Product Data Management） 产品数据管理软件

PLC（Programmable Logic Controller） 可编程序控制器

PCM（Pulse Code Modulation） 脉冲编码调制

R

RAN（Radio Access Network） 无线接入网

RRH（Radio Remote Head） 无线射频单元

RRM（Radio Resource Management） 无线资源管理

router node 路由器节点

RPL（Routing Protocol for Low-Power and Lossy Networks） 低功耗有损网络路由协议

RFID（Frequency Identification） 射频标签

S

SSP（Secure Simple Pairing） 安全简单配对

SSID（Service Set Identifier） 服务集标识符

S-GW（Serving-Gateway） 服务网关

STP（Shielded Twisted Pair） 屏蔽双绞线

signal 信号

simple TCP/UDP 简化 TCP/UDP 协议

SMTP（Simple Mail Transfer Protocol） 简单邮件传输协议

SNMP（Simple Network Management Protocol） 简单网络管理协议

SNTP（Simple Network Time Protocol） 简单网络时间协议

small cell 小小区

smart dust 智能尘埃

speed of light 光速

split MAC architecture 分离 MAC 架构

stateless protocol 无状态的协议

SHF（Super High Frequency） 超高频

switch 交换机

synchronous transmission　同步传输

T

TELNET　远程登录协议

TDM（Time Division Multiplexing）时分多路复用

TSN（Time Sensitive Networking）时间敏感网络

token bus　令牌总线

token ring　令牌环

TCP（Transport Control Protocol）传输控制协议

transport layer　传输层

THF（Tremendously High Frequency）太高频

U

UHF（Ultra High Frequency）特高频

uRLLC（ultra-Reliable Low Latency Communication）超高可靠性低时延通信

UWB（Ultra Wide Band）超宽带

UGS（Unattended Ground Sensor）无人值守地面传感器

UWSN（Underwater WSN）水下无线传感网

UICC（Universal Integrated Circuit Card）通用集成电路卡

USIM（University Subscriber Identity Module）通用用户身份识别模块

UAS（Unmanned Air System）无人机系统

UAV（Unmanned Air Vehicle）无人机

UTP（Unshielded Twisted Pair）非屏蔽双绞线

upper data link　数据链路层上层

UDP（User Datagram Protocol）用户数据报协议

user experienced data rate　用户体验速率

UE（User Equipment）用户终端

Uu　空中接口

V

V2I（Vehicle-to-Infrastructure） 车与路面基础设施

V2P（Vehicle-to-Pedestrian） 车与人

V2V（Vehicle-to-Vehicle） 车与车

VHF（Very High Frequency） 甚高频

VDSL（Very-high-speed DSL） 甚高速数据用户线

virtual AP 虚拟接入点

VCR（Virtual Communication Relationships） 虚拟通信关系

VFD（Virtual Field Device） 虚拟现场设备

virtualization 虚拟化

VM（Virtual Machine） 虚拟机

W

WDM（Wavelength Division Multiplexing） 波分多路复用

WFA（Wi-Fi Alliance） Wi-Fi 联盟

WPA（Wi-Fi Protected Access） Wi-Fi 保护访问协议

WEP（Wired Equivalent Privacy） 有线等效协议

WBAN（Wireless BAN） 无线体域网

WBASN（Wireless BASN） 无线体域传感网

wireless host 无线主机

WLAN（Wireless LAN） 无线局域网

WLAN array 无线局域网阵列

WMAN（Wireless MAN） 无线城域网

WMN（Wireless Mesh Network） 无线网状网

WMSN（Wireless Multimedia Sensor Network） 无线多媒体传感网

WIA（Wireless Networks for Industrial Automation） 工业自动化无线网

WPAN（Wireless PAN） 无线个人局域网

WSAN（Wireless Sensor and Actuator Network） 无线传感器与执行器网

WSRN（Wireless Sensor and Robot Network） 无线传感器与机器人网

WUSN（Wireless Underground Sensor Network） 地下无线传感网

WWAN（Wireless WAN） 无线广域网

wave-length 波长

Z

ZDO（ZigBee Device Object） ZigBee 设备对象

ZigBee BA（ZigBee Building Automation） ZigBee 面向智能建筑标准

ZigBee HC（ZigBee Health Care） ZigBee 面向智能健康标准

ZigBee HA（ZigBee Home Automation） ZigBee 面向智能家居标准

ZigBee LL（ZigBee Light Link） ZigBee 面向照明链路标准

ZigBee RS（ZigBee Retail Services） ZigBee 面向智能零售标准

ZigBee TS（ZigBee Telecommunication Services） ZigBee 面向智能通信标准

参考答案

第 1 章

一、选择题

1. C　2. B　3. C　4. B　5. A　6. C　7. D　8. A

9. B　10. B

第 2 章

一、选择题

1. C　2. A　3. C　4. C　5. B　6. C　7. C　8. D

9. B　10. A　11. D　12. B

二、问答题

4.（1）二进制编码为 01001011

（2）差分曼彻斯特编码波形为

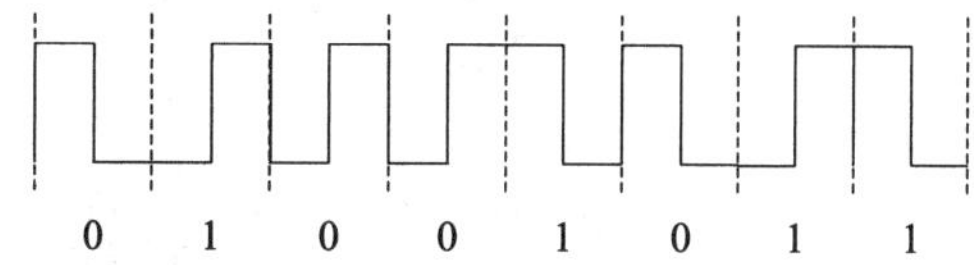

5. 交换机总带宽为 6.4Gbps

6. 有限制，发射功率限制小于 1W

第 3 章

一、选择题

1. D　2. B　3. A　4. C　5. D　6. A　7. D　8. C　9. B　10. C　11. B　12. A

第 4 章

一、选择题

1. C　2. A　3. D　4. B　5. D　6. B　7. C　8. D　9. C　10. D　11. A　12. B

第 5 章

一、选择题

1. A　2. D　3. C　4. D　5. B　6. C　7. D　8. B　9. A　10. D　11. C　12. B
13. A　14. D　15. C　16. D

二、问答题

3. 图中的数值为

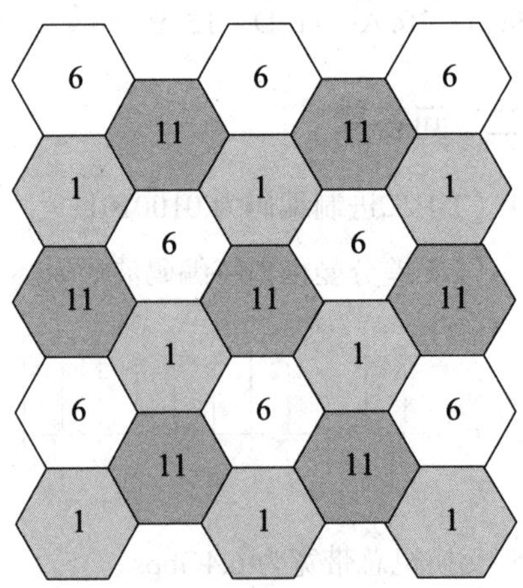

第 6 章

一、选择题

1. C 2. A 3. B 4. C 5. D 6. B 7. A 8. D 9. C 10. D 11. B 12. D

第 7 章

一、选择题

1. C 2. D 3. C 4. C 5. D 6. C 7. A 8. D 9. C 10. B 11. C 12. D

第 8 章

一、选择题

1. A 2. B 3. C 4. B 5. D 6. C 7. D 8. A 9. C 10. D 11. C 12. A

第 9 章

一、选择题

1. A 2. D 3. B 4. D 5. C 6. B 7. A 8. C 9. A 10. C 11. C 12. A

参考文献

[1] 高泽华，等. 物联网：体系结构、协议标准与无线通信 [M]. 北京：清华大学出版社，2020.

[2] 杨建军，等. 物联网与智能制造 [M]. 北京：电子工业出版社，2020.

[3] 谭仕勇，等. 5G 标准之网络架构：构建万物互联的智能世界 [M]. 北京：电子工业出版社，2020.

[4] 杨昉，等. 5G 移动通信空口新技术 [M]. 北京：电子工业出版社，2020.

[5] NAMUDURI K. 无人机网络与通信 [M]. 刘亚威，等译. 北京：机械工业出版社，2020.

[6] 谢朝阳. 5G 边缘计算：规划、实施与运维 [M]. 北京：电子工业出版社，2020.

[7] 宋航. 万物互联：物联网核心技术与安全 [M]. 北京：清华大学出版社，2019.

[8] 王宜怀，等. 窄带物联网：NB-IoT 应用开发共性技术 [M]. 北京：电子工业出版社，2019.

[9] 吴功宜，等. 互联网+：概念、技术与应用 [M]. 北京：清华大学出版社，2019.

[10] STALLINGS W，等. 现代网络技术：SDN、NFV、QoE、物联网和云计算 [M]. 胡超，等译. 北京：机械工业出版社，2018.

[11] 汪涛，等. 无线网络技术导论 [M]. 3 版. 北京：清华大学出版社，2018.

[12] 杨峰义，等. 5G 无线接入网架构及关键技术 [M]. 北京：人民邮电出版社，2018.

[13] 江林华. 5G 物联网及 NB-IoT 技术详解 [M]. 北京：电子工业

出版社，2018.

[14] 黄宇红，等 . NB-IoT 物联网：技术解析与案例详解 [M]. 北京：机械工业出版社，2018.

[15] 李正军 . 现场总线与工业以太网及其应用技术 [M]. 北京：机械工业出版社，2018.

[16] 汤旻安，等 . 现场总线及工业控制网络 [M]. 北京：机械工业出版社，2018.

[17] 彭木根 . 5G 无线接入网络：雾计算和云计算 [M]. 北京：人民邮电出版社，2018.

[18] 史治国，等 . NB-IoT 实战指南 [M]. 北京：科学出版社，2018.

[19] 孙利民，等 . 无线传感器网络：理论及应用 [M]. 北京：清华大学出版社，2018.

[20] 汪双顶，等 . 无线局域网技术与实践 [M]. 北京：高等教育出版社，2018.

[21] BEARD C，等 . 无线通信网络与系统 [M]. 朱磊，等译 . 北京：机械工业出版社，2017.

[22] OBAIDAT M，等 . 无线传感器网络原理 [M]. 吴帆，译 . 北京：机械工业出版社，2017.

[23] 俞一帆，等 . 5G 移动边缘计算 [M]. 北京：人民邮电出版社，2017.

[24] 解运洲 . NB-IoT 技术详解与行业应用 [M]. 北京：科学出版社，2017.

[25] 廖建尚 . 物联网开发与应用：基于 ZigBee、Simplici TI、低功率蓝牙、Wi-Fi 技术 [M]. 北京：电子工业出版社，2017.

[26] 吴功宜，等 . 物联网工程导论 [M]. 2 版 . 北京：机械工业出版社，2017.

[27] 彭俊松 . 工业 4.0 驱动下的制造业数字化转型 [M]. 北京：机械工业出版社，2016.

[28] 米西奇，等 . 基于智能工厂的 M2M 通信 [M]. 段瑞飞，等译 . 北京：机械工业出版社，2016.

推荐阅读

物联网工程导论（第2版）

作者：吴功宜 吴英 出版时间：2017 ISBN：978-7-111-58294-6

物联网技术与应用（第2版）

作者：吴功宜 吴英 出版时间：2018 ISBN：978-7-111-59949-4

智能物联网导论

作者：吴功宜 吴英 出版时间：2022 ISBN：978-7-111-71217-6

边缘计算技术与应用

作者：吴英 出版时间：2022 ISBN：978-7-111-70955-8